TURING 图灵原创

> Hello 算法

靳宇栋 (@krahets) ——— 著

人民邮电出版社

北　京

图书在版编目（CIP）数据

Hello算法 / 靳宇栋著. -- 北京 : 人民邮电出版社，
2024.2（2024.4 重印）
（图灵原创）
ISBN 978-7-115-63750-5

Ⅰ．①H… Ⅱ．①靳… Ⅲ．①数据处理－算法分析
Ⅳ．①TP274

中国国家版本馆CIP数据核字(2024)第017802号

内 容 提 要

本书是备受广大读者推崇的数据结构与算法入门教程，已在 GitHub 获得超 70k 的 Star，并多次登顶 GitHub Trending。书中系统介绍了数据结构与算法基础、复杂度分析、数组与链表、栈与队列、哈希表、树、堆、图、搜索、排序、分治、回溯、动态规划和贪心算法等核心知识，通过清晰易懂的解释和丰富的代码示例，以及生动形象的全彩插图和在线动画图解，揭示算法工作原理和数据结构底层实现，教授读者如何选择和设计最优算法来解决不同类型的问题，切实提升编程技能，构建完整的数据结构与算法知识体系。

本书面向计算机相关专业的大学生和该领域的从业者，也适用于对算法感兴趣、具有一定编程经验的人士。本书需要读者具备基本的编程技能，能够阅读和编写简单的代码。

◆ 著　　　　靳宇栋（@krahets）

　　责任编辑　王军花

　　责任印制　胡　南

◆ 人民邮电出版社出版发行　　北京市丰台区成寿寺路11号

　　邮编　100164　电子邮件　315@ptpress.com.cn

　　网址　https://www.ptpress.com.cn

　　临西县阅读时光印刷有限公司印刷

◆ 开本：800×1000　1/16

　　印张：25　　　　　　　　　2024年2月第1版

　　字数：654千字　　　　　　2024年4月河北第3次印刷

定价：129.80元

读者服务热线：(010)84084456-6009　印装质量热线：(010)81055316
反盗版热线：(010)81055315

广告经营许可证：京东市监广登字 20170147 号

序

几年前，我在力扣上分享了"剑指 Offer"系列题解，受到了许多读者的支持和鼓励。在与读者交流期间，我最常被问的一个问题是"如何入门算法"。逐渐地，我对这个问题产生了浓厚的兴趣。

两眼一抹黑地刷题似乎是最受欢迎的方法，简单、直接且有效。然而刷题就如同玩"扫雷"游戏，自学能力强的人能够顺利将地雷逐个排掉，而基础不足的人很可能被炸得满头是包，并在挫折中步步退缩。通读教材也是一种常见做法，但对于面向求职的人来说，毕业论文、投递简历、准备笔试和面试已经消耗了大部分精力，啃厚重的书往往变成了一项艰巨的挑战。

如果你也面临类似的困扰，那么很幸运这本书"找"到了你。本书是我对这个问题给出的答案，即使不是最优解，也至少是一次积极的尝试。本书虽然不足以让你直接拿到 Offer，但会引导你探索数据结构与算法的"知识地图"，带你了解不同"地雷"的形状、大小和分布位置，让你掌握各种"排雷方法"。有了这些本领，相信你可以更加自如地刷题和阅读文献，逐步构建起完整的知识体系。

我深深赞同费曼教授所言："Knowledge isn't free. You have to pay attention." 为了不辜负你为本书所付出的宝贵"注意力"，我会竭尽所能，投入最大的"注意力"来完成本书的创作。

本人自知学疏才浅，书中内容虽然已经过一段时间的打磨，但一定仍有许多错误，恳请各位老师和同学批评指正。

本书中的代码附有可一键运行的源文件，托管于 github.com/krahets/hello-algo 仓库。

前言

前　言

算法犹如美妙的交响乐，每一行代码都像韵律般流淌。

愿这本书在你的脑海中轻轻响起，留下独特而深刻的旋律。

关于本书

本项目旨在创建一本开源、免费、对新手友好的数据结构与算法入门教程。

- 全书采用动画图解，结构化地讲解数据结构与算法知识，内容清晰易懂，学习曲线平滑。
- 算法源代码皆可一键运行，支持 Python、C++、Java、C#、Go、Swift、JavaScript、TypeScript、Dart、Rust、C 和 Zig 等语言。
- 鼓励读者在线上章节评论区互帮互助、共同进步，提问与评论通常可在两日内得到回复。

读者对象

若你是算法初学者，从未接触过算法，或者已经有一些刷题经验，对数据结构与算法有模糊的认识，在会与不会之间反复横跳，那么本书正是为你量身定制的！

如果你已经积累一定的刷题量，熟悉大部分题型，那么本书可助你回顾与梳理算法知识体系，仓库源代码可以当作"刷题工具库"或"算法字典"来使用。

若你是算法"大神"，我们期待收到你的宝贵建议，或者一起参与创作。

> ⓘ 前置条件
>
> 你需要至少具备任一语言的编程基础，能够阅读和编写简单的代码。

内容结构

本书的主要内容如图 0-1 所示。

- **复杂度分析**：数据结构和算法的评价维度与方法。时间复杂度和空间复杂度的推算方法、常见类型、示例等。
- **数据结构**：基本数据类型和数据结构的分类方法。数组、链表、栈、队列、哈希表、树、堆、图等数据结构的定义、优缺点、常用操作、常见类型、典型应用、实现方法等。
- **算法**：搜索、排序、分治、回溯、动态规划、贪心等算法的定义、优缺点、效率、应用场景、解题步骤和示例问题等。

图 0-1　本书主要内容

致谢

本书在开源社区众多贡献者的共同努力下不断完善。感谢每一位投入时间与精力的撰稿人，他们是（按照 GitHub 自动生成的顺序）：codingonion、nuomi1、Gonglja、Reanon、justin-tse、danielsss、hpstory、S-N-O-R-L-A-X、night-cruise、msk397、gvenusleo、RiverTwilight、gyt95、zhuoqinyue、Zuoxun、Xia-Sang、mingXta、FangYuan33、GN-Yu、IsChristina、xBLACKICEx、guowei-gong、Cathay-Chen、mgisr、JoseHung、qualifier1024、pengchzn、Guanngxu、longsizhuo、L-Super、what-is-me、yuan0221、lhxsm、Slone123c、WSL0809、longranger2、theNefelibatas、xiongsp、JeffersonHuang、hongyun-robot、K3v123、yuelinxin、a16su、gaofer、malone6、Wonderdch、xjr7670、DullSword、Horbin-

Magician、NI-SW、reeswell、XC-Zero、XiaChuerwu、yd-j、iron-irax、huawuque404、MolDuM、Nigh、KorsChen、foursevenlove、52coder、bubble9um、youshaoXG、curly210102、gltianwen、fanchenggang、Transmigration-zhou、FloranceYeh、FreddieLi、ShiMaRing、lipusheng、Javesun99、JackYang-hellobobo、shanghai-Jerry、0130w、Keynman、psychelzh、logan-qiu、ZnYang2018、MwumLi、1ch0、Phoenix0415、qingpeng9802、Richard-Zhang1019、QiLOL、Suremotoo、Turing-1024-Lee、Evilrabbit520、GaochaoZhu、ZJKung、linzeyan、hezhizhen、ZongYangL、beintentional、czruby、coderlef、dshlstarr、szu17dmy、fbigm、gledfish、hts0000、boloboloda、iStig、jiaxianhua、wenjianmin、keshida、kilikilikid、lclc6、lwbaptx、liuxjerry、lucaswangdev、lyl625760、chadyi、noobcodemaker、selear、siqyka、syd168、4yDX3906、tao363、wangwang105、weibk、yabo083、yi427、yishangzhang、zhouLion、baagod、ElaBosak233、xb534、luluxia、yanedie、thomasq0 和 YangXuanyi。

本书中的算法均使用 Python 实现，线上版提供 Python、C++、Java、C#、Go、Swift、JavaScript、TypeScript、Dart、Rust、C 和 Zig 等语言版本。代码审阅工作由 codingonion、Gonglja、gvenusleo、hpstory、justin-tse、krahets、night-cruise、nuomi1 和 Reanon 完成（按照首字母顺序排列）。感谢他们付出的时间与精力，正是他们确保了各语言代码的规范与统一。

在本书的创作过程中，我得到了许多人的帮助。

- 感谢我在公司的导师李汐博士，在一次畅谈中你鼓励我"快行动起来"，坚定了我写这本书的决心；
- 感谢图灵策划编辑王军花对本书的持续关注，在花姐的帮助和支持下，本书得以顺利出版；
- 感谢我的女朋友泡泡作为本书的首位读者，从算法小白的角度提出许多宝贵建议，使得本书更适合新手阅读；
- 感谢腾宝、琦宝、飞宝为本书起了一个富有创意的名字，唤起大家写下第一行代码"Hello World!"的美好回忆；
- 感谢校铨在知识产权方面提供的专业帮助，这对本开源书的完善起到了重要作用；
- 感谢苏潼为本书设计了精美的封面和 logo，并在我的强迫症的驱使下多次耐心修改；
- 感谢 @squidfunk 提供的排版建议，以及他开发的开源文档主题 Material-for-MkDocs。

在写作过程中，我阅读了许多关于数据结构与算法的教材和文章。这些作品为本书提供了优秀的范本，确保了本书内容的准确性与品质。在此感谢所有老师和前辈的杰出贡献！

本书倡导手脑并用的学习方式，在这一点上我深受《动手学深度学习》的启发。在此向各位读者强烈推荐这本优秀的著作。

衷心感谢我的父母，正是你们一直以来的支持与鼓励，让我有机会做这件富有趣味的事。

如何使用本书

为了获得最佳的阅读体验，建议你通读本节内容。

行文风格约定

- 标题后标注 * 的是选读章节，内容相对困难。如果你的时间有限，可以先跳过。
- 重要专有名词及其英文翻译会使用黑体，例如**数组**（array）。建议记住它们，以便阅读文献。
- 专有名词和有特指含义的词句会使用"**引号**"标注，以避免歧义。
- 重要名词、重点内容和总结性语句会**加粗**，这类文字值得特别关注。
- 当涉及编程语言之间不一致的名词时，本书均以 Python 为准，例如使用 None 来表示"空"。
- 本书部分放弃了编程语言的注释规范，以换取更加紧凑的内容排版。注释主要分为三种类型：标题注释、内容注释、多行注释。

```
""" 标题注释，用于标注函数、类、测试样例等 """

# 内容注释，用于详解代码

"""
多行
注释
"""
```

在动画图解中高效学习

相较于文字，视频和图片具有更高的信息密度和结构化程度，更易于理解。在本书中，**重点和难点知识将主要通过动画以图解形式展示**，而文字则作为解释与补充。[①]

如果你在阅读本书时，发现某段内容提供了如图 0-2 所示的动画图解，**请以图为主、以文字为辅**，综合两者来理解内容。

---

① 纸质版与网页版内容不完全同步。扫描正文二维码可快速定位到对应动画图解，此处为示例。——编者注

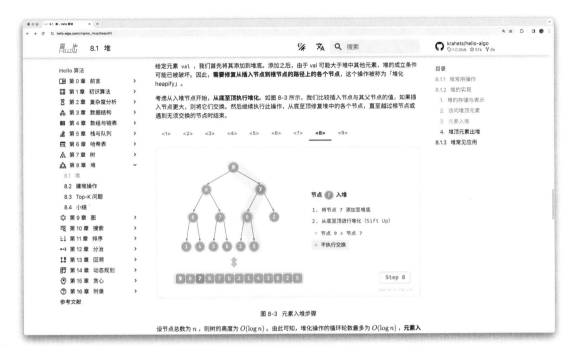

图 0-2　动画图解示例

在代码实践中加深理解

本书的配套代码托管在 GitHub 仓库。如图 0-3 所示，**源代码附有测试样例，可一键运行**。

如果时间允许，**建议你参照代码自行敲一遍**。如果学习时间有限，请至少通读并运行所有代码。

与阅读代码相比，编写代码的过程往往能带来更多收获。**动手学，才是真的学**。

图 0-3　运行代码示例

运行代码的前置工作主要分为三步。

第一步：安装本地编程环境。

(1) 安装 Python 环境：前往 Miniconda 官网，通过下载安装包或者命令行进行安装。

(2) 安装集成开发环境（IDE）：前往 VS Code 官网，下载安装包并安装。

(3) 打开 VS Code，在插件市场中搜索 Python，安装 Python Extension Pack。

第二步：克隆或下载代码仓库。使用浏览器打开 https://github.com/krahets/hello-algo 或扫描以下二维码，前往代码仓库：

如果已经安装 Git，可以通过以下命令克隆本仓库：

```
git clone https://github.com/krahets/hello-algo.git
```

当然，你也可以在图 0-4 所示的位置，点击"Download ZIP"按钮直接下载代码压缩包，然后在本地解压即可。

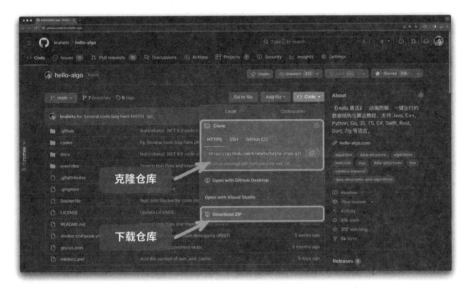

图 0-4　克隆仓库与下载代码

第三步：运行源代码。 如图 0-5 所示，对于顶部标有文件名称的代码块，我们可以在仓库的 codes 文件夹内找到对应的源代码文件。源代码文件可一键运行，将帮助你节省不必要的调试时间，让你能够专注于学习内容。

图 0-5　代码块与对应的源代码文件

在提问和讨论中共同成长

在阅读本书时，请不要轻易跳过那些没学明白的知识点。**欢迎在线上评论区提出你的问题**，我和小伙伴们将竭诚为你解答，一般情况下可在两天内回复。

如图 0-6 所示，网页版每个章节的底部都配有评论区。希望你能多关注评论区的内容。一方面，你可以了解大家遇到的问题，从而查漏补缺，激发更深入的思考。另一方面，期待你能慷慨地回答其他小伙伴的问题，分享你的见解，帮助他人进步。

图 0-6　评论区示例

算法学习路线

从总体上看，我们可以将学习数据结构与算法的过程划分为三个阶段。

阶段一：算法入门。我们需要熟悉各种数据结构的特点和用法，学习不同算法的原理、流程、用途和效率等方面的内容。

阶段二：刷算法题。建议从热门题目开刷，如"剑指 Offer"和 LeetCode Hot 100，先积累至少 100 道题目，熟悉主流的算法问题。初次刷题时，"知识遗忘"可能是一个挑战，但请放心，这是很正常的。我们可以按照"艾宾浩斯遗忘曲线"来复习题目，通常在进行 3~5 轮的重复后，就能将其牢记在心。

阶段三：搭建知识体系。在学习方面，我们可以阅读算法专栏文章、解题框架和算法教材，以不断丰富知识体系。在刷题方面，可以尝试采用进阶刷题策略，如按专题分类、一题多解、一解多题等，相关的刷题心得可以在各个社区找到。

如图 0-7 所示，本书内容主要涵盖"阶段一"，旨在帮助你更高效地展开阶段二和阶段三的学习。

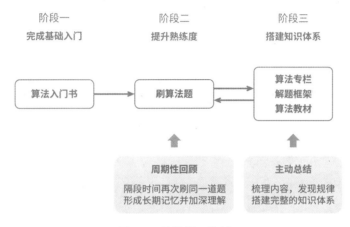

图 0-7　算法学习路线

小结

- 本书的主要受众是算法初学者。如果你已有一定基础，本书能帮助你系统回顾算法知识，书中源代码也可作为"刷题工具库"使用。
- 书中内容主要包括复杂度分析、数据结构和算法三部分，涵盖了该领域的大部分主题。
- 对于算法新手，在初学阶段阅读一本入门书至关重要，可以少走许多弯路。
- 书中的动画图解通常用于介绍重点和难点知识。阅读本书时，应给予这些内容更多关注。
- 实践乃学习编程之最佳途径。强烈建议运行源代码并亲自敲代码。
- 本书网页版的每个章节都设有评论区，欢迎随时分享你的疑惑与见解。

目　　录

初识算法

第 1 章　初识算法

一位少女翩翩起舞，与数据交织在一起，裙摆上飘扬着算法的旋律。

她邀请你共舞，请紧跟她的步伐，踏入充满逻辑与美感的算法世界。

1.1　算法无处不在

当我们听到"算法"这个词时，很自然地会想到数学。然而实际上，许多算法并不涉及复杂数学，而是更多地依赖基本逻辑，这些逻辑在我们的日常生活中处处可见。

在正式探讨算法之前，有一个有趣的事实值得分享：**你已经在不知不觉中学会了许多算法，并习惯将它们应用到日常生活中了。** 下面我将举几个具体的例子来证实这一点。

例一：查字典。在字典里，每个汉字都对应一个拼音，而字典是按照拼音字母顺序排列的。假设我们需要查找一个拼音首字母为 r 的字，通常会按照图 1-1 所示的方式实现。

(1) 翻开字典约一半的页数，查看该页的首字母是什么，假设首字母为 m。
(2) 由于在拼音字母表中 r 位于 m 之后，所以排除字典前半部分，查找范围缩小到后半部分。
(3) 不断重复步骤 (1) 和 步骤 (2)，直至找到拼音首字母为 r 的页码为止。

图 1-1　查字典步骤

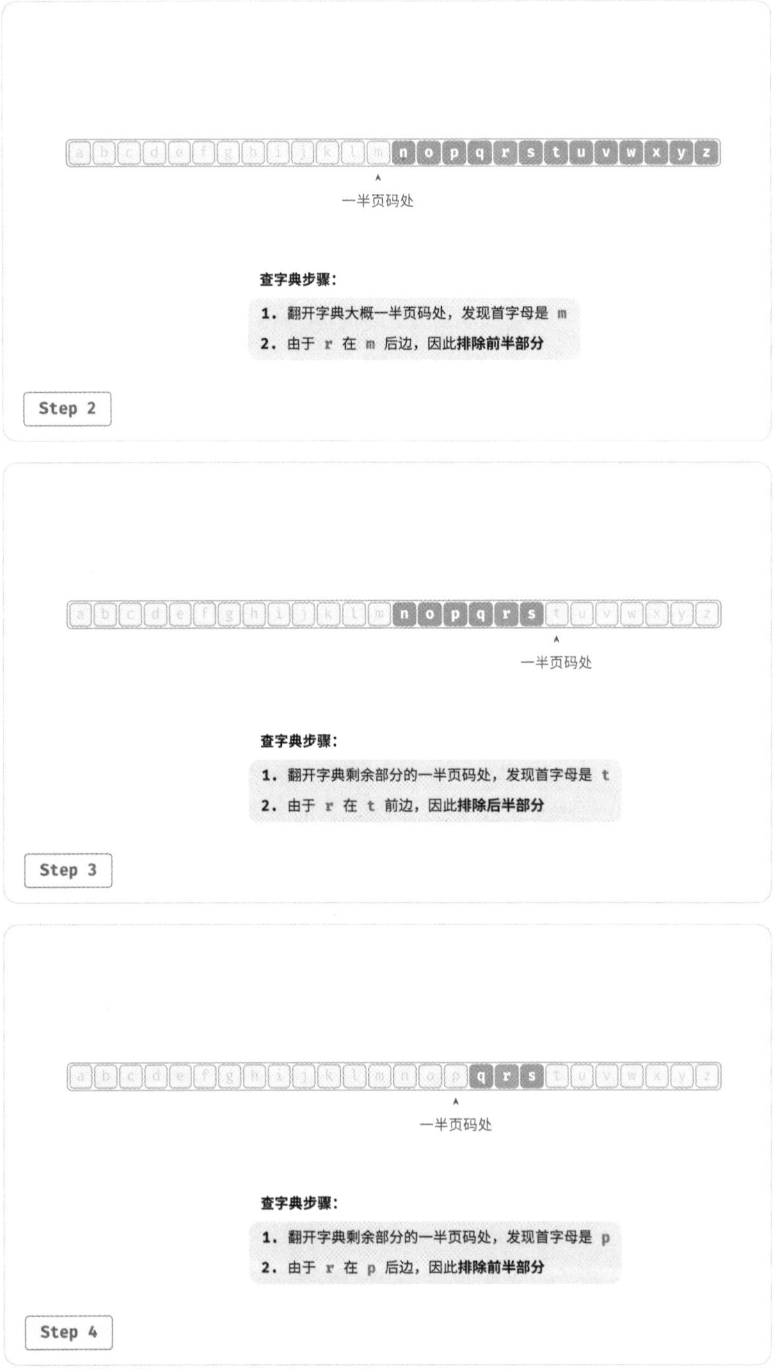
a b c d e f g h i j k l m n o p q r s t u v w x y z
一半页码处
查字典步骤：
1. 翻开字典大概一半页码处，发现首字母是 m
2. 由于 r 在 m 后边，因此排除前半部分
Step 2
a b c d e f g h i j k l m n o p q r s t u v w x y z
一半页码处
查字典步骤：
1. 翻开字典剩余部分的一半页码处，发现首字母是 t
2. 由于 r 在 t 前边，因此排除后半部分
Step 3
a b c d e f g h i j k l m n o p q r s t u v w x y z
一半页码处
查字典步骤：
1. 翻开字典剩余部分的一半页码处，发现首字母是 p
2. 由于 r 在 p 后边，因此排除前半部分
Step 4

图 1-1　查字典步骤（续）

图 1-1　查字典步骤（续）

查字典这个小学生必备技能，实际上就是著名的"二分查找"算法。从数据结构的角度，我们可以把字典视为一个已排序的"数组"；从算法的角度，我们可以将上述查字典的一系列操作看作"二分查找"。

例二：整理扑克。我们在打牌时，每局都需要整理手中的扑克牌，使其从小到大排列，实现流程如图 1-2 所示。

(1) 将扑克牌划分为"有序"和"无序"两部分，并假设初始状态下最左 1 张扑克牌已经有序。

(2) 在无序部分抽出一张扑克牌，插入至有序部分的正确位置；完成后最左 2 张扑克已经有序。

(3) 不断循环步骤 (2)，每一轮将一张扑克牌从无序部分插入至有序部分，直至所有扑克牌都有序。

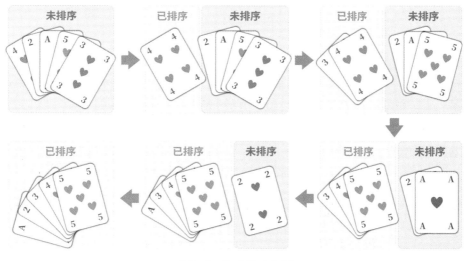

图 1-2　扑克排序步骤

上述整理扑克牌的方法本质上是"插入排序"算法，它在处理小型数据集时非常高效。许多编程语言的排序库函数中都有插入排序的身影。

例三：货币找零。假设我们在超市购买了 69 元的商品，给了收银员 100 元，则收银员需要找我们 31 元。他会很自然地完成如图 1-3 所示的思考。

(1) 可选项是比 31 元面值更小的货币，包括 1 元、5 元、10 元、20 元。

(2) 从可选项中拿出最大的 20 元，剩余 31-20 = 11 元。

(3) 从剩余可选项中拿出最大的 10 元，剩余 11-10 = 1 元。

(4) 从剩余可选项中拿出最大的 1 元，剩余 1-1 = 0 元。

(5) 完成找零，方案为 20 + 10 + 1 = 31 元。

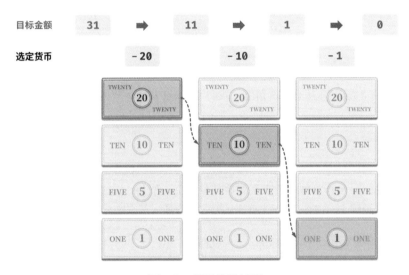

图 1-3　货币找零过程

在以上步骤中，我们每一步都采取当前看来最好的选择（尽可能用大面额的货币），最终得到了可行的找零方案。从数据结构与算法的角度看，这种方法本质上是"贪心"算法。

小到烹饪一道菜，大到星际航行，几乎所有问题的解决都离不开算法。计算机的出现使得我们能够通过编程将数据结构存储在内存中，同时编写代码调用 CPU 和 GPU 执行算法。这样一来，我们就能把生活中的问题转移到计算机上，以更高效的方式解决各种复杂问题。

> ⓘ 如果你对数据结构、算法、数组和二分查找等概念仍感到一知半解，请继续往下阅读，本书将引导你迈入数据结构与算法的知识殿堂。

1.2 算法是什么

1.2.1 算法定义

算法（algorithm）是在有限时间内解决特定问题的一组指令或操作步骤，它具有以下特性。

- 问题是明确的，包含清晰的输入和输出定义。
- 具有可行性，能够在有限步骤、时间和内存空间下完成。
- 各步骤都有确定的含义，在相同的输入和运行条件下，输出始终相同。

1.2.2 数据结构定义

数据结构（data structure）是计算机中组织和存储数据的方式，具有以下设计目标。

- 空间占用尽量少，以节省计算机内存。
- 数据操作尽可能快速，涵盖数据访问、添加、删除、更新等。
- 提供简洁的数据表示和逻辑信息，以便算法高效运行。

数据结构设计是一个充满权衡的过程。如果想在某方面取得提升，往往需要在另一方面作出妥协。下面举两个例子。

- 链表相较于数组，在数据添加和删除操作上更加便捷，但牺牲了数据访问速度。
- 图相较于链表，提供了更丰富的逻辑信息，但需要占用更大的内存空间。

1.2.3 数据结构与算法的关系

如图 1-4 所示，数据结构与算法高度相关、紧密结合，具体表现在以下三个方面。

- 数据结构是算法的基石。数据结构为算法提供了结构化存储的数据，以及操作数据的方法。
- 算法是数据结构发挥作用的舞台。数据结构本身仅存储数据信息，结合算法才能解决特定问题。
- 算法通常可以基于不同的数据结构实现，但执行效率可能相差很大，选择合适的数据结构是关键。

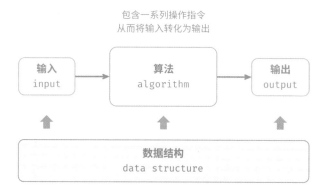

图 1-4　数据结构与算法的关系

数据结构与算法犹如图 1-5 所示的拼装积木。一套积木，除了包含许多零件之外，还附有详细的组装说明书。我们按照说明书一步步操作，就能组装出精美的积木模型。

图 1-5　拼装积木

两者的详细对应关系如表 1-1 所示。

表 1-1 将数据结构与算法类比为拼装积木

数据结构与算法	拼装积木
输入数据	未拼装的积木
数据结构	积木组织形式，包括形状、大小、连接方式等
算法	把积木拼成目标形态的一系列操作步骤
输出数据	积木模型

值得说明的是，数据结构与算法是独立于编程语言的。正因如此，本书得以提供基于多种编程语言的实现。

> **约定俗成的简称**
>
> 在实际讨论时，我们通常会将"数据结构与算法"简称为"算法"。比如众所周知的 LeetCode 算法题目，实际上同时考查数据结构和算法两方面的知识。

1.3 小结

- 算法在日常生活中无处不在，并不是遥不可及的高深知识。实际上，我们已经在不知不觉中学会了许多算法，用以解决生活中的大小问题。
- 查字典的原理与二分查找算法相一致。二分查找算法体现了分而治之的重要算法思想。
- 整理扑克的过程与插入排序算法非常类似。插入排序算法适合排序小型数据集。
- 货币找零的步骤本质上是贪心算法，每一步都采取当前看来最好的选择。
- 算法是在有限时间内解决特定问题的一组指令或操作步骤，而数据结构是计算机中组织和存储数据的方式。
- 数据结构与算法紧密相连。数据结构是算法的基石，而算法是数据结构发挥作用的舞台。
- 我们可以将数据结构与算法类比为拼装积木，积木代表数据，积木的形状和连接方式等代表数据结构，拼装积木的步骤则对应算法。

复杂度分析

第 2 章　复杂度分析

> 复杂度分析犹如浩瀚的算法宇宙中的时空向导。
>
> 它带领我们在时间与空间这两个维度上深入探索，寻找更优雅的解决方案。

2.1　算法效率评估

在算法设计中，我们先后追求以下两个层面的目标。

(1) **找到问题解法**：算法需要在规定的输入范围内可靠地求得问题的正确解。
(2) **寻求最优解法**：同一个问题可能存在多种解法，我们希望找到尽可能高效的算法。

也就是说，在能够解决问题的前提下，算法效率已成为衡量算法优劣的主要评价指标，它包括以下两个维度。

- **时间效率**：算法运行速度的快慢。
- **空间效率**：算法占用内存空间的大小。

简而言之，**我们的目标是设计"既快又省"的数据结构与算法**。而有效地评估算法效率至关重要，因为只有这样，我们才能将各种算法进行对比，进而指导算法设计与优化过程。

效率评估方法主要分为两种：实际测试、理论估算。

2.1.1　实际测试

假设我们现在有算法 A 和算法 B，它们都能解决同一问题，现在需要对比这两个算法的效率。最直接的方法是找一台计算机，运行这两个算法，并监控记录它们的运行时间和内存占用情况。这种评估方式能够反映真实情况，但也存在较大的局限性。

一方面，**难以排除测试环境的干扰因素**。硬件配置会影响算法的性能。比如在某台计算机中，算法 A 的运行时间比算法 B 短；但在另一台配置不同的计算机中，可能得到相反的测试结果。这意味着我们需要在各种机器上进行测试，统计平均效率，而这是不现实的。

另一方面，**展开完整测试非常耗费资源**。随着输入数据量的变化，算法会表现出不同的效率。例如，在输入数据量较小时，算法 A 的运行时间比算法 B 短；而在输入数据量较大时，测试结果可能恰恰相反。因此，为了得到有说服力的结论，我们需要测试各种规模的输入数据，而这需要耗费大量的计算资源。

2.1.2　理论估算

由于实际测试具有较大的局限性，因此我们可以考虑仅通过一些计算来评估算法的效率。这种估算方法被称为**渐近复杂度分析**（asymptotic complexity analysis），简称**复杂度分析**。

复杂度分析能够体现算法运行所需的时间和空间资源与输入数据大小之间的关系。**它描述了随着输入数据大小的增加，算法执行所需时间和空间的增长趋势**。这个定义有些拗口，我们可以将其分为三个重点来理解。

- "时间和空间资源"分别对应**时间复杂度**（time complexity）和**空间复杂度**（space complexity）。
- "随着输入数据大小的增加"意味着复杂度反映了算法运行效率与输入数据体量之间的关系。
- "时间和空间的增长趋势"表示复杂度分析关注的不是运行时间或占用空间的具体值，而是时间或空间增长的"快慢"。

复杂度分析克服了实际测试方法的弊端，体现在以下两个方面。

- 它独立于测试环境，分析结果适用于所有运行平台。
- 它可以体现不同数据量下的算法效率，尤其是在大数据量下的算法性能。

> ⓘ 如果你仍对复杂度的概念感到困惑，无须担心，我们会在后续章节中详细介绍。

复杂度分析为我们提供了一把评估算法效率的"标尺"，使我们可以衡量执行某个算法所需的时间和空间资源，对比不同算法之间的效率。

复杂度是个数学概念，对于初学者可能比较抽象，学习难度相对较高。从这个角度看，复杂度分析可能不太适合作为最先介绍的内容。然而，当我们讨论某个数据结构或算法的特点时，难以避免要分析其运行速度和空间使用情况。

综上所述，建议你在深入学习数据结构与算法之前，**先对复杂度分析建立初步的了解，以便能够完成简单算法的复杂度分析**。

2.2　迭代与递归

在算法中，重复执行某个任务是很常见的，它与复杂度分析息息相关。因此，在介绍时间复杂度和空间复杂度之前，我们先来了解如何在程序中实现重复执行任务，即两种基本的程序控制结构：迭代、递归。

2.2.1 迭代

迭代（iteration）是一种重复执行某个任务的控制结构。在迭代中，程序会在满足一定的条件下重复执行某段代码，直到这个条件不再满足。

1. for 循环

for 循环是最常见的迭代形式之一，**适合在预先知道迭代次数时使用**。

以下函数基于 for 循环实现了求和 $1+2+\cdots+n$，求和结果使用变量 res 记录。需要注意的是，Python 中 range(a, b) 对应的区间是"左闭右开"的，对应的遍历范围为 $a, a+1, \cdots, b-1$：

```python
# === File: iteration.py ===

def for_loop(n: int) -> int:
    """for 循环"""
    res = 0
    # 循环求和 1, 2, ..., n-1, n
    for i in range(1, n + 1):
        res += i
    return res
```

图 2-1 是该求和函数的流程框图。

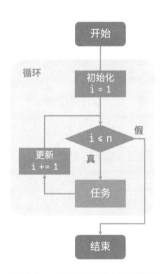

图 2-1　求和函数的流程框图

此求和函数的操作数量与输入数据大小 n 成正比，或者说成"线性关系"。实际上，**时间复杂度描述的就是这个"线性关系"**。相关内容将会在下一节中详细介绍。

2. while 循环

与 for 循环类似，while 循环也是一种实现迭代的方法。在 while 循环中，程序每轮都会先检查条件，如果条件为真，则继续执行，否则就结束循环。

下面我们用 while 循环来实现求和 $1 + 2 + \cdots + n$ ：

```python
# === File: iteration.py ===

def while_loop(n: int) -> int:
    """while 循环"""
    res = 0
    i = 1  # 初始化条件变量
    # 循环求和 1, 2, ..., n-1, n
    while i <= n:
        res += i
        i += 1  # 更新条件变量
    return res
```

while 循环比 for 循环的自由度更高。在 while 循环中，我们可以自由地设计条件变量的初始化和更新步骤。

例如在以下代码中，条件变量 i 每轮进行两次更新，这种情况就不太方便用 for 循环实现：

```python
# === File: iteration.py ===

def while_loop_ii(n: int) -> int:
    """while 循环（两次更新）"""
    res = 0
    i = 1  # 初始化条件变量
    # 循环求和 1, 4, 10, ...
    while i <= n:
        res += i
        # 更新条件变量
        i += 1
        i *= 2
    return res
```

总的来说，**for 循环的代码更加紧凑，while 循环更加灵活**，两者都可以实现迭代结构。选择使用哪一个应该根据特定问题的需求来决定。

3. 嵌套循环

我们可以在一个循环结构内嵌套另一个循环结构，下面以 for 循环为例：

```python
# === File: iteration.py ===

def nested_for_loop(n: int) -> str:
    """双层 for 循环"""
    res = ""
```

```
# 循环 i = 1, 2, ..., n-1, n
for i in range(1, n + 1):
    # 循环 j = 1, 2, ..., n-1, n
    for j in range(1, n + 1):
        res += f"({i}, {j}), "
return res
```

图 2-2 是该嵌套循环的流程框图。

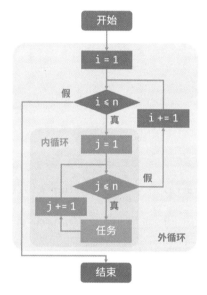

图 2-2　嵌套循环的流程框图

在这种情况下，函数的操作数量与 n^2 成正比，或者说算法运行时间和输入数据大小 n 成"平方关系"。

我们可以继续添加嵌套循环，每一次嵌套都是一次"升维"，将会使时间复杂度提高至"立方关系""四次方关系"，以此类推。

2.2.2　递归

递归（recursion）是一种算法策略，通过函数调用自身来解决问题。它主要包含两个阶段。

(1) 递：程序不断深入地调用自身，通常传入更小或更简化的参数，直到达到"终止条件"。

(2) 归：触发"终止条件"后，程序从最深层的递归函数开始逐层返回，汇聚每一层的结果。

而从实现的角度看，递归代码主要包含三个要素。

(1) **终止条件**：用于决定什么时候由"递"转"归"。

(2) **递归调用**：对应"递"，函数调用自身，通常输入更小或更简化的参数。

(3) **返回结果**：对应"归"，将当前递归层级的结果返回至上一层。

观察以下代码，我们只需调用函数 recur(n)，就可以完成 $1+2+\cdots+n$ 的计算：

```python
# === File: recursion.py ===

def recur(n: int) -> int:
    """ 递归 """
    # 终止条件
    if n == 1:
        return 1
    # 递：递归调用
    res = recur(n - 1)
    # 归：返回结果
    return n + res
```

图 2-3 展示了该函数的递归过程。

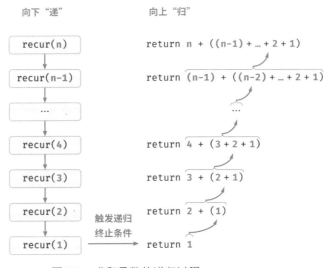

图 2-3　求和函数的递归过程

虽然从计算角度看，迭代与递归可以得到相同的结果，**但它们代表了两种完全不同的思考和解决问题的范式**。

- **迭代**："自下而上"地解决问题。从最基础的步骤开始，然后不断重复或累加这些步骤，直到任务完成。

- **递归**："自上而下"地解决问题。将原问题分解为更小的子问题，这些子问题和原问题具有相同的形式。接下来将子问题继续分解为更小的子问题，直到基本情况时停止（基本情况的解是已知的）。

以上述求和函数为例，设问题 $f(n)=1+2+\cdots+n$。

- **迭代**：在循环中模拟求和过程，从 1 遍历到 n，每轮执行求和操作，即可求得 $f(n)$。
- **递归**：将问题分解为子问题 $f(n)=n+f(n-1)$，不断（递归地）分解下去，直至基本情况 $f(1)=1$ 时终止。

1. 调用栈

递归函数每次调用自身时，系统都会为新开启的函数分配内存，以存储局部变量、调用地址和其他信息等。这将导致两方面的结果。

- 函数的上下文数据都存储在称为"栈帧空间"的内存区域中，直至函数返回后才会被释放。因此，**递归通常比迭代更加耗费内存空间**。
- 递归调用函数会产生额外的开销。**因此递归通常比循环的时间效率更低**。

如图 2-4 所示，在触发终止条件前，同时存在 n 个未返回的递归函数，**递归深度为 n**。

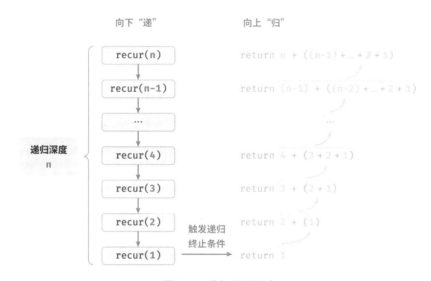

图 2-4 递归调用深度

在实际中，编程语言允许的递归深度通常是有限的，过深的递归可能导致栈溢出错误。

2. 尾递归

有趣的是，**如果函数在返回前的最后一步才进行递归调用**，则该函数可以被编译器或解释器优化，使其在空间效率上与迭代相当。这种情况被称为**尾递归**（tail recursion）。

- **普通递归**：当函数返回到上一层级的函数后，需要继续执行代码，因此系统需要保存上一层调用的上下文。

- **尾递归**：递归调用是函数返回前的最后一个操作，这意味着函数返回到上一层级后，无须继续执行其他操作，因此系统无须保存上一层函数的上下文。

以计算 $1+2+\cdots+n$ 为例，我们可以将结果变量 res 设为函数参数，从而实现尾递归：

```python
# === File: recursion.py ===

def tail_recur(n, res):
    """尾递归"""
    # 终止条件
    if n == 0:
        return res
    # 尾递归调用
    return tail_recur(n - 1, res + n)
```

尾递归的执行过程如图 2-5 所示。对比普通递归和尾递归，两者的求和操作的执行点是不同的。

- **普通递归**：求和操作是在"归"的过程中执行的，每层返回后都要再执行一次求和操作。
- **尾递归**：求和操作是在"递"的过程中执行的，"归"的过程只需层层返回。

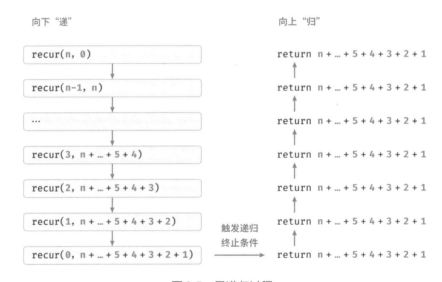

图 2-5　尾递归过程

> ⓘ 请注意，许多编译器或解释器并不支持尾递归优化。例如，Python 默认不支持尾递归优化，因此即使函数是尾递归形式，仍然可能会遇到栈溢出问题。

3. 递归树

当处理与"分治"相关的算法问题时,递归往往比迭代的思路更加直观、代码更加易读。以"斐波那契数列"为例。

> ❓ 给定一个斐波那契数列 0, 1, 1, 2, 3, 5, 8, 13, ⋯,求该数列的第 n 个数字。

设斐波那契数列的第 n 个数字为 $f(n)$,易得两个结论。

- 数列的前两个数字为 $f(1) = 0$ 和 $f(2) = 1$。
- 数列中的每个数字是前两个数字的和,即 $f(n) = f(n-1) + f(n-2)$。

按照递推关系进行递归调用,将前两个数字作为终止条件,便可写出递归代码。调用 `fib(n)` 即可得到斐波那契数列的第 n 个数字:

```python
# === File: recursion.py ===

def fib(n: int) -> int:
    """斐波那契数列:递归"""
    # 终止条件 f(1) = 0, f(2) = 1
    if n == 1 or n == 2:
        return n - 1
    # 递归调用 f(n) = f(n-1) + f(n-2)
    res = fib(n - 1) + fib(n - 2)
    # 返回结果 f(n)
    return res
```

观察以上代码,我们在函数内递归调用了两个函数,**这意味着从一个调用产生了两个调用分支**。如图 2-6 所示,这样不断递归调用下去,最终将产生一棵层数为 n 的**递归树**(recursion tree)。

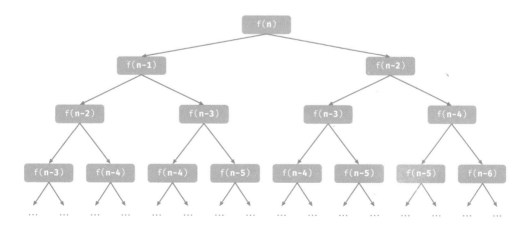

图 2-6　斐波那契数列的递归树

从本质上看，递归体现了"将问题分解为更小子问题"的思维范式，这种分治策略至关重要。

- 从算法角度看，搜索、排序、回溯、分治、动态规划等许多重要算法策略直接或间接地应用了这种思维方式。
- 从数据结构角度看，递归天然适合处理链表、树和图的相关问题，因为它们非常适合用分治思想进行分析。

2.2.3　两者对比

总结以上内容，如表 2-1 所示，迭代和递归在实现、性能和适用性上有所不同。

表 2-1　迭代与递归特点对比

	迭　代	递　归
实现方式	循环结构	函数调用自身
时间效率	效率通常较高，无函数调用开销	每次函数调用都会产生开销
内存使用	通常使用固定大小的内存空间	累积函数调用可能使用大量的栈帧空间
适用问题	适用于简单循环任务，代码直观、可读性好	适用于子问题分解，如树、图、分治、回溯等，代码结构简洁、清晰

> ⓘ 如果感觉以下内容理解困难，可以在读完 5.1 节后再来复习。

那么，迭代和递归具有什么内在联系呢？以上述递归函数为例，求和操作在递归的"归"阶段进行。这意味着最初被调用的函数实际上是最后完成其求和操作的，**这种工作机制与栈的"先入后出"原则异曲同工**。

事实上，"调用栈"和"栈帧空间"这类递归术语已经暗示了递归与栈之间的密切关系。

(1) **递**：当函数被调用时，系统会在"调用栈"上为该函数分配新的栈帧，用于存储函数的局部变量、参数、返回地址等数据。
(2) **归**：当函数完成执行并返回时，对应的栈帧会被从"调用栈"上移除，恢复之前函数的执行环境。

因此，**我们可以使用一个显式的栈来模拟调用栈的行为**，从而将递归转化为迭代形式：

```python
# === File: recursion.py ===

def for_loop_recur(n: int) -> int:
    """ 使用迭代模拟递归 """
    # 使用一个显式的栈来模拟系统调用栈
    stack = []
    res = 0
```

```
# 递: 递归调用
for i in range(n, 0, -1):
    # 通过 " 入栈操作 " 模拟 " 递 "
    stack.append(i)
# 归: 返回结果
while stack:
    # 通过 " 出栈操作 " 模拟 " 归 "
    res += stack.pop()
# res = 1+2+3+...+n
return res
```

观察以上代码，当递归转化为迭代后，代码变得更加复杂了。尽管迭代和递归在很多情况下可以互相转化，但不一定值得这样做，有以下两点原因。

- 转化后的代码可能更加难以理解，可读性更差。
- 对于某些复杂问题，模拟系统调用栈的行为可能非常困难。

总之，**选择迭代还是递归取决于特定问题的性质**。在编程实践中，权衡两者的优劣并根据情境选择合适的方法至关重要。

2.3 时间复杂度

运行时间可以直观且准确地反映算法的效率。如果我们想准确预估一段代码的运行时间，应该如何操作呢？

(1) **确定运行平台**，包括硬件配置、编程语言、系统环境等，这些因素都会影响代码的运行效率。
(2) **评估各种计算操作所需的运行时间**，例如加法操作 + 需要 1 ns，乘法操作 * 需要 10 ns，打印操作 print() 需要 5 ns 等。
(3) **统计代码中所有的计算操作**，并将所有操作的执行时间求和，从而得到运行时间。

例如在以下代码中，输入数据大小为 n：

```
# 在某运行平台下
def algorithm(n: int):
    a = 2       # 1 ns
    a = a + 1   # 1 ns
    a = a * 2   # 10 ns
    # 循环 n 次
    for _ in range(n):  # 1 ns
        print(0)        # 5 ns
```

根据以上方法，可以得到算法的运行时间为 $(6n+12)$ ns：

$$1+1+10+(1+5)\times n = 6n+12$$

但实际上，**统计算法的运行时间既不合理也不现实**。首先，我们不希望将预估时间和运行平台绑定，因为算法需要在各种不同的平台上运行。其次，我们很难获知每种操作的运行时间，这给预估过程带来了极大的难度。

2.3.1　统计时间增长趋势

时间复杂度分析统计的不是算法运行时间，**而是算法运行时间随着数据量变大时的增长趋势**。

"时间增长趋势"这个概念比较抽象，我们通过一个例子来加以理解。假设输入数据大小为 n，给定三个算法 A、B 和 C：

```python
# 算法 A 的时间复杂度：常数阶
def algorithm_A(n: int):
    print(0)
# 算法 B 的时间复杂度：线性阶
def algorithm_B(n: int):
    for _ in range(n):
        print(0)
# 算法 C 的时间复杂度：常数阶
def algorithm_C(n: int):
    for _ in range(1000000):
        print(0)
```

图 2-7 展示了以上三个算法函数的时间复杂度。

- 算法 A 只有 1 个打印操作，算法运行时间不随着 n 增大而增长。我们称此算法的时间复杂度为"常数阶"。
- 算法 B 中的打印操作需要循环 n 次，算法运行时间随着 n 增大呈线性增长。此算法的时间复杂度被称为"线性阶"。
- 算法 C 中的打印操作需要循环 1,000,000 次，虽然运行时间很长，但它与输入数据大小 n 无关。因此 C 的时间复杂度和 A 相同，仍为"常数阶"。

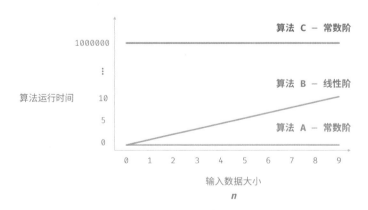

图 2-7　算法 A、B 和 C 的时间增长趋势

相较于直接统计算法的运行时间，时间复杂度分析有哪些特点呢？

- **时间复杂度能够有效评估算法效率**。例如，算法 B 的运行时间呈线性增长，在 $n > 1$ 时比算法 A 更慢，在 $n > 1,000,000$ 时比算法 C 更慢。事实上，只要输入数据大小 n 足够大，复杂度为"常数阶"的算法一定优于"线性阶"的算法，这正是时间增长趋势的含义。
- **时间复杂度的推算方法更简便**。显然，运行平台和计算操作类型都与算法运行时间的增长趋势无关。因此在时间复杂度分析中，我们可以简单地将所有计算操作的执行时间视为相同的"单位时间"，从而将"计算操作运行时间统计"简化为"计算操作数量统计"，这样一来估算难度就大大降低了。
- **时间复杂度也存在一定的局限性**。例如，尽管算法 A 和 C 的时间复杂度相同，但实际运行时间差别很大。同样，尽管算法 B 的时间复杂度比 C 高，但在输入数据大小 n 较小时，算法 B 明显优于算法 C。在这些情况下，我们很难仅凭时间复杂度判断算法效率的高低。当然，尽管存在上述问题，复杂度分析仍然是评判算法效率最有效且常用的方法。

2.3.2　函数渐近上界

给定一个输入大小为 n 的函数：

```python
def algorithm(n: int):
    a = 1      # +1
    a = a + 1  # +1
    a = a * 2  # +1
    # 循环 n 次
    for i in range(n):  # +1
        print(0)        # +1
```

设算法的操作数量是一个关于输入数据大小 n 的函数，记为 $T(n)$，则以上函数的操作数量为：

$$T(n) = 3 + 2n$$

$T(n)$ 是一次函数，说明其运行时间的增长趋势是线性的，因此它的时间复杂度是线性阶。

我们将线性阶的时间复杂度记为 $O(n)$，这个数学符号称为**大 O 记号**（big-O notation），表示函数 $T(n)$ 的**渐近上界**（asymptotic upper bound）。

时间复杂度分析本质上是计算"操作数量 $T(n)$"的渐近上界，它具有明确的数学定义。

> **函数渐近上界**
>
> 若存在正实数 c 和实数 n_0，使得对于所有的 $n > n_0$，均有 $T(n) \leqslant c \cdot f(n)$，则可认为 $f(n)$ 给出了 $T(n)$ 的一个渐近上界，记为 $T(n) = O(f(n))$。

如图 2-8 所示，计算渐近上界就是寻找一个函数 $f(n)$，使得当 n 趋向于无穷大时，$T(n)$ 和 $f(n)$ 处于相同的增长级别，仅相差一个常数项 c 的倍数。

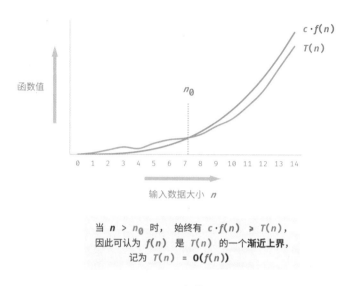

图 2-8　函数的渐近上界

2.3.3　推算方法

渐近上界的数学味儿有点重，如果你感觉没有完全理解，也无须担心。我们可以先掌握推算方法，在不断的实践中，就可以逐渐领悟其数学意义。

根据定义，确定 $f(n)$ 之后，我们便可得到时间复杂度 $O\big(f(n)\big)$。那么如何确定渐近上界 $f(n)$ 呢？总体分为两步：首先统计操作数量，然后判断渐近上界。

1. 第一步：统计操作数量

针对代码，逐行从上到下计算即可。然而，由于上述 $c \cdot f(n)$ 中的常数项 c 可以取任意大小，**因此操作数量 $T(n)$ 中的各种系数、常数项都可以忽略**。根据此原则，可以总结出以下计数简化技巧。

(1) **忽略 $T(n)$ 中的常数项**。因为它们都与 n 无关，所以对时间复杂度不产生影响。

(2) **省略所有系数**。例如，循环 $2n$ 次、$5n + 1$ 次等，都可以简化记为 n 次，因为 n 前面的系数对时间复杂度没有影响。

(3) **循环嵌套时使用乘法**。总操作数量等于外层循环和内层循环操作数量之积，每一层循环依然可以分别套用第 (1) 点和第 (2) 点的技巧。

给定一个函数，我们可以用上述技巧来统计操作数量：

```python
def algorithm(n: int):
    a = 1      # +0（技巧 1）
    a = a + n  # +0（技巧 1）
    # +n（技巧 2）
    for i in range(5 * n + 1):
        print(0)
    # +n*n（技巧 3）
    for i in range(2 * n):
        for j in range(n + 1):
            print(0)
```

以下公式展示了使用上述技巧前后的统计结果，两者推算出的时间复杂度都为 $O(n^2)$。

$$\begin{aligned} T(n) &= 2n(n+1)+(5n+1)+2 \quad \text{完整统计 } (-.-\|) \\ &= 2n^2 + 7n + 3 \\ T(n) &= n^2 + n \quad\quad\quad\quad\quad\quad\quad \text{偷懒统计 } (o.O) \end{aligned}$$

2. 第二步：判断渐近上界

时间复杂度由 $T(n)$ 中最高阶的项来决定。这是因为在 n 趋于无穷大时，最高阶的项将发挥主导作用，其他项的影响都可以忽略。

表 2-2 展示了一些例子，其中一些夸张的值是为了强调"系数无法撼动阶数"这一结论。当 n 趋于无穷大时，这些常数变得无足轻重。

表 2-2　不同操作数量对应的时间复杂度

操作数量 $T(n)$	时间复杂度 $O(f(n))$
100,000	$O(1)$
$3n + 2$	$O(n)$
$2n^2 + 3n + 2$	$O(n^2)$
$n^3 + 10,000n^2$	$O(n^3)$
$2^n + 10,000n^{10,000}$	$O(2^n)$

2.3.4　常见类型

设输入数据大小为 n，常见的时间复杂度类型如图 2-9 所示（按照从低到高的顺序排列）。

$$O(1) < O(\log n) < O(n) < O(n \log n) < O(n^2) < O(2^n) < O(n!)$$

常数阶 < 对数阶 < 线性阶 < 线性对数阶 < 平方阶 < 指数阶 < 阶乘阶

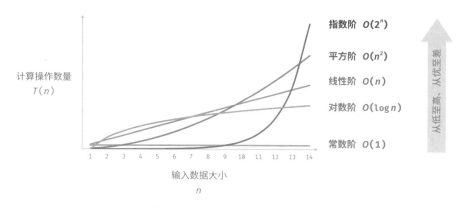

图 2-9　常见的时间复杂度类型

1. 常数阶 $O(1)$

常数阶的操作数量与输入数据大小 n 无关，即不随着 n 的变化而变化。

在以下函数中，尽管操作数量 size 可能很大，但由于其与输入数据大小 n 无关，因此时间复杂度仍为 $O(1)$：

```python
# === File: time_complexity.py ===

def constant(n: int) -> int:
    """ 常数阶 """
    count = 0
    size = 100000
    for _ in range(size):
        count += 1
    return count
```

2. 线性阶 $O(n)$

线性阶的操作数量相对于输入数据大小 n 以线性级别增长。线性阶通常出现在单层循环中：

```python
# === File: time_complexity.py ===

def linear(n: int) -> int:
    """ 线性阶 """
    count = 0
    for _ in range(n):
        count += 1
    return count
```

遍历数组和遍历链表等操作的时间复杂度均为 $O(n)$，其中 n 为数组或链表的长度：

```
# === File: time_complexity.py ===

def array_traversal(nums: list[int]) -> int:
    """ 线性阶（遍历数组）"""
    count = 0
    # 循环次数与数组长度成正比
    for num in nums:
        count += 1
    return count
```

值得注意的是，**输入数据大小 n 需根据输入数据的类型来具体确定**。比如在第一个示例中，变量 n 为输入数据大小；在第二个示例中，数组长度 n 为数据大小。

3. 平方阶 $O(n^2)$

平方阶的操作数量相对于输入数据大小 n 以平方级别增长。平方阶通常出现在嵌套循环中，外层循环和内层循环的时间复杂度都为 $O(n)$，因此总体的时间复杂度为 $O(n^2)$：

```
# === File: time_complexity.py ===

def quadratic(n: int) -> int:
    """ 平方阶 """
    count = 0
    # 循环次数与数组大小 n 成平方关系
    for i in range(n):
        for j in range(n):
            count += 1
    return count
```

图 2-10 对比了常数阶、线性阶和平方阶三种时间复杂度。

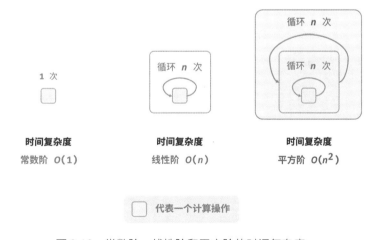

图 2-10　常数阶、线性阶和平方阶的时间复杂度

25

以冒泡排序为例，外层循环执行 $n-1$ 次，内层循环执行 $n-1$、$n-2$、$\cdots$、2、1 次，平均为 $n/2$ 次，因此时间复杂度为 $O\bigl((n-1)n/2\bigr)=O(n^2)$：

```python
# === File: time_complexity.py ===

def bubble_sort(nums: list[int]) -> int:
    """平方阶（冒泡排序）"""
    count = 0  # 计数器
    # 外循环：未排序区间为 [0, i]
    for i in range(len(nums) - 1, 0, -1):
        # 内循环：将未排序区间 [0, i] 中的最大元素交换至该区间的最右端
        for j in range(i):
            if nums[j] > nums[j + 1]:
                # 交换 nums[j] 与 nums[j + 1]
                tmp: int = nums[j]
                nums[j] = nums[j + 1]
                nums[j + 1] = tmp
                count += 3  # 元素交换包含 3 个单元操作
    return count
```

4. 指数阶 $O(2^n)$

生物学的"细胞分裂"是指数阶增长的典型例子：初始状态为 1 个细胞，分裂一轮后变为 2 个，分裂两轮后变为 4 个，以此类推，分裂 n 轮后有 2^n 个细胞。

图 2-11 和以下代码模拟了细胞分裂的过程，时间复杂度为 $O(2^n)$：

```python
# === File: time_complexity.py ===

def exponential(n: int) -> int:
    """指数阶（循环实现）"""
    count = 0
    base = 1
    # 细胞每轮一分为二，形成数列 1, 2, 4, 8, ..., 2^(n-1)
    for _ in range(n):
        for _ in range(base):
            count += 1
        base *= 2
    # count = 1 + 2 + 4 + 8 + ... + 2^(n-1) = 2^n - 1
    return count
```

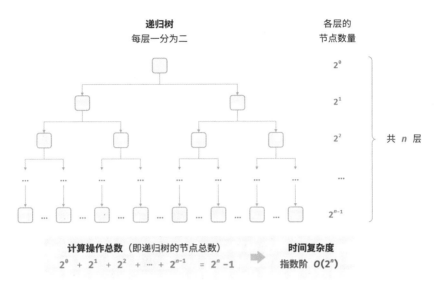

图 2-11 指数阶的时间复杂度

在实际算法中，指数阶常出现于递归函数中。例如在以下代码中，其递归地一分为二，经过 n 次分裂后停止：

```python
# === File: time_complexity.py ===

def exp_recur(n: int) -> int:
    """指数阶（递归实现）"""
    if n == 1:
        return 1
    return exp_recur(n - 1) + exp_recur(n - 1) + 1
```

指数阶增长非常迅速，在穷举法（暴力搜索、回溯等）中比较常见。对于数据规模较大的问题，指数阶是不可接受的，通常需要使用动态规划或贪心算法等来解决。

5. 对数阶 $O(\log n)$

与指数阶相反，对数阶反映了"每轮缩减到一半"的情况。设输入数据大小为 n，由于每轮缩减到一半，因此循环次数是 $\log_2 n$，即 2^n 的反函数。

图 2-12 和以下代码模拟了"每轮缩减到一半"的过程，时间复杂度为 $O(\log_2 n)$，简记为 $O(\log n)$：

```python
# === File: time_complexity.py ===

def logarithmic(n: int) -> int:
    """对数阶（循环实现）"""
    count = 0
    while n > 1:
```

```
        n = n / 2
        count += 1
    return count
```

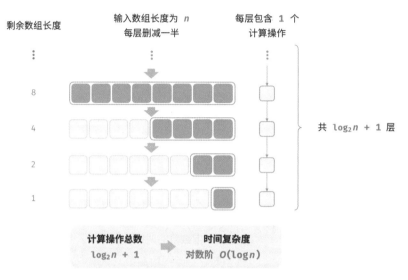

图 2-12　对数阶的时间复杂度

与指数阶类似，对数阶也常出现于递归函数中。以下代码形成了一棵高度为 $\log_2 n$ 的递归树：

```
# === File: time_complexity.py ===

def log_recur(n: int) -> int:
    """对数阶（递归实现）"""
    if n <= 1:
        return 0
    return log_recur(n / 2) + 1
```

对数阶常出现于基于分治策略的算法中，体现了"一分为多"和"化繁为简"的算法思想。它增长缓慢，是仅次于常数阶的理想的时间复杂度。

> ⓘ $O(\log n)$ 的底数是多少？
>
> 准确来说，"一分为 m"对应的时间复杂度是 $O(\log_m n)$。而通过对数换底公式，我们可以得到具有不同底数、相等的时间复杂度：
>
> $$O(\log_m n) = O(\log_k n / \log_k m) = O(\log_k n)$$
>
> 也就是说，底数 m 可以在不影响复杂度的前提下转换。因此我们通常会省略底数 m，将对数阶直接记为 $O(\log n)$。

6. 线性对数阶 $O(n \log n)$

线性对数阶常出现于嵌套循环中，两层循环的时间复杂度分别为 $O(\log n)$ 和 $O(n)$。相关代码如下：

```python
# === File: time_complexity.py ===

def linear_log_recur(n: int) -> int:
    """线性对数阶"""
    if n <= 1:
        return 1
    count: int = linear_log_recur(n // 2) + linear_log_recur(n // 2)
    for _ in range(n):
        count += 1
    return count
```

图 2-13 展示了线性对数阶的生成方式。二叉树的每一层的操作总数都为 n，树共有 $\log_2 n + 1$ 层，因此时间复杂度为 $O(n \log n)$。

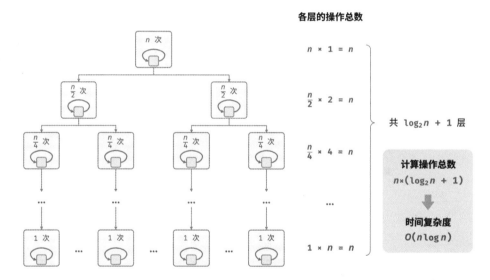

图 2-13　线性对数阶的时间复杂度

主流排序算法的时间复杂度通常为 $O(n \log n)$，例如快速排序、归并排序、堆排序等。

7. 阶乘阶 $O(n!)$

阶乘阶对应数学上的"全排列"问题。给定 n 个互不重复的元素，求其所有可能的排列方案，方案数量为：

$$n! = n \times (n-1) \times (n-2) \times \cdots \times 2 \times 1$$

阶乘通常使用递归实现。如图 2-14 和以下代码所示，第一层分裂出 n 个，第二层分裂出 $n-1$ 个，以此类推，直至第 n 层时停止分裂：

```python
# === File: time_complexity.py ===

def factorial_recur(n: int) -> int:
    """ 阶乘阶（递归实现）"""
    if n == 0:
        return 1
    count = 0
    # 从 1 个分裂出 n 个
    for _ in range(n):
        count += factorial_recur(n - 1)
    return count
```

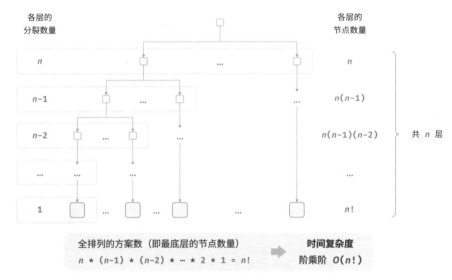

图 2-14　阶乘阶的时间复杂度

请注意，因为当 $n \geqslant 4$ 时恒有 $n! > 2^n$，所以阶乘阶比指数阶增长得更快，在 n 较大时也是不可接受的。

2.3.5　最差、最佳、平均时间复杂度

算法的时间效率往往不是固定的，而是与输入数据的分布有关。假设输入一个长度为 n 的数组 nums，其中 nums 由从 1 至 n 的数字组成，每个数字只出现一次；但元素顺序是随机打乱的，任务目标是返回元素 1 的索引。我们可以得出以下结论。

- 当 nums = [?, ?, ..., 1]，即当末尾元素是 1 时，需要完整遍历数组，**达到最差时间复杂度** $O(n)$。

- 当 nums = [1, ?, ?, ...]，即当首个元素为 1 时，无论数组多长都不需要继续遍历，**达到最佳时间复杂度** $\Omega(1)$。

"最差时间复杂度"对应函数渐近上界，使用大 O 记号表示。相应地，"最佳时间复杂度"对应函数渐近下界，用 Ω 记号表示：

```python
# === File: worst_best_time_complexity.py ===

def random_numbers(n: int) -> list[int]:
    """生成一个数组，元素为 : 1, 2, ..., n, 顺序被打乱"""
    # 生成数组 nums =: 1, 2, 3, ..., n
    nums = [i for i in range(1, n + 1)]
    # 随机打乱数组元素
    random.shuffle(nums)
    return nums

def find_one(nums: list[int]) -> int:
    """查找数组 nums 中数字 1 所在索引"""
    for i in range(len(nums)):
        # 当元素 1 在数组头部时，达到最佳时间复杂度 Ω(1)
        # 当元素 1 在数组尾部时，达到最差时间复杂度 O(n)
        if nums[i] == 1:
            return i
    return -1
```

值得说明的是，我们在实际中很少使用最佳时间复杂度，因为通常只有在很小概率下才能达到，可能会带来一定的误导性。**而最差时间复杂度更为实用，因为它给出了一个效率安全值**，让我们可以放心地使用算法。

从上述示例可以看出，最差时间复杂度和最佳时间复杂度只出现于"特殊的数据分布"，这些情况的出现概率可能很小，并不能真实地反映算法运行效率。相比之下，**平均时间复杂度可以体现算法在随机输入数据下的运行效率**，用 Θ 记号来表示。

对于部分算法，我们可以简单地推算出随机数据分布下的平均情况。比如上述示例，由于输入数组是被打乱的，因此元素 1 出现在任意索引的概率都是相等的，那么算法的平均循环次数就是数组长度的一半 $n/2$，平均时间复杂度为 $\Theta(n/2) = \Theta(n)$。

但对于较为复杂的算法，计算平均时间复杂度往往比较困难，因为很难分析出在数据分布下的整体数学期望。在这种情况下，我们通常使用最差时间复杂度作为算法效率的评判标准。

> ⓘ 为什么很少看到 Θ 符号？
>
> 可能由于 O 符号过于朗朗上口，因此我们常常使用它来表示平均时间复杂度。但从严格意义上讲，这种做法并不规范。在本书和其他资料中，若遇到类似"平均时间复杂度 $O(n)$"的表述，请将其直接理解为 $\Theta(n)$。

2.4　空间复杂度

空间复杂度（space complexity）用于衡量算法占用内存空间随着数据量变大时的增长趋势。这个概念与时间复杂度非常类似，只需将"运行时间"替换为"占用内存空间"。

2.4.1　算法相关空间

算法在运行过程中使用的内存空间主要包括以下几种。

- **输入空间**：用于存储算法的输入数据。
- **暂存空间**：用于存储算法在运行过程中的变量、对象、函数上下文等数据。
- **输出空间**：用于存储算法的输出数据。

一般情况下，空间复杂度的统计范围是"暂存空间"加上"输出空间"。

暂存空间可以进一步划分为三个部分。

- **暂存数据**：用于保存算法运行过程中的各种常量、变量、对象等。
- **栈帧空间**：用于保存调用函数的上下文数据。系统在每次调用函数时都会在栈顶部创建一个栈帧，函数返回后，栈帧空间会被释放。
- **指令空间**：用于保存编译后的程序指令，在实际统计中通常忽略不计。

在分析一段程序的空间复杂度时，**我们通常统计暂存数据、栈帧空间和输出数据三部分**，如图 2-15 所示。

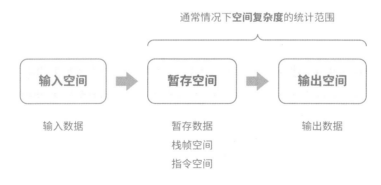

图 2-15　算法使用的相关空间

相关代码如下：

```
class Node:
    """ 类 """
    def __init__(self, x: int):
        self.val: int = x              # 节点值
        self.next: Node | None = None  # 指向下一节点的引用


def function() -> int:
    """ 函数 """
    # 执行某些操作
    return 0


def algorithm(n) -> int:  # 输入数据
    A = 0                 # 暂存数据（常量，一般用大写字母表示）
    b = 0                 # 暂存数据（变量）
    node = Node(0)        # 暂存数据（对象）
    c = function()        # 栈帧空间（调用函数）
    return A + b + c      # 输出数据
```

2.4.2 推算方法

空间复杂度的推算方法与时间复杂度大致相同，只需将统计对象从"操作数量"转为"使用空间大小"。

而与时间复杂度不同的是，**我们通常只关注最差空间复杂度**。这是因为内存空间是一项硬性要求，我们必须确保在所有输入数据下都有足够的内存空间预留。

观察以下代码，最差空间复杂度中的"最差"有两层含义。

(1) **以最差输入数据为准**：当 $n < 10$ 时，空间复杂度为 $O(1)$；但当 $n > 10$ 时，初始化的数组 nums 占用 $O(n)$ 空间，因此最差空间复杂度为 $O(n)$。

(2) **以算法运行中的峰值内存为准**：例如，程序在执行最后一行之前，占用 $O(1)$ 空间；当初始化数组 nums 时，程序占用 $O(n)$ 空间，因此最差空间复杂度为 $O(n)$。

```
def algorithm(n: int):
    a = 0              # O(1)
    b = [0] * 10000    # O(1)
    if n > 10:
        nums = [0] * n # O(n)
```

在递归函数中，需要注意统计栈帧空间。观察以下代码：

```
def function() -> int:
    # 执行某些操作
    return 0
```

```python
def loop(n: int):
    """ 循环的空间复杂度为 O(1)"""
    for _ in range(n):
        function()

def recur(n: int) -> int:
    """ 递归的空间复杂度为 O(n)"""
    if n == 1: return
    return recur(n - 1)
```

函数 loop() 和 recur() 的时间复杂度都为 $O(n)$，但空间复杂度不同。

- 函数 loop() 在循环中调用了 n 次 function()，每轮中的 function() 都返回并释放了栈帧空间，因此空间复杂度仍为 $O(1)$。
- 递归函数 recur() 在运行过程中会同时存在 n 个未返回的 recur()，从而占用 $O(n)$ 的栈帧空间。

2.4.3　常见类型

设输入数据大小为 n，图 2-16 展示了常见的空间复杂度类型（从低到高排列）。

$$O(1) < O(\log n) < O(n) < O(n^2) < O(2^n)$$

常数阶 < 对数阶 < 线性阶 < 平方阶 < 指数阶

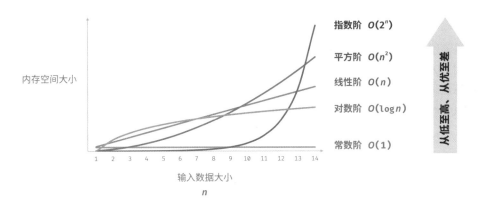

图 2-16　常见的空间复杂度类型

1. 常数阶 O(1)

常数阶常见于数量与输入数据大小 n 无关的常量、变量、对象。

需要注意的是，在循环中初始化变量或调用函数而占用的内存，在进入下一循环后就会被释放，因此不会累积占用空间，空间复杂度仍为 $O(1)$：

```python
# === File: space_complexity.py ===

def function() -> int:
    """ 函数 """
    # 执行某些操作
    return 0

def constant(n: int):
    """ 常数阶 """
    # 常量、变量、对象占用 O(1) 空间
    a = 0
    nums = [0] * 10000
    node = ListNode(0)
    # 循环中的变量占用 O(1) 空间
    for _ in range(n):
        c = 0
    # 循环中的函数占用 O(1) 空间
    for _ in range(n):
        function()
```

2. 线性阶 $O(n)$

线性阶常见于元素数量与 n 成正比的数组、链表、栈、队列等：

```python
# === File: space_complexity.py ===

def linear(n: int):
    """ 线性阶 """
    # 长度为 n 的列表占用 O(n) 空间
    nums = [0] * n
    # 长度为 n 的哈希表占用 O(n) 空间
    hmap = dict[int, str]()
    for i in range(n):
        hmap[i] = str(i)
```

如图 2-17 所示，此函数的递归深度为 n，即同时存在 n 个未返回的 linear_recur() 函数，使用 $O(n)$ 大小的栈帧空间：

```python
# === File: space_complexity.py ===

def linear_recur(n: int):
    """ 线性阶（递归实现）"""
    print("递归 n =", n)
    if n == 1:
        return
    linear_recur(n - 1)
```

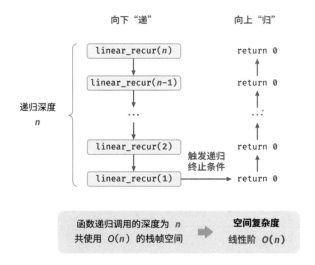

图 2-17　递归函数产生的线性阶空间复杂度

3. 平方阶 $O(n^2)$

平方阶常见于矩阵和图，元素数量与 n 成平方关系：

```
# === File: space_complexity.py ===

def quadratic(n: int):
    """ 平方阶 """
    # 二维列表占用 O(n^2) 空间
    num_matrix = [[0] * n for _ in range(n)]
```

如图 2-18 所示，该函数的递归深度为 n，在每个递归函数中都初始化了一个数组，长度分别为 n、$n-1$、$\cdots$、2、1，平均长度为 $n/2$，因此总体占用 $O(n^2)$ 空间：

```
# === File: space_complexity.py ===

def quadratic_recur(n: int) -> int:
    """ 平方阶（递归实现） """
    if n <= 0:
        return 0
    # 数组 nums 长度为 n, n-1, ..., 2, 1
    nums = [0] * n
    return quadratic_recur(n - 1)
```

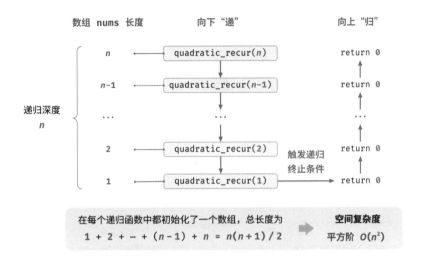

图 2-18　递归函数产生的平方阶空间复杂度

4. 指数阶 $O(2^n)$

指数阶常见于二叉树。观察图 2-19，层数为 n 的"满二叉树"的节点数量为 2^n-1，占用 $O(2^n)$ 空间：

```python
# === File: space_complexity.py ===

def build_tree(n: int) -> TreeNode | None:
    """ 指数阶（建立满二叉树）"""
    if n == 0:
        return None
    root = TreeNode(0)
    root.left = build_tree(n - 1)
    root.right = build_tree(n - 1)
    return root
```

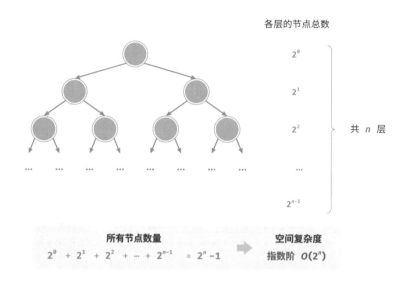

各层的节点总数

2^0

2^1

2^2

2^{n-1}

共 n 层

所有节点数量

$2^0 + 2^1 + 2^2 + \cdots + 2^{n-1} = 2^n - 1$

空间复杂度

指数阶 $O(2^n)$

图 2-19　满二叉树产生的指数阶空间复杂度

5. 对数阶 $O(\log n)$

对数阶常见于分治算法。例如归并排序，输入长度为 n 的数组，每轮递归将数组从中点处划分为两半，形成高度为 $\log n$ 的递归树，使用 $O(\log n)$ 栈帧空间。

再例如将数字转化为字符串，输入一个正整数 n，它的位数为 $\log_{10} n + 1$，即对应字符串长度为 $\log_{10} n + 1$，因此空间复杂度为 $O(\log_{10} n + 1) = O(\log n)$。

2.4.4　权衡时间与空间

理想情况下，我们希望算法的时间复杂度和空间复杂度都能达到最优。然而在实际情况中，同时优化时间复杂度和空间复杂度通常非常困难。

降低时间复杂度通常需要以提升空间复杂度为代价，反之亦然。我们将牺牲内存空间来提升算法运行速度的思路称为"以空间换时间"；反之，则称为"以时间换空间"。

选择哪种思路取决于我们更看重哪个方面。在大多数情况下，时间比空间更宝贵，因此"以空间换时间"通常是更常用的策略。当然，在数据量很大的情况下，控制空间复杂度也非常重要。

2.5 小结

1. 重点回顾

算法效率评估

- 时间效率和空间效率是衡量算法优劣的两个主要评价指标。
- 我们可以通过实际测试来评估算法效率，但难以消除测试环境的影响，且会耗费大量计算资源。
- 复杂度分析可以消除实际测试的弊端，分析结果适用于所有运行平台，并且能够揭示算法在不同数据规模下的效率。

时间复杂度

- 时间复杂度用于衡量算法运行时间随数据量增长的趋势，可以有效评估算法效率，但在某些情况下可能失效，如在输入的数据量较小或时间复杂度相同时，无法精确对比算法效率的优劣。
- 最差时间复杂度使用大 O 符号表示，对应函数渐近上界，反映当 n 趋向正无穷时，操作数量 $T(n)$ 的增长级别。
- 推算时间复杂度分为两步，首先统计操作数量，然后判断渐近上界。
- 常见时间复杂度从低到高排列有 $O(1)$、$O(\log n)$、$O(n)$、$O(n \log n)$、$O(n^2)$、$O(2^n)$ 和 $O(n!)$ 等。
- 某些算法的时间复杂度非固定，而是与输入数据的分布有关。时间复杂度分为最差、最佳、平均时间复杂度，最佳时间复杂度几乎不用，因为输入数据一般需要满足严格条件才能达到最佳情况。
- 平均时间复杂度反映算法在随机数据输入下的运行效率，最接近实际应用中的算法性能。计算平均时间复杂度需要统计输入数据分布以及综合后的数学期望。

空间复杂度

- 空间复杂度的作用类似于时间复杂度，用于衡量算法占用内存空间随数据量增长的趋势。
- 算法运行过程中的相关内存空间可分为输入空间、暂存空间、输出空间。通常情况下，输入空间不纳入空间复杂度计算。暂存空间可分为暂存数据、栈帧空间和指令空间，其中栈帧空间通常仅在递归函数中影响空间复杂度。
- 我们通常只关注最差空间复杂度，即统计算法在最差输入数据和最差运行时刻下的空间复杂度。
- 常见空间复杂度从低到高排列有 $O(1)$、$O(\log n)$、$O(n)$、$O(n^2)$ 和 $O(2^n)$ 等。

2. 思考题

Q：尾递归的空间复杂度是 $O(1)$ 吗？

A：理论上，尾递归函数的空间复杂度可以优化至 $O(1)$。不过绝大多数编程语言（例如 Java、Python、C++、Go、C# 等）不支持自动优化尾递归，因此通常认为空间复杂度是 $O(n)$。

Q：函数和方法这两个术语的区别是什么？

A：函数（function）可以被独立执行，所有参数都以显式传递。**方法**（method）与一个对象关联，被隐式传递给调用它的对象，能够对类的实例中包含的数据进行操作。

下面以几种常见的编程语言为例来说明。

- C 语言是过程式编程语言，没有面向对象的概念，所以只有函数。但我们可以通过创建结构体（struct）来模拟面向对象编程，与结构体相关联的函数就相当于其他编程语言中的方法。
- Java 和 C# 是面向对象的编程语言，代码块（方法）通常作为某个类的一部分。静态方法的行为类似于函数，因为它被绑定在类上，不能访问特定的实例变量。
- C++ 和 Python 既支持过程式编程（函数），也支持面向对象编程（方法）。

Q："常见的空间复杂度类型"（如图 2-16 所示）反映的是否是占用空间的绝对大小？

A：不是，该图展示的是空间复杂度，其反映的是增长趋势，而不是占用空间的绝对大小。

假设取 $n = 8$，你可能会发现每条曲线的值与函数对应不上。这是因为每条曲线都包含一个常数项，用于将取值范围压缩到一个视觉舒适的范围内。

在实际中，因为我们通常不知道每个方法的"常数项"复杂度是多少，所以一般无法仅凭复杂度来选择 $n = 8$ 之下的最优解法。但对于 $n = 8^5$ 就很好选了，这时增长趋势已经占主导了。

数据结构

第 3 章　数据结构

> 数据结构如同一副稳固而多样的框架。
>
> 它为数据的有序组织提供了蓝图，算法得以在此基础上生动起来。

3.1　数据结构分类

常见的数据结构包括数组、链表、栈、队列、哈希表、树、堆、图，它们可以从"逻辑结构"和"物理结构"两个维度进行分类。

3.1.1　逻辑结构：线性与非线性

逻辑结构揭示了数据元素之间的逻辑关系。在数组和链表中，数据按照一定顺序排列，体现了数据之间的线性关系；而在树中，数据从顶部向下按层次排列，表现出"祖先"与"后代"之间的派生关系；图则由节点和边构成，反映了复杂的网络关系。

如图 3-1 所示，逻辑结构可分为"线性"和"非线性"两大类。线性结构比较直观，指数据在逻辑关系上呈线性排列；非线性结构则相反，呈非线性排列。

- **线性数据结构**：数组、链表、栈、队列、哈希表，元素之间是一对一的顺序关系。
- **非线性数据结构**：树、堆、图、哈希表。

非线性数据结构可以进一步划分为树形结构和网状结构。

- **树形结构**：树、堆、哈希表，元素之间是一对多的关系。
- **网状结构**：图，元素之间是多对多的关系。

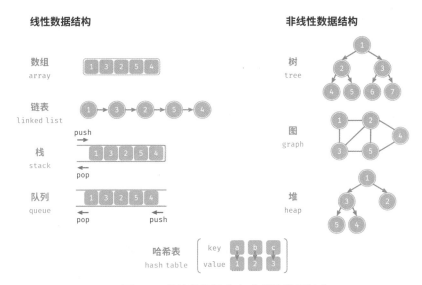

图 3-1　线性数据结构与非线性数据结构

3.1.2　物理结构：连续与分散

当算法程序运行时，正在处理的数据主要存储在内存中。图 3-2 展示了一个计算机内存条，其中每个黑色方块都包含一块内存空间。我们可以将内存想象成一个巨大的 Excel 表格，其中每个单元格都可以存储一定大小的数据。

系统通过内存地址来访问目标位置的数据。如图 3-2 所示，计算机根据特定规则为表格中的每个单元格分配编号，确保每个内存空间都有唯一的内存地址。有了这些地址，程序便可以访问内存中的数据。

图 3-2　内存条、内存空间、内存地址

> ℹ️ 值得说明的是，将内存比作 Excel 表格是一个简化的类比，实际内存的工作机制比较复杂，涉及地址空间、内存管理、缓存机制、虚拟内存和物理内存等概念。

内存是所有程序的共享资源，当某块内存被某个程序占用时，则无法被其他程序同时使用了。**因此在数据结构与算法的设计中，内存资源是一个重要的考虑因素**。比如，算法所占用的内存峰值不应超过系统剩余空闲内存；如果缺少连续大块的内存空间，那么所选用的数据结构必须能够存储在分散的内存空间内。

如图 3-3 所示，**物理结构反映了数据在计算机内存中的存储方式**，可分为连续空间存储（数组）和分散空间存储（链表）。物理结构从底层决定了数据的访问、更新、增删等操作方法，两种物理结构在时间效率和空间效率方面呈现出互补的特点。

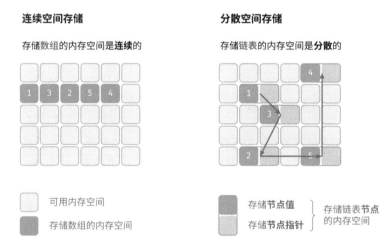

图 3-3　连续空间存储与分散空间存储

值得说明的是，**所有数据结构都是基于数组、链表或二者的组合实现的**。例如，栈和队列既可以使用数组实现，也可以使用链表实现；而哈希表的实现可能同时包含数组和链表。

- **基于数组可实现**：栈、队列、哈希表、树、堆、图、矩阵、张量（维度 ≥ 3 的数组）等。
- **基于链表可实现**：栈、队列、哈希表、树、堆、图等。

链表在初始化后，仍可以在程序运行过程中对其长度进行调整，因此也称"动态数据结构"。数组在初始化后长度不可变，因此也称"静态数据结构"。值得注意的是，数组可通过重新分配内存实现长度变化，从而具备一定的"动态性"。

> ℹ️ 如果你感觉物理结构理解起来有困难，建议先阅读下一章，然后再回顾本节内容。

3.2　基本数据类型

当谈及计算机中的数据时，我们会想到文本、图片、视频、语音、3D 模型等各种形式。尽管这些数据的组织形式各异，但它们都由各种基本数据类型构成。

基本数据类型是 CPU 可以直接进行运算的类型，在算法中直接被使用，主要包括以下几种。

- 整数类型 byte、short、int、long。
- 浮点数类型 float、double，用于表示小数。
- 字符类型 char，用于表示各种语言的字母、标点符号甚至表情符号等。
- 布尔类型 bool，用于表示"是"与"否"判断。

基本数据类型以二进制的形式存储在计算机中。一个二进制位即为 1 比特。在绝大多数现代操作系统中，1 字节（byte）由 8 比特（bit）组成。

基本数据类型的取值范围取决于其占用的空间大小。下面以 Java 为例。

- 整数类型 byte 占用 1 字节 = 8 比特，可以表示 2^8 个数字。
- 整数类型 int 占用 4 字节 = 32 比特，可以表示 2^{32} 个数字。

表 3-1 列举了 Java 中各种基本数据类型的占用空间、取值范围和默认值。此表格无须死记硬背，大致理解即可，需要时可以通过查表来回忆。

表 3-1　基本数据类型的占用空间和取值范围

类型	符号	占用空间	最小值	最大值	默认值
整数	byte	1 字节	-2^7 (−128)	2^7-1 (127)	0
	short	2 字节	-2^{15}	$2^{15}-1$	0
	int	4 字节	-2^{31}	$2^{31}-1$	0
	long	8 字节	-2^{63}	$2^{63}-1$	0
浮点数	float	4 字节	1.175×10^{-38}	3.403×10^{38}	0.0f
	double	8 字节	2.225×10^{-308}	1.798×10^{308}	0.0
字符	char	2 字节	0	$2^{16}-1$	0
布尔	bool	1 字节	false	true	false

请注意，表 3-1 针对的是 Java 的基本数据类型的情况。每种编程语言都有各自的数据类型定义，它们的占用空间、取值范围和默认值可能会有所不同。

- 在 Python 中，整数类型 int 可以是任意大小，只受限于可用内存；浮点数 float 是双精度 64 位；没有 char 类型，单个字符实际上是长度为 1 的字符串 str。
- C 和 C++ 未明确规定基本数据类型的大小，而因实现和平台各异。表 3-1 遵循 LP64 数据模型，其用于包括 Linux 和 macOS 在内的 Unix 64 位操作系统。

- 字符 char 的大小在 C 和 C++ 中为 1 字节，在大多数编程语言中取决于特定的字符编码方法，详见 3.4 节。
- 即使表示布尔量仅需 1 位（0 或 1），它在内存中通常也存储为 1 字节。这是因为现代计算机 CPU 通常将 1 字节作为最小寻址内存单元。

那么，基本数据类型与数据结构之间有什么联系呢？我们知道，数据结构是在计算机中组织与存储数据的方式。这句话的主语是"结构"而非"数据"。

如果想表示"一排数字"，我们自然会想到使用数组。这是因为数组的线性结构可以表示数字的相邻关系和顺序关系，但至于存储的内容是整数 int、小数 float 还是字符 char，则与"数据结构"无关。

换句话说，**基本数据类型提供了数据的"内容类型"，而数据结构提供了数据的"组织方式"**。例如以下代码，我们用相同的数据结构（数组）来存储与表示不同的基本数据类型，包括 int、float、char、bool 等。

```
# 使用多种基本数据类型来初始化数组
numbers: list[int] = [0] * 5
decimals: list[float] = [0.0] * 5
# Python 的字符实际上是长度为 1 的字符串
characters: list[str] = ['0'] * 5
bools: list[bool] = [False] * 5
# Python 的列表可以自由存储各种基本数据类型和对象引用
data = [0, 0.0, 'a', False, ListNode(0)]
```

3.3　数字编码[*]

> ℹ️ 在本书中，标题带有[*]符号的是选读章节。如果你时间有限或感到理解困难，可以先跳过，等学完必读章节后再单独攻克。

3.3.1　原码、反码和补码

在上一节的表格中我们发现，所有整数类型能够表示的负数都比正数多一个，例如 byte 的取值范围是 [−128,127]。这个现象比较反直觉，它的内在原因涉及原码、反码、补码的相关知识。

首先需要指出，**数字是以"补码"的形式存储在计算机中的**。在分析这样做的原因之前，首先给出三者的定义。

- **原码**：我们将数字的二进制表示的最高位视为符号位，其中 0 表示正数，1 表示负数，其余位表示数字的值。
- **反码**：正数的反码与其原码相同，负数的反码是对其原码除符号位外的所有位取反。

- **补码**：正数的补码与其原码相同，负数的补码是在其反码的基础上加 1。

图 3-4 展示了原码、反码和补码之间的转换方法。

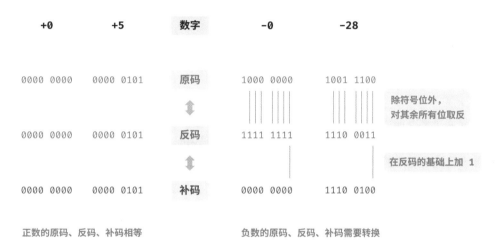

图 3-4　原码、反码与补码之间的相互转换

原码（sign-magnitude）虽然最直观，但存在一些局限性。一方面，**负数的原码不能直接用于运算**。例如在原码下计算 $1 + (-2)$，得到的结果是 -3，这显然是不对的。

$$1 + (-2)$$
$$\rightarrow 0000\,0001 + 1000\,0010$$
$$= 1000\,0011$$
$$\rightarrow -3$$

为了解决此问题，计算机引入了**反码**（1's complement）。如果我们先将原码转换为反码，并在反码下计算 $1 + (-2)$，最后将结果从反码转换回原码，则可得到正确结果 -1。

$$1 + (-2)$$
$$\rightarrow 0000\,0001\,(\text{原码}) + 1000\,0010\,(\text{原码})$$
$$= 0000\,0001\,(\text{反码}) + 1111\,1101\,(\text{反码})$$
$$= 1111\,1110\,(\text{反码})$$
$$= 1000\,0001\,(\text{原码})$$
$$\rightarrow -1$$

另一方面，**数字零的原码有 +0 和 -0 两种表示方式**。这意味着数字零对应两个不同的二进制编码，这可能会带来歧义。比如在条件判断中，如果没有区分正零和负零，则可能会导致判断结果出错。而如果我们想处理正零和负零歧义，则需要引入额外的判断操作，这可能会降低计算机的运算效率。

$$+0 \rightarrow 0000\ 0000$$
$$-0 \rightarrow 1000\ 0000$$

与原码一样，反码也存在正负零歧义问题，因此计算机进一步引入了**补码**（2's complement）。我们先来观察一下负零的原码、反码、补码的转换过程：

$$-0 \rightarrow 1000\ 0000\ (原码)$$
$$= 1111\ 1111\ (反码)$$
$$= 1\ 0000\ 0000\ (补码)$$

在负零的反码基础上加 1 会产生进位，但 `byte` 类型的长度只有 8 位，因此溢出到第 9 位的 1 会被舍弃。也就是说，**负零的补码为 0000 0000，与正零的补码相同**。这意味着在补码表示中只存在一个零，正负零歧义从而得到解决。

还剩最后一个疑惑：`byte` 类型的取值范围是 $[-128, 127]$，多出来的一个负数 -128 是如何得到的呢？我们注意到，区间 $[-127, +127]$ 内的所有整数都有对应的原码、反码和补码，并且原码和补码之间可以互相转换。

然而，**补码 1000 0000 是一个例外，它并没有对应的原码**。根据转换方法，我们得到该补码的原码为 0000 0000。这显然是矛盾的，因为该原码表示数字 0，它的补码应该是自身。计算机规定这个特殊的补码 1000 0000 代表 -128。实际上，$(-1) + (-127)$ 在补码下的计算结果就是 -128。

$$(-127) + (-1)$$
$$\rightarrow 1111\ 1111\ (原码) + 1000\ 0001\ (原码)$$
$$= 1000\ 0000\ (反码) + 1111\ 1110\ (反码)$$
$$= 1000\ 0001\ (补码) + 1111\ 1111\ (补码)$$
$$= 1000\ 0000\ (补码)$$
$$\rightarrow -128$$

你可能已经发现了，上述所有计算都是加法运算。这暗示着一个重要事实：**计算机内部的硬件电路主要是基于加法运算设计的**。这是因为加法运算相对于其他运算（比如乘法、除法和减法）来说，硬件实现起来更简单，更容易进行并行化处理，运算速度更快。

请注意，这并不意味着计算机只能做加法。**通过将加法与一些基本逻辑运算结合，计算机能够实现各种其他的数学运算**。例如，计算减法 $a-b$ 可以转换为计算加法 $a + (-b)$；计算乘法和除法可以转换为计算多次加法或减法。

现在我们可以总结出计算机使用补码的原因：基于补码表示，计算机可以用同样的电路和操作来处理正数和负数的加法，不需要设计特殊的硬件电路来处理减法，并且无须特别处理正负零的歧义问题。这大大简化了硬件设计，提高了运算效率。

补码的设计非常精妙，因篇幅关系我们就先介绍到这里，建议有兴趣的读者进一步深入了解。

3.3.2 浮点数编码

细心的你可能会发现：int 和 float 长度相同，都是 4 字节，但为什么 float 的取值范围远大于 int ？这非常反直觉，因为按理说 float 需要表示小数，取值范围应该变小才对。

实际上，**这是因为浮点数 float 采用了不同的表示方式**。记一个 32 比特长度的二进制数为：

$$b_{31}b_{30}b_{29}\ldots b_2b_1b_0$$

根据 IEEE 754 标准，32 比特长度的 **float** 由以下三个部分构成。

- 符号位 S：占 1 比特，对应 b_{31}。
- 指数位 E：占 8 比特，对应 $b_{30}b_{29}\ldots b_{23}$。
- 分数位 N：占 23 比特，对应 $b_{22}b_{21}\ldots b_0$。

二进制数 **float** 对应值的计算方法为：

$$\text{val} = (-1)^{b_{31}} \times 2^{(b_{30}b_{29}\ldots b_{23})_2 - 127} \times (1.b_{22}b_{21}\ldots b_0)_2$$

转化到十进制下的计算公式为：

$$\text{val} = (-1)^S \times 2^{E-127} \times (1+N)$$

其中各项的取值范围为：

$$S \in \{0,1\}, \ E \in \{1,2,\cdots,254\}$$

$$(1+N) = \left(1 + \sum_{i=1}^{23} b_{23-i} 2^{-i}\right) \subset \left[1, 2-2^{-23}\right]$$

观察图 3-5，给定一个示例数据 $S = 0$，$E = 124$，$N = 2^{-2}+2^{-3} = 0.375$，则有：

$$\text{val} = (-1)^0 \times 2^{124-127} \times (1+0.375) = 0.171875$$

现在我们可以回答最初的问题：**float 的表示方式包含指数位，导致其取值范围远大于 int**。根据以上计算，**float** 可表示的最大正数为 $2^{254-127} \times (2-2^{-23}) \approx 3.4 \times 10^{38}$，切换符号位便可得到最小负数。

尽管浮点数 float 扩展了取值范围，但其副作用是牺牲了精度。整数类型 int 将全部 32 位用于表示数字，数字是均匀分布的；而由于指数位的存在，浮点数 **float** 的数值越大，相邻两个数字之间的差值就会趋向越大。

对于以上示例，易得

S = 0

E = 124

N = $2^{-2} + 2^{-3} = 0.375$

根据 IEEE 754 标准，该示例对应的数字为

val = $(-1)^S \times 2^{E-127} \times (1 + N)$

　　 = $1 \times 0.125 \times 1.375$

　　 = 0.171875

图 3-5　IEEE 754 标准下的 `float` 的计算示例

如表 3-2 所示，指数位 E = 0 和 E = 255 具有特殊含义，**用于表示零、无穷大、NaN 等**。

表 3-2　指数位含义

指数位 E	分数位 N = 0	分数位 N ≠ 0	计算公式
0	±0	次正规数	$(-1)^S \times 2^{-126} \times (0.N)$
1, 2, …, 254	正规数	正规数	$(-1)^S \times 2^{(E-127)} \times (1.N)$
255	±∞	NaN	

值得说明的是，次正规数显著提升了浮点数的精度。最小正正规数为 2^{-126}，最小正次正规数为 $2^{-126} \times 2^{-23}$。

双精度 `double` 也采用类似于 `float` 的表示方法，在此不做赘述。

3.4　字符编码*

在计算机中，所有数据都是以二进制数的形式存储的，字符 `char` 也不例外。为了表示字符，我们需要建立一套"字符集"，规定每个字符和二进制数之间的一一对应关系。有了字符集之后，计算机就可以通过查表完成二进制数到字符的转换。

3.4.1　ASCII 字符集

ASCII 码是最早出现的字符集，其全称为 American Standard Code for Information Interchange（美国标准信息交换代码）。它使用 7 位二进制数（一个字节的低 7 位）表示一个字符，最多能够表示 128 个不同的字符。如图 3-6 所示，ASCII 码包括英文字母的大小写、数字 0～9、一些标点符号，以及一些控制字符（如换行符和制表符）。

十进制	二进制	字符	含义	十进制	二进制	字符	十进制	二进制	字符	十进制	二进制	字符
0	0000 0000	NUL	空字符	33	0010 0001	!	65	0100 0001	A	97	0110 0001	a
1	0000 0001	SOH	标题开始	34	0010 0010	"	66	0100 0010	B	98	0110 0010	b
2	0000 0010	STX	正文开始	35	0010 0011	#	67	0100 0011	C	99	0110 0011	c
3	0000 0011	ETX	正文结束	36	0010 0100	$	68	0100 0100	D	100	0110 0100	d
4	0000 0100	EOT	传输结束	37	0010 0101	%	69	0100 0101	E	101	0110 0101	e
5	0000 0101	ENQ	请求	38	0010 0110	&	70	0100 0110	F	102	0110 0110	f
6	0000 0110	ACK	收到通知	39	0010 0111	'	71	0100 0111	G	103	0110 0111	g
7	0000 0111	BEL	响铃	40	0010 1000	(	72	0100 1000	H	104	0110 1000	h
8	0000 1000	BS	退格	41	0010 1001	)	73	0100 1001	I	105	0110 1001	i
9	0000 1001	HT	水平制表符	42	0010 1010	*	74	0100 1010	J	106	0110 1010	j
10	0000 1010	LF	换行键	43	0010 1011	+	75	0100 1011	K	107	0110 1011	k
11	0000 1011	VT	垂直制表符	44	0010 1100	,	76	0100 1100	L	108	0110 1100	l
12	0000 1100	FF	换页键	45	0010 1101	-	77	0100 1101	M	109	0110 1101	m
13	0000 1101	CR	回车键	46	0010 1110	.	78	0100 1110	N	110	0110 1110	n
14	0000 1110	SO	不用切换	47	0010 1111	/	79	0100 1111	O	111	0110 1111	o
15	0000 1111	SI	启用切换	48	0011 0000	0	80	0101 0000	P	112	0111 0000	p
16	0001 0000	DLE	数据链路转义	49	0011 0001	1	81	0101 0001	Q	113	0111 0001	q
17	0001 0001	DC1	设备控制1	50	0011 0010	2	82	0101 0010	R	114	0111 0010	r
18	0001 0010	DC2	设备控制2	51	0011 0011	3	83	0101 0011	S	115	0111 0011	s
19	0001 0011	DC3	设备控制3	52	0011 0100	4	84	0101 0100	T	116	0111 0100	t
20	0001 0100	DC4	设备控制4	53	0011 0101	5	85	0101 0101	U	117	0111 0101	u
21	0001 0101	NAK	拒绝接收	54	0011 0110	6	86	0101 0110	V	118	0111 0110	v
22	0001 0110	SYN	同步空闲	55	0011 0111	7	87	0101 0111	W	119	0111 0111	w
23	0001 0111	ETB	结束传输块	56	0011 1000	8	88	0101 1000	X	120	0111 1000	x
24	0001 1000	CAN	取消	57	0011 1001	9	89	0101 1001	Y	121	0111 1001	y
25	0001 1001	EM	媒介结束	58	0011 1010	:	90	0101 1010	Z	122	0111 1010	z
26	0001 1010	SUB	代替	59	0011 1011	;	91	0101 1011	[	123	0111 1011	{
27	0001 1011	ESC	换码(溢出)	60	0011 1100	<	92	0101 1100	\	124	0111 1100	|
28	0001 1100	FS	文件分隔符	61	0011 1101	=	93	0101 1101	]	125	0111 1101	}
29	0001 1101	GS	分组符	62	0011 1110	>	94	0101 1110	^	126	0111 1110	~
30	0001 1110	RS	记录分隔符	63	0011 1111	?	95	0101 1111	_	127	0111 1111	DEL
31	0001 1111	US	单元分隔符	64	0100 0000	@	96	0110 0000	`			
32	0010 0000	SP	空格									

图 3-6　ASCII 码

然而，**ASCII 码仅能够表示英文**。随着计算机的全球化，诞生了一种能够表示更多语言的 EASCII 字符集。它在 ASCII 的 7 位基础上扩展到 8 位，能够表示 256 个不同的字符。

在世界范围内，陆续出现了一批适用于不同地区的 EASCII 字符集。这些字符集的前 128 个字符统一为 ASCII 码，后 128 个字符定义不同，以适应不同语言的需求。

3.4.2　GBK 字符集

后来人们发现，**EASCII 码仍然无法满足许多语言的字符数量要求**。比如汉字有近十万个，光日常使用的就有几千个。中国国家标准总局于 1980 年发布了 **GB2312 字符集**，其收录了 6763 个汉字，基本满足了汉字的计算机处理需要。

然而，GB2312 无法处理部分罕见字和繁体字。**GBK 字符集**是在 GB2312 的基础上扩展得到的，它共收录了 21,886 个汉字。在 GBK 的编码方案中，ASCII 字符使用一个字节表示，汉字使用两个字节表示。

3.4.3　Unicode 字符集

随着计算机技术的蓬勃发展，字符集与编码标准百花齐放，而这带来了许多问题。一方面，这些字符集一般只定义了特定语言的字符，无法在多语言环境下正常工作。另一方面，同一种语言存在多种字符集标准，如果两台计算机使用的是不同的编码标准，则在信息传递时就会出现乱码。

那个时代的研究人员就在想：**如果推出一个足够完整的字符集，将世界范围内的所有语言和符号都收录其中，不就可以解决跨语言环境和乱码问题了吗？** 在这种想法的驱动下，一个大而全的字符集 Unicode 应运而生。

Unicode 的中文名称为"统一码"，理论上能容纳 100 多万个字符。它致力于将全球范围内的字符纳入统一的字符集之中，提供一种通用的字符集来处理和显示各种语言文字，减少因为编码标准不同而产生的乱码问题。

自 1991 年发布以来，Unicode 不断扩充新的语言与字符。截至 2022 年 9 月，Unicode 已经包含 149,186 个字符，包括各种语言的字符、符号甚至表情符号等。在庞大的 Unicode 字符集中，常用的字符占用 2 字节，有些生僻的字符占用 3 字节甚至 4 字节。

Unicode 是一种通用字符集，本质上是给每个字符分配一个编号（称为"码点"），**但它并没有规定在计算机中如何存储这些字符码点**。我们不禁会问：当多种长度的 Unicode 码点同时出现在一个文本中时，系统如何解析字符？例如给定一个长度为 2 字节的编码，系统如何确认它是一个 2 字节的字符还是两个 1 字节的字符？

对于以上问题，**一种直接的解决方案是将所有字符存储为等长的编码**。如图 3-7 所示，"Hello"中的每个字符占用 1 字节，"算法"中的每个字符占用 2 字节。我们可以通过高位填 0 将"Hello 算法"中的所有字符都编码为 2 字节长度。这样系统就可以每隔 2 字节解析一个字符，恢复这个短语的内容了。

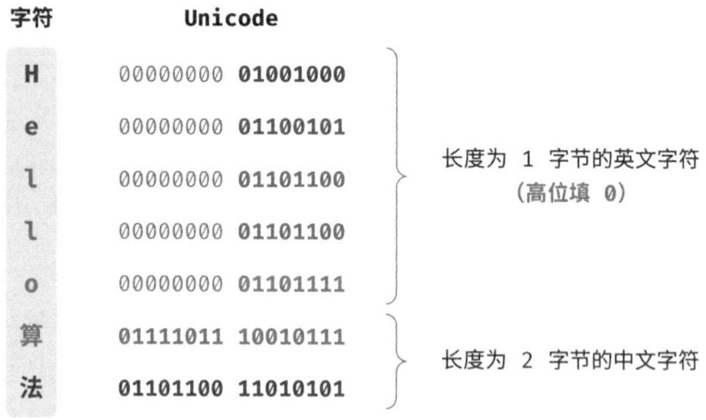

字符	Unicode	
H	00000000 01001000	
e	00000000 01100101	长度为 1 字节的英文字符
l	00000000 01101100	（高位填 0）
l	00000000 01101100	
o	00000000 01101111	
算	01111011 10010111	长度为 2 字节的中文字符
法	01101100 11010101	

图 3-7　Unicode 编码示例

然而 ASCII 码已经向我们证明，编码英文只需 1 字节。若采用上述方案，英文文本占用空间的大小将会是 ASCII 编码下的两倍，非常浪费内存空间。因此，我们需要一种更加高效的 Unicode 编码方法。

3.4.4 UTF-8 编码

目前，UTF-8 已成为国际上使用最广泛的 Unicode 编码方法。**它是一种可变长度的编码**，使用 1 到 4 字节来表示一个字符，根据字符的复杂性而变。ASCII 字符只需 1 字节，拉丁字母和希腊字母需要 2 字节，常用的中文字符需要 3 字节，其他的一些生僻字符需要 4 字节。

UTF-8 的编码规则并不复杂，分为以下两种情况。

- 对于长度为 1 字节的字符，将最高位设置为 0，其余 7 位设置为 Unicode 码点。值得注意的是，ASCII 字符在 Unicode 字符集中占据了前 128 个码点。也就是说，**UTF-8 编码可以向下兼容 ASCII 码**。这意味着我们可以使用 UTF-8 来解析年代久远的 ASCII 码文本。
- 对于长度为 n 字节的字符（其中 $n > 1$），将首个字节的高 n 位都设置为 1，第 $n + 1$ 位设置为 0；从第二个字节开始，将每个字节的高 2 位都设置为 10；其余所有位用于填充字符的 Unicode 码点。

图 3-8 展示了"Hello 算法"对应的 UTF-8 编码。观察发现，由于最高 n 位都设置为 1，因此系统可以通过读取最高位 1 的个数来解析出字符的长度为 n。

但为什么要将其余所有字节的高 2 位都设置为 10 呢？实际上，这个 10 能够起到校验符的作用。假设系统从一个错误的字节开始解析文本，字节头部的 10 能够帮助系统快速判断出异常。

之所以将 10 当作校验符，是因为在 UTF-8 编码规则下，不可能有字符的最高两位是 10。这个结论可以用反证法来证明：假设一个字符的最高两位是 10，说明该字符的长度为 1，对应 ASCII 码。而 ASCII 码的最高位应该是 0，与假设矛盾。

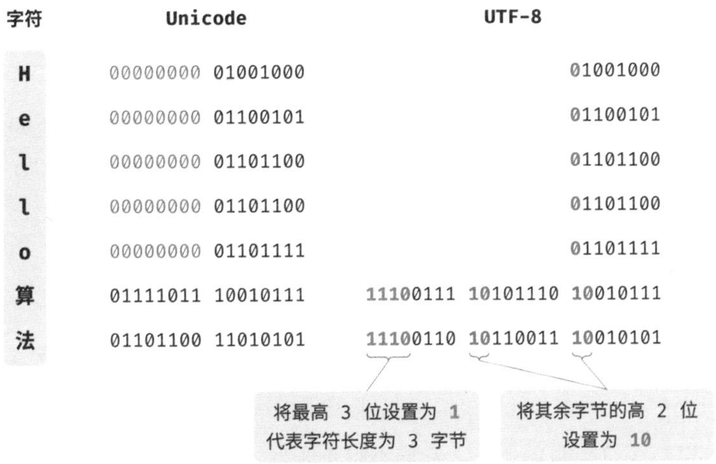

字符	Unicode	UTF-8
H	00000000 01001000	01001000
e	00000000 01100101	01100101
l	00000000 01101100	01101100
l	00000000 01101100	01101100
o	00000000 01101111	01101111
算	01111011 10010111	11100111 10101110 10010111
法	01101100 11010101	11100110 10110011 10010101

将最高 3 位设置为 1 代表字符长度为 3 字节

将其余字节的高 2 位设置为 10

图 3-8 UTF-8 编码示例

除了 UTF-8 之外，常见的编码方式还包括以下两种。

- **UTF-16 编码**：使用 2 或 4 字节来表示一个字符。所有的 ASCII 字符和常用的非英文字符都用 2 字节表示；少数字符需要用到 4 字节。对于 2 字节的字符，UTF-16 编码与 Unicode 码点相等。
- **UTF-32 编码**：每个字符都使用 4 字节。这意味着 UTF-32 比 UTF-8 和 UTF-16 更占用空间，特别是对于 ASCII 字符占比较高的文本。

从存储空间占用的角度看，使用 UTF-8 表示英文字符非常高效，因为它仅需 1 字节；使用 UTF-16 编码某些非英文字符（例如中文）会更加高效，因为它仅需 2 字节，而 UTF-8 可能需要 3 字节。

从兼容性的角度看，UTF-8 的通用性最佳，许多工具和库优先支持 UTF-8。

3.4.5 编程语言的字符编码

对于以往的大多数编程语言，程序运行中的字符串都采用 UTF-16 或 UTF-32 这类等长编码。在等长编码下，我们可以将字符串看作数组来处理，这种做法具有以下优点。

- **随机访问**：UTF-16 编码的字符串可以很容易地进行随机访问。UTF-8 是一种变长编码，要想找到第 i 个字符，我们需要从字符串的开始处遍历到第 i 个字符，这需要 $O(n)$ 的时间。
- **字符计数**：与随机访问类似，计算 UTF-16 编码的字符串的长度也是 $O(1)$ 的操作。但是，计算 UTF-8 编码的字符串的长度需要遍历整个字符串。
- **字符串操作**：在 UTF-16 编码的字符串上，很多字符串操作（如分割、连接、插入、删除等）更容易进行。在 UTF-8 编码的字符串上，进行这些操作通常需要额外的计算，以确保不会产生无效的 UTF-8 编码。

实际上，编程语言的字符编码方案设计是一个很有趣的话题，涉及许多因素。

- Java 的 `String` 类型使用 UTF-16 编码，每个字符占用 2 字节。这是因为 Java 语言设计之初，人们认为 16 位足以表示所有可能的字符。然而，这是一个不正确的判断。后来 Unicode 规范扩展到了超过 16 位，所以 Java 中的字符现在可能由一对 16 位的值（称为"代理对"）表示。
- JavaScript 和 TypeScript 的字符串使用 UTF-16 编码的原因与 Java 类似。当 1995 年 Netscape 公司首次推出 JavaScript 语言时，Unicode 还处于发展早期，那时候使用 16 位的编码就足以表示所有的 Unicode 字符了。
- C# 使用 UTF-16 编码，主要是因为 .NET 平台是由 Microsoft 设计的，而 Microsoft 的很多技术（包括 Windows 操作系统）都广泛使用 UTF-16 编码。

由于以上编程语言对字符数量的低估，它们不得不采取"代理对"的方式来表示超过 16 位长度的 Unicode 字符。这是一个不得已为之的无奈之举。一方面，包含代理对的字符串中，一个字符可能占用 2 字节或 4 字节，从而丧失了等长编码的优势。另一方面，处理代理对需要额外增加代码，这提高了编程的复杂性和调试难度。

出于以上原因，部分编程语言提出了一些不同的编码方案。

- Python 中的 `str` 使用 Unicode 编码，并采用一种灵活的字符串表示，存储的字符长度取决于字符串中最大的 Unicode 码点。若字符串中全部是 ASCII 字符，则每个字符占用 1 字节；如果有字符超出了 ASCII 范围，但全部在基本多语言平面（BMP）内，则每个字符占用 2 字节；如果有超出 BMP 的字符，则每个字符占用 4 字节。
- Go 语言的 `string` 类型在内部使用 UTF-8 编码。Go 语言还提供了 `rune` 类型，它用于表示单个 Unicode 码点。
- Rust 语言的 `str` 和 `String` 类型在内部使用 UTF-8 编码。Rust 也提供了 `char` 类型，用于表示单个 Unicode 码点。

需要注意的是，以上讨论的都是字符串在编程语言中的存储方式，**这和字符串如何在文件中存储或在网络中传输是不同的问题**。在文件存储或网络传输中，我们通常会将字符串编码为 UTF-8 格式，以达到最优的兼容性和空间效率。

3.5 小结

1. 重点回顾

- 数据结构可以从逻辑结构和物理结构两个角度进行分类。逻辑结构描述了数据元素之间的逻辑关系，而物理结构描述了数据在计算机内存中的存储方式。
- 常见的逻辑结构包括线性、树状和网状等。通常我们根据逻辑结构将数据结构分为线性（数组、链表、栈、队列）和非线性（树、图、堆）两种。哈希表的实现可能同时包含线性数据结构和非线性数据结构。
- 当程序运行时，数据被存储在计算机内存中。每个内存空间都拥有对应的内存地址，程序通过这些内存地址访问数据。
- 物理结构主要分为连续空间存储（数组）和分散空间存储（链表）。所有数据结构都是由数组、链表或两者的组合实现的。
- 计算机中的基本数据类型包括整数 `byte`、`short`、`int`、`long`，浮点数 `float`、`double`，字符 `char` 和布尔 `bool`。它们的取值范围取决于占用空间大小和表示方式。
- 原码、反码和补码是在计算机中编码数字的三种方法，它们之间可以相互转换。整数的原码的最高位是符号位，其余位是数字的值。
- 整数在计算机中是以补码的形式存储的。在补码表示下，计算机可以对正数和负数的加法一视同仁，不需要为减法操作单独设计特殊的硬件电路，并且不存在正负零歧义的问题。
- 浮点数的编码由 1 位符号位、8 位指数位和 23 位分数位构成。由于存在指数位，因此浮点数的取值范围远大于整数，代价是牺牲了精度。

- ASCII 码是最早出现的英文字符集，长度为 1 字节，共收录 127 个字符。GBK 字符集是常用的中文字符集，共收录两万多个汉字。Unicode 致力于提供一个完整的字符集标准，收录世界上各种语言的字符，从而解决由于字符编码方法不一致而导致的乱码问题。
- UTF-8 是最受欢迎的 Unicode 编码方法，通用性非常好。它是一种变长的编码方法，具有很好的扩展性，有效提升了存储空间的使用效率。UTF-16 和 UTF-32 是等长的编码方法。在编码中文时，UTF-16 占用的空间比 UTF-8 更小。Java 和 C# 等编程语言默认使用 UTF-16 编码。

2. 思考题

Q：为什么哈希表同时包含线性数据结构和非线性数据结构？

A：哈希表底层是数组，而为了解决哈希冲突，我们可能会使用"链式地址"（第 6 章会讲）：数组中每个桶指向一个链表，当链表长度超过一定阈值时，又可能被转化为树（通常为红黑树）。

从存储的角度来看，哈希表的底层是数组，其中每一个桶槽位可能包含一个值，也可能包含一个链表或一棵树。因此，哈希表可能同时包含线性数据结构（数组、链表）和非线性数据结构（树）。

Q：char 类型的长度是 1 字节吗？

A：char 类型的长度由编程语言采用的编码方法决定。例如，Java、JavaScript、TypeScript、C# 都采用 UTF-16 编码（保存 Unicode 码点），因此 char 类型的长度为 2 字节。

Q：基于数组实现的数据结构也称"静态数据结构"是否有歧义？栈也可以进行出栈和入栈等操作，这些操作都是"动态"的。

A：栈确实可以实现动态的数据操作，但数据结构仍然是"静态"（长度不可变）的。尽管基于数组的数据结构可以动态地添加或删除元素，但它们的容量是固定的。如果数据量超出了预分配的大小，就需要创建一个新的更大的数组，并将旧数组的内容复制到新数组中。

Q：在构建栈（队列）的时候，未指定它的大小，为什么它们是"静态数据结构"呢？

A：在高级编程语言中，我们无须人工指定栈（队列）的初始容量，这个工作由类内部自动完成。例如，Java 的 ArrayList 的初始容量通常为 10。另外，扩容操作也是自动实现的。详见 4.3 节。

数组与链表

第 4 章　数组与链表

> 数据结构的世界如同一堵厚实的砖墙。
>
> 数组的砖块整齐排列，逐个紧贴。链表的砖块分散各处，连接的藤蔓自由地穿梭于砖缝之间。

4.1　数组

数组（array）是一种线性数据结构，其将相同类型的元素存储在连续的内存空间中。我们将元素在数组中的位置称为该元素的**索引**（index）。图 4-1 展示了数组的主要概念和存储方式。

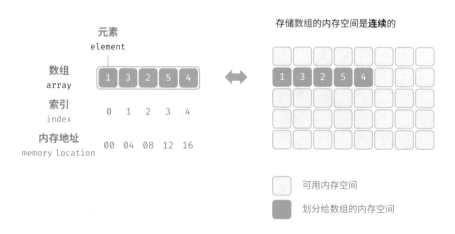

图 4-1　数组定义与存储方式

4.1.1　数组常用操作

1. 初始化数组

我们可以根据需求选用数组的两种初始化方式：无初始值、给定初始值。在未指定初始值的情况下，大多数编程语言会将数组元素初始化为 0：

```
# === File: array.py ===

# 初始化数组
arr: list[int] = [0] * 5 # [ 0, 0, 0, 0, 0 ]
nums: list[int] = [1, 3, 2, 5, 4]
```

2. 访问元素

数组元素被存储在连续的内存空间中，这意味着计算数组元素的内存地址非常容易。给定数组内存
地址（首元素内存地址）和某个元素的索引，我们可以使用图 4-2 所示的公式计算得到该元素的内存
地址，从而直接访问该元素。

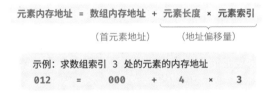

图 4-2　数组元素的内存地址计算

观察图 4-2，我们发现数组首个元素的索引为 0，这似乎有些反直觉，因为从 1 开始计数会更自然。
但从地址计算公式的角度看，**索引本质上是内存地址的偏移量**。首个元素的地址偏移量是 0，因此它
的索引为 0 是合理的。

在数组中访问元素非常高效，我们可以在 $O(1)$ 时间内随机访问数组中的任意一个元素。

```
# === File: array.py ===

def random_access(nums: list[int]) -> int:
    """ 随机访问元素 """
    # 在区间 [0, len(nums)-1] 中随机抽取一个数字
    random_index = random.randint(0, len(nums) - 1)
    # 获取并返回随机元素
    random_num = nums[random_index]
    return random_num
```

3. 插入元素

数组元素在内存中是"紧挨着的",它们之间没有空间再存放任何数据。如图 4-3 所示,如果想在数组中间插入一个元素,则需要将该元素之后的所有元素都向后移动一位,之后再把元素赋值给该索引。

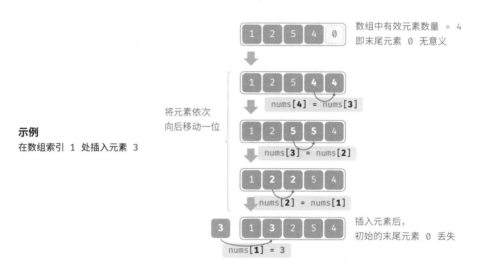

图 4-3　数组插入元素示例

值得注意的是,由于数组的长度是固定的,因此插入一个元素必定会导致数组尾部元素"丢失"。我们将这个问题的解决方案留到 4.3 节中讨论。

```python
# === File: array.py ===

def insert(nums: list[int], num: int, index: int):
    """ 在数组的索引 index 处插入元素 num """
    # 把索引 index 以及之后的所有元素向后移动一位
    for i in range(len(nums) - 1, index, -1):
        nums[i] = nums[i - 1]
    # 将 num 赋给 index 处的元素
    nums[index] = num
```

4. 删除元素

同理,如图 4-4 所示,若想删除索引 i 处的元素,则需要把索引 i 之后的元素都向前移动一位。

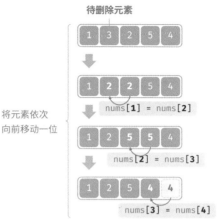

图 4-4　数组删除元素示例

请注意，删除元素完成后，原先末尾的元素变得"无意义"了，所以我们无须特意去修改它。

```
# === File: array.py ===

def remove(nums: list[int], index: int):
    """ 删除索引 index 处的元素 """
    # 把索引 index 之后的所有元素向前移动一位
    for i in range(index, len(nums) - 1):
        nums[i] = nums[i + 1]
```

总的来看，数组的插入与删除操作有以下缺点。

- **时间复杂度高**：数组的插入和删除的平均时间复杂度均为 $O(n)$，其中 n 为数组长度。
- **丢失元素**：由于数组的长度不可变，因此在插入元素后，超出数组长度范围的元素会丢失。
- **内存浪费**：我们可以初始化一个比较长的数组，只用前面一部分，这样在插入数据时，丢失的末尾元素都是"无意义"的，但这样做会造成部分内存空间浪费。

5. 遍历数组

在大多数编程语言中，我们既可以通过索引遍历数组，也可以直接遍历获取数组中的每个元素：

```
# === File: array.py ===

def traverse(nums: list[int]):
    """ 遍历数组 """
    count = 0
    # 通过索引遍历数组
    for i in range(len(nums)):
```

```
        count += nums[i]
# 直接遍历数组元素
for num in nums:
        count += num
# 同时遍历数据索引和元素
for i, num in enumerate(nums):
        count += nums[i]
        count += num
```

6. 查找元素

在数组中查找指定元素需要遍历数组，每轮判断元素值是否匹配，若匹配则输出对应索引。

因为数组是线性数据结构，所以上述查找操作被称为"线性查找"。

```
# === File: array.py ===

def find(nums: list[int], target: int) -> int:
    """ 在数组中查找指定元素 """
    for i in range(len(nums)):
        if nums[i] == target:
            return i
    return -1
```

7. 扩容数组

在复杂的系统环境中，程序难以保证数组之后的内存空间是可用的，从而无法安全地扩展数组容量。因此在大多数编程语言中，**数组的长度是不可变的**。

如果我们希望扩容数组，则需重新建立一个更大的数组，然后把原数组元素依次复制到新数组。这是一个 $O(n)$ 的操作，在数组很大的情况下非常耗时。代码如下所示：

```
# === File: array.py ===

def extend(nums: list[int], enlarge: int) -> list[int]:
    """ 扩展数组长度 """
    # 初始化一个扩展长度后的数组
    res = [0] * (len(nums) + enlarge)
    # 将原数组中的所有元素复制到新数组
    for i in range(len(nums)):
        res[i] = nums[i]
    # 返回扩展后的新数组
    return res
```

4.1.2　数组的优点与局限性

数组存储在连续的内存空间内，且元素类型相同。这种做法包含丰富的先验信息，系统可以利用这些信息来优化数据结构的操作效率。

- **空间效率高**：数组为数据分配了连续的内存块，无须额外的结构开销。
- **支持随机访问**：数组允许在 $O(1)$ 时间内访问任何元素。
- **缓存局部性**：当访问数组元素时，计算机不仅会加载它，还会缓存其周围的其他数据，从而借助高速缓存来提升后续操作的执行速度。

连续空间存储是一把双刃剑，其存在以下局限性。

- **插入与删除效率低**：当数组中元素较多时，插入与删除操作需要移动大量的元素。
- **长度不可变**：数组在初始化后长度就固定了，扩容数组需要将所有数据复制到新数组，开销很大。
- **空间浪费**：如果数组分配的大小超过实际所需，那么多余的空间就被浪费了。

4.1.3 数组典型应用

数组是一种基础且常见的数据结构，既频繁应用在各类算法之中，也可用于实现各种复杂数据结构。

- **随机访问**：如果我们想随机抽取一些样本，那么可以用数组存储，并生成一个随机序列，根据索引实现随机抽样。
- **排序和搜索**：数组是排序和搜索算法最常用的数据结构。快速排序、归并排序、二分查找等都主要在数组上进行。
- **查找表**：当需要快速查找一个元素或其对应关系时，可以使用数组作为查找表。假如我们想实现字符到 ASCII 码的映射，则可以将字符的 ASCII 码值作为索引，对应的元素存放在数组中的对应位置。
- **机器学习**：神经网络中大量使用了向量、矩阵、张量之间的线性代数运算，这些数据都是以数组的形式构建的。数组是神经网络编程中最常使用的数据结构。
- **数据结构实现**：数组可以用于实现栈、队列、哈希表、堆、图等数据结构。例如，图的邻接矩阵表示实际上是一个二维数组。

4.2 链表

内存空间是所有程序的公共资源，在一个复杂的系统运行环境下，空闲的内存空间可能散落在内存各处。我们知道，存储数组的内存空间必须是连续的，而当数组非常大时，内存可能无法提供如此大的连续空间。此时链表的灵活性优势就体现出来了。

链表（linked list）是一种线性数据结构，其中的每个元素都是一个节点对象，各个节点通过"引用"相连接。引用记录了下一个节点的内存地址，通过它可以从当前节点访问到下一个节点。

链表的设计使得各个节点可以分散存储在内存各处，它们的内存地址无须连续。

观察图 4-5，链表的组成单位是**节点（node）**对象。每个节点都包含两项数据：节点的"值"和指向下一节点的"引用"。

- 链表的首个节点被称为"头节点"，最后一个节点被称为"尾节点"。
- 尾节点指向的是"空"，它在 Java、C++ 和 Python 中分别被记为 null、nullptr 和 None。
- 在 C、C++、Go 和 Rust 等支持指针的语言中，上述"引用"应被替换为"指针"。

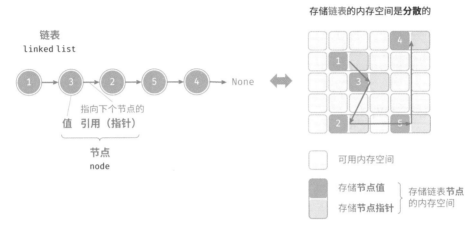

图 4-5　链表定义与存储方式

如以下代码所示，链表节点 ListNode 除了包含值，还需额外保存一个引用（指针）。因此在相同数据量下，**链表比数组占用更多的内存空间**。

```python
class ListNode:
    """链表节点类"""
    def __init__(self, val: int):
        self.val: int = val                # 节点值
        self.next: ListNode | None = None  # 指向下一节点的引用
```

4.2.1　链表常用操作

1. 初始化链表

建立链表分为两步，第一步是初始化各个节点对象，第二步是构建节点之间的引用关系。初始化完成后，我们就可以从链表的头节点出发，通过引用指向 next 依次访问所有节点。

```python
# === File: linked_list.py ===

# 初始化链表 1 -> 3 -> 2 -> 5 -> 4
# 初始化各个节点
n0 = ListNode(1)
```

```
n1 = ListNode(3)
n2 = ListNode(2)
n3 = ListNode(5)
n4 = ListNode(4)
# 构建节点之间的引用
n0.next = n1
n1.next = n2
n2.next = n3
n3.next = n4
```

数组整体是一个变量，比如数组 nums 包含元素 nums[0] 和 nums[1] 等，而链表是由多个独立的节点对象组成的。**我们通常将头节点当作链表的代称**，比如以上代码中的链表可记作链表 n0。

2. 插入节点

在链表中插入节点非常容易。如图 4-6 所示，假设我们想在相邻的两个节点 n0 和 n1 之间插入一个新节点 P，**则只需改变两个节点引用（指针）即可**，时间复杂度为 $O(1)$。

相比之下，在数组中插入元素的时间复杂度为 $O(n)$，在大数据量下的效率较低。

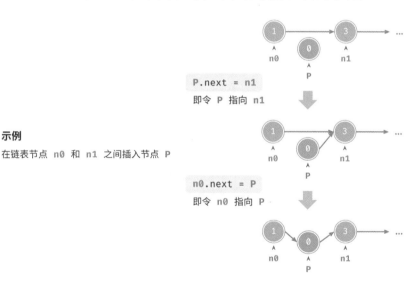

图 4-6　链表插入节点示例

```python
# === File: linked_list.py ===

def insert(n0: ListNode, P: ListNode):
    """ 在链表的节点 n0 之后插入节点 P"""
    n1 = n0.next
    P.next = n1
    n0.next = P
```

3. 删除节点

如图 4-7 所示，在链表中删除节点也非常方便，**只需改变一个节点的引用（指针）即可**。

请注意，尽管在删除操作完成后节点 P 仍然指向 n1，但实际上遍历此链表已经无法访问到 P，这意味着 P 已经不再属于该链表了。

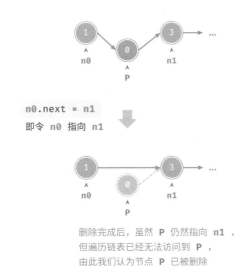

示例

在链表中删除节点 P

图 4-7　链表删除节点

```python
# === File: linked_list.py ===

def remove(n0: ListNode):
    """ 删除链表的节点 n0 之后的首个节点 """
    if not n0.next:
        return
    # n0 -> P -> n1
    P = n0.next
    n1 = P.next
    n0.next = n1
```

4. 访问节点

在链表中访问节点的效率较低。如上一节所述，我们可以在 $O(1)$ 时间下访问数组中的任意元素。链表则不然，程序需要从头节点出发，逐个向后遍历，直至找到目标节点。也就是说，访问链表的第 i 个节点需要循环 $i-1$ 轮，时间复杂度为 $O(n)$。

```python
# === File: linked_list.py ===

def access(head: ListNode, index: int) -> ListNode | None:
    """ 访问链表中索引为 index 的节点 """
```

```
        for _ in range(index):
            if not head:
                return None
            head = head.next
        return head
```

5. 查找节点

遍历链表，查找其中值为 `target` 的节点，输出该节点在链表中的索引。此过程也属于线性查找。代码如下所示：

```
# === File: linked_list.py ===

def find(head: ListNode, target: int) -> int:
    """ 在链表中查找值为 target 的首个节点 """
    index = 0
    while head:
        if head.val == target:
            return index
        head = head.next
        index += 1
    return -1
```

4.2.2 数组与链表对比

表 4-1 总结了数组和链表的各项特点并对比了操作效率。由于它们采用两种相反的存储策略，因此各种性质和操作效率也呈现对立的特点。

表 4-1　数组与链表的效率对比

	数　　　组	链　　　表
存储方式	连续内存空间	分散内存空间
容量扩展	长度不可变	可灵活扩展
内存效率	占用内存少、浪费部分空间	占用内存多
访问元素	$O(1)$	$O(n)$
添加元素	$O(n)$	$O(1)$
删除元素	$O(n)$	$O(1)$

4.2.3 常见链表类型

如图 4-8 所示，常见的链表类型包括三种。

• **单向链表**：即前面介绍的普通链表。单向链表的节点包含值和指向下一节点的引用两项数据。我们将首个节点称为头节点，将最后一个节点称为尾节点，尾节点指向空 None。

- **环形链表**：如果我们令单向链表的尾节点指向头节点（首尾相接），则得到一个环形链表。在环形链表中，任意节点都可以视作头节点。
- **双向链表**：与单向链表相比，双向链表记录了两个方向的引用。双向链表的节点定义同时包含指向后继节点（下一个节点）和前驱节点（上一个节点）的引用（指针）。相较于单向链表，双向链表更具灵活性，可以朝两个方向遍历链表，但相应地也需要占用更多的内存空间。

```
class ListNode:
    """ 双向链表节点类 """
    def __init__(self, val: int):
        self.val: int = val                     # 节点值
        self.next: ListNode | None = None       # 指向后继节点的引用
        self.prev: ListNode | None = None       # 指向前驱节点的引用
```

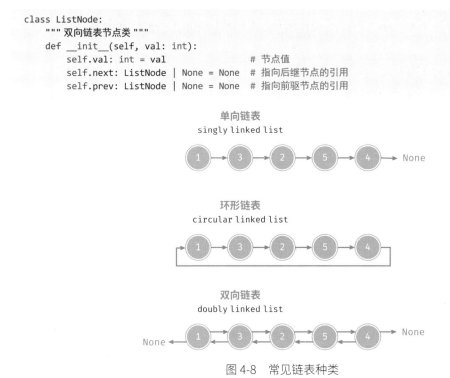

图 4-8　常见链表种类

4.2.4　链表典型应用

单向链表通常用于实现栈、队列、哈希表和图等数据结构。

- **栈与队列**：当插入和删除操作都在链表的一端进行时，它表现出先进后出的特性，对应栈；当插入操作在链表的一端进行，删除操作在链表的另一端进行，它表现出先进先出的特性，对应队列。
- **哈希表**：链式地址是解决哈希冲突的主流方案之一，在该方案中，所有冲突的元素都会被放到一个链表中。
- **图**：邻接表是表示图的一种常用方式，其中图的每个顶点都与一个链表相关联，链表中的每个元素都代表与该顶点相连的其他顶点。

双向链表常用于需要快速查找前一个和后一个元素的场景。

- **高级数据结构**：比如在红黑树、B 树中，我们需要访问节点的父节点，这可以通过在节点中保存一个指向父节点的引用来实现，类似于双向链表。
- **浏览器历史**：在网页浏览器中，当用户点击前进或后退按钮时，浏览器需要知道用户访问过的前一个和后一个网页。双向链表的特性使得这种操作变得简单。
- **LRU 算法**：在缓存淘汰（LRU）算法中，我们需要快速找到最近最少使用的数据，以及支持快速添加和删除节点。这时候使用双向链表就非常合适。

环形链表常用于需要周期性操作的场景，比如操作系统的资源调度。

- **时间片轮转调度算法**：在操作系统中，时间片轮转调度算法是一种常见的 CPU 调度算法，它需要对一组进程进行循环。每个进程被赋予一个时间片，当时间片用完时，CPU 将切换到下一个进程。这种循环操作可以通过环形链表来实现。
- **数据缓冲区**：在某些数据缓冲区的实现中，也可能会使用环形链表。比如在音频、视频播放器中，数据流可能会被分成多个缓冲块并放入一个环形链表，以便实现无缝播放。

4.3 列表

列表（list）是一个抽象的数据结构概念，它表示元素的有序集合，支持元素访问、修改、添加、删除和遍历等操作，无须使用者考虑容量限制的问题。列表可以基于链表或数组实现。

- 链表天然可以看作一个列表，其支持元素增删查改操作，并且可以灵活动态扩容。
- 数组也支持元素增删查改，但由于其长度不可变，因此只能看作一个具有长度限制的列表。

当使用数组实现列表时，**长度不可变的性质会导致列表的实用性降低**。这是因为我们通常无法事先确定需要存储多少数据，从而难以选择合适的列表长度。若长度过小，则很可能无法满足使用需求；若长度过大，则会造成内存空间浪费。

为解决此问题，我们可以使用**动态数组**（dynamic array）来实现列表。它继承了数组的各项优点，并且可以在程序运行过程中进行动态扩容。

实际上，**许多编程语言中的标准库提供的列表是基于动态数组实现的**，例如 Python 中的 `list`、Java 中的 `ArrayList`、C++ 中的 `vector` 和 C# 中的 `List` 等。在接下来的讨论中，我们将把"列表"和"动态数组"视为等同的概念。

4.3.1 列表常用操作

1. 初始化列表

我们通常使用"无初始值"和"有初始值"这两种初始化方法：

```
# === File: list.py ===

# 初始化列表
# 无初始值
nums1: list[int] = []
# 有初始值
nums: list[int] = [1, 3, 2, 5, 4]
```

2. 访问元素

列表本质上是数组，因此可以在 $O(1)$ 时间内访问和更新元素，效率很高。

```
# === File: list.py ===

# 访问元素
num: int = nums[1]  # 访问索引 1 处的元素

# 更新元素
nums[1] = 0    # 将索引 1 处的元素更新为 0
```

3. 插入与删除元素

相较于数组，列表可以自由地添加与删除元素。在列表尾部添加元素的时间复杂度为 $O(1)$，但插入和删除元素的效率仍与数组相同，时间复杂度为 $O(n)$。

```
# === File: list.py ===

# 清空列表
nums.clear()

# 在尾部添加元素
nums.append(1)
nums.append(3)
nums.append(2)
nums.append(5)
nums.append(4)

# 在中间插入元素
nums.insert(3, 6)  # 在索引 3 处插入数字 6

# 删除元素
nums.pop(3)        # 删除索引 3 处的元素
```

4. 遍历列表

与数组一样，列表可以根据索引遍历，也可以直接遍历各元素。

```
# === File: list.py ===

# 通过索引遍历列表
count = 0
```

```
for i in range(len(nums)):
    count += nums[i]

# 直接遍历列表元素
count = 0
for num in nums:
    count += num
```

5. 拼接列表

给定一个新列表 nums1，我们可以将其拼接到原列表的尾部。

```
# === File: list.py ===

# 拼接两个列表
nums1: list[int] = [6, 8, 7, 10, 9]
nums += nums1  # 将列表 nums1 拼接到 nums 之后
```

6. 排序列表

完成列表排序后，我们便可以使用在数组类算法题中经常考查的"二分查找"和"双指针"算法。

```
# === File: list.py ===

# 排序列表
nums.sort()  # 排序后，列表元素从小到大排列
```

4.3.2　列表实现

许多编程语言内置了列表，例如 Java、C++、Python 等。它们的实现比较复杂，各个参数的设定也非常考究，例如初始容量、扩容倍数等。感兴趣的读者可以查阅源码进行学习。

为了加深对列表工作原理的理解，我们尝试实现一个简易版列表，包括以下三个重点设计。

- **初始容量**：选取一个合理的数组初始容量。在本示例中，我们选择 10 作为初始容量。
- **数量记录**：声明一个变量 size，用于记录列表当前元素数量，并随着元素插入和删除实时更新。根据此变量，我们可以定位列表尾部，以及判断是否需要扩容。
- **扩容机制**：若插入元素时列表容量已满，则需要进行扩容。先根据扩容倍数创建一个更大的数组，再将当前数组的所有元素依次移动至新数组。在本示例中，我们规定每次将数组扩容至之前的 2 倍。

```
# === File: my_list.py ===

class MyList:
    """ 列表类 """
```

```python
def __init__(self):
    """ 构造方法 """
    self._capacity: int = 10  # 列表容量
    self._arr: list[int] = [0] * self._capacity  # 数组（存储列表元素）
    self._size: int = 0  # 列表长度（当前元素数量）
    self._extend_ratio: int = 2  # 每次列表扩容的倍数

def size(self) -> int:
    """ 获取列表长度（当前元素数量）"""
    return self._size

def capacity(self) -> int:
    """ 获取列表容量 """
    return self._capacity

def get(self, index: int) -> int:
    """ 访问元素 """
    # 索引如果越界，则抛出异常，下同
    if index < 0 or index >= self._size:
        raise IndexError("索引越界")
    return self._arr[index]

def set(self, num: int, index: int):
    """ 更新元素 """
    if index < 0 or index >= self._size:
        raise IndexError("索引越界")
    self._arr[index] = num

def add(self, num: int):
    """ 在尾部添加元素 """
    # 元素数量超出容量时，触发扩容机制
    if self.size() == self.capacity():
        self.extend_capacity()
    self._arr[self._size] = num
    self._size += 1

def insert(self, num: int, index: int):
    """ 在中间插入元素 """
    if index < 0 or index >= self._size:
        raise IndexError("索引越界")
    # 元素数量超出容量时，触发扩容机制
    if self._size == self.capacity():
        self.extend_capacity()
    # 将索引 index 以及之后的元素都向后移动一位
    for j in range(self._size - 1, index - 1, -1):
        self._arr[j + 1] = self._arr[j]
    self._arr[index] = num
    # 更新元素数量
    self._size += 1

def remove(self, index: int) -> int:
    """ 删除元素 """
```

```python
        if index < 0 or index >= self._size:
            raise IndexError(" 索引越界 ")
        num = self._arr[index]
        # 将索引 index 之后的元素都向前移动一位
        for j in range(index, self._size - 1):
            self._arr[j] = self._arr[j + 1]
        # 更新元素数量
        self._size -= 1
        # 返回被删除的元素
        return num

    def extend_capacity(self):
        """ 列表扩容 """
        # 新建一个长度为原数组 _extend_ratio 倍的新数组，并将原数组复制到新数组
        self._arr = self._arr + [0] * self.capacity() * (self._extend_ratio - 1)
        # 更新列表容量
        self._capacity = len(self._arr)

    def to_array(self) -> list[int]:
        """ 返回有效长度的列表 """
        return self._arr[: self._size]
```

4.4 内存与缓存 *

在本章的前两节中，我们探讨了数组和链表这两种基础且重要的数据结构，它们分别代表了"连续存储"和"分散存储"两种物理结构。

实际上，**物理结构在很大程度上决定了程序对内存和缓存的使用效率**，进而影响算法程序的整体性能。

4.4.1 计算机存储设备

计算机中包括三种类型的存储设备：硬盘（hard disk）、内存（random-access memory，RAM）、缓存（cache memory）。表 4-2 展示了它们在计算机系统中的不同角色和性能特点。

表 4-2　计算机的存储设备

	硬　　盘	内　　存	缓　　存
用途	长期存储数据，包括操作系统、程序、文件等	临时存储当前运行的程序和正在处理的数据	存储经常访问的数据和指令，减少 CPU 访问内存的次数
易失性	断电后数据不会丢失	断电后数据会丢失	断电后数据会丢失
容量	较大，TB 级别	较小，GB 级别	非常小，MB 级别
速度	较慢，几百到几千 MB/s	较快，几十 GB/s	非常快，几十到几百 GB/s
价格	较便宜，几毛到几元 / GB	较贵，几十到几百元 / GB	非常贵，随 CPU 打包计价

我们可以将计算机存储系统想象为图 4-9 所示的金字塔结构。越靠近金字塔顶端的存储设备的速度越快、容量越小、成本越高。这种多层级的设计并非偶然，而是计算机科学家和工程师们经过深思熟虑的结果。

- **硬盘难以被内存取代**。首先，内存中的数据在断电后会丢失，因此它不适合长期存储数据；其次，内存的成本是硬盘的几十倍，这使得它难以在消费者市场普及。
- **缓存的大容量和高速度难以兼得**。随着 L1、L2、L3 缓存的容量逐步增大，其物理尺寸会变大，与 CPU 核心之间的物理距离会变远，从而导致数据传输时间增加，元素访问延迟变高。在当前技术下，多层级的缓存结构是容量、速度和成本之间的最佳平衡点。

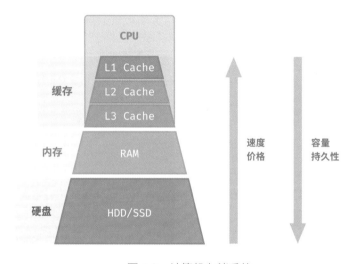

图 4-9　计算机存储系统

> ℹ️ 计算机的存储层次结构体现了速度、容量和成本三者之间的精妙平衡。实际上，这种权衡普遍存在于所有工业领域，它要求我们在不同的优势和限制之间找到最佳平衡点。

总的来说，**硬盘用于长期存储大量数据，内存用于临时存储程序运行中正在处理的数据，而缓存则用于存储经常访问的数据和指令**，以提高程序运行效率。三者共同协作，确保计算机系统高效运行。

如图 4-10 所示，在程序运行时，数据会从硬盘中被读取到内存中，供 CPU 计算使用。缓存可以看作 CPU 的一部分，**它通过智能地从内存加载数据**，给 CPU 提供高速的数据读取，从而显著提升程序的执行效率，减少对较慢的内存的依赖。

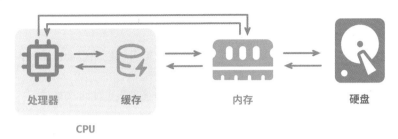

图 4-10　硬盘、内存和缓存之间的数据流通

4.4.2　数据结构的内存效率

在内存空间利用方面，数组和链表各自具有优势和局限性。

一方面，**内存是有限的，且同一块内存不能被多个程序共享**，因此我们希望数据结构能够尽可能高效地利用空间。数组的元素紧密排列，不需要额外的空间来存储链表节点间的引用（指针），因此空间效率更高。然而，数组需要一次性分配足够的连续内存空间，这可能导致内存浪费，数组扩容也需要额外的时间和空间成本。相比之下，链表以"节点"为单位进行动态内存分配和回收，提供了更大的灵活性。

另一方面，在程序运行时，**随着反复申请与释放内存，空闲内存的碎片化程度会越来越高**，从而导致内存的利用效率降低。数组由于其连续的存储方式，相对不容易导致内存碎片化。相反，链表的元素是分散存储的，在频繁的插入与删除操作中，更容易导致内存碎片化。

4.4.3　数据结构的缓存效率

缓存虽然在空间容量上远小于内存，但它比内存快得多，在程序执行速度上起着至关重要的作用。由于缓存的容量有限，只能存储一小部分频繁访问的数据，因此当 CPU 尝试访问的数据不在缓存中时，就会发生**缓存未命中**（cache miss），此时 CPU 不得不从速度较慢的内存中加载所需数据。

显然，**"缓存未命中"越少，CPU 读写数据的效率就越高**，程序性能也就越好。我们将 CPU 从缓存中成功获取数据的比例称为**缓存命中率**（cache hit rate），这个指标通常用来衡量缓存效率。

为了尽可能达到更高的效率，缓存会采取以下数据加载机制。

- **缓存行**：缓存不是单个字节地存储与加载数据，而是以缓存行为单位。相比于单个字节的传输，缓存行的传输形式更加高效。

- **预取机制**：处理器会尝试预测数据访问模式（例如顺序访问、固定步长跳跃访问等），并根据特定模式将数据加载至缓存之中，从而提升命中率。
- **空间局部性**：如果一个数据被访问，那么它附近的数据可能近期也会被访问。因此，缓存在加载某一数据时，也会加载其附近的数据，以提高命中率。
- **时间局部性**：如果一个数据被访问，那么它在不久的将来很可能再次被访问。缓存利用这一原理，通过保留最近访问过的数据来提高命中率。

实际上，**数组和链表对缓存的利用效率是不同的**，主要体现在以下几个方面。

- **占用空间**：链表元素比数组元素占用空间更多，导致缓存中容纳的有效数据量更少。
- **缓存行**：链表数据分散在内存各处，而缓存是"按行加载"的，因此加载到无效数据的比例更高。
- **预取机制**：数组比链表的数据访问模式更具"可预测性"，即系统更容易猜出即将被加载的数据。
- **空间局部性**：数组被存储在集中的内存空间中，因此被加载数据附近的数据更有可能即将被访问。

总体而言，**数组具有更高的缓存命中率，因此它在操作效率上通常优于链表**。这使得在解决算法问题时，基于数组实现的数据结构往往更受欢迎。

需要注意的是，**高缓存效率并不意味着数组在所有情况下都优于链表**。实际应用中选择哪种数据结构，应根据具体需求来决定。例如，数组和链表都可以实现"栈"数据结构（下一章会详细介绍），但它们适用于不同场景。

- 在做算法题时，我们会倾向于选择基于数组实现的栈，因为它提供了更高的操作效率和随机访问的能力，代价仅是需要预先为数组分配一定的内存空间。
- 如果数据量非常大、动态性很高、栈的预期大小难以估计，那么基于链表实现的栈更加合适。链表能够将大量数据分散存储于内存的不同部分，并且避免了数组扩容产生的额外开销。

4.5　小结

1. 重点回顾

- 数组和链表是两种基本的数据结构，分别代表数据在计算机内存中的两种存储方式：连续空间存储和分散空间存储。两者的特点呈现出互补的特性。
- 数组支持随机访问、占用内存较少；但插入和删除元素效率低，且初始化后长度不可变。
- 链表通过更改引用（指针）实现高效的节点插入与删除，且可以灵活调整长度；但节点访问效率低、占用内存较多。常见的链表类型包括单向链表、环形链表、双向链表。

- 列表是一种支持增删查改的元素有序集合，通常基于动态数组实现。它保留了数组的优势，同时可以灵活调整长度。
- 列表的出现大幅提高了数组的实用性，但可能导致部分内存空间浪费。
- 程序运行时，数据主要存储在内存中。数组可提供更高的内存空间效率，而链表则在内存使用上更加灵活。
- 缓存通过缓存行、预取机制以及空间局部性和时间局部性等数据加载机制，为 CPU 提供快速数据访问，显著提升程序的执行效率。
- 由于数组具有更高的缓存命中率，因此它通常比链表更高效。在选择数据结构时，应根据具体需求和场景做出恰当选择。

2. 思考题

Q：数组存储在栈上和存储在堆上，对时间效率和空间效率是否有影响？

A：存储在栈上和堆上的数组都被存储在连续内存空间内，数据操作效率基本一致。然而，栈和堆具有各自的特点，从而导致以下不同点。

- 分配和释放效率：栈是一块较小的内存，分配由编译器自动完成；而堆内存相对更大，可以在代码中动态分配，更容易碎片化。因此，堆上的分配和释放操作通常比栈上的慢。
- 大小限制：栈内存相对较小，堆的大小一般受限于可用内存。因此堆更加适合存储大型数组。
- 灵活性：栈上的数组的大小需要在编译时确定，而堆上的数组的大小可以在运行时动态确定。

Q：为什么数组要求相同类型的元素，而在链表中却没有强调相同类型呢？

A：链表由节点组成，节点之间通过引用（指针）连接，各个节点可以存储不同类型的数据，例如 `int`、`double`、`string`、`object` 等。

相对地，数组元素则必须是相同类型的，这样才能通过计算偏移量来获取对应元素位置。例如，数组同时包含 `int` 和 `long` 两种类型，单个元素分别占用 4 字节和 8 字节，此时就不能用以下公式计算偏移量了，因为数组中包含了两种"元素长度"。

```
元素内存地址 = 数组内存地址（首元素内存地址）+ 元素长度 * 元素索引
```

Q：删除节点后，是否需要把 P.next 设为 None 呢？

A：不修改 `P.next` 也可以。从该链表的角度看，从头节点遍历到尾节点已经不会遇到 P 了。这意味着节点 P 已经从链表中删除了，此时节点 P 指向哪里都不会对该链表产生影响。

从垃圾回收的角度看，对于 Java、Python、Go 等拥有自动垃圾回收机制的语言来说，节点 P 是否被回收取决于是否仍存在指向它的引用，而不是 `P.next` 的值。在 C 和 C++ 等语言中，我们需要手动释放节点内存。

Q：在链表中插入和删除操作的时间复杂度是 $O(1)$。但是增删之前都需要 $O(n)$ 的时间查找元素，那为什么时间复杂度不是 $O(n)$ 呢？

A：如果是先查找元素、再删除元素，时间复杂度确实是 $O(n)$。然而，链表的 $O(1)$ 增删的优势可以在其他应用上得到体现。例如，双向队列适合使用链表实现，我们维护一个指针变量始终指向头节点、尾节点，每次插入与删除操作都是 $O(1)$。

Q：图 4-5 中，浅蓝色的存储节点指针是占用一块内存地址吗？还是和节点值各占一半呢？

A：该示意图只是定性表示，定量表示需要根据具体情况进行分析。

- 不同类型的节点值占用的空间是不同的，比如 int、long、double 和实例对象等。
- 指针变量占用的内存空间大小根据所使用的操作系统及编译环境而定，大多为 8 字节或 4 字节。

Q：在列表末尾添加元素是否时时刻刻都为 $O(1)$？

A：如果添加元素时超出列表长度，则需要先扩容列表再添加。系统会申请一块新的内存，并将原列表的所有元素搬运过去，这时候时间复杂度就会是 $O(n)$。

Q："列表的出现极大地提高了数组的实用性，但可能导致部分内存空间浪费"，这里的空间浪费是指额外增加的变量如容量、长度、扩容倍数所占的内存吗？

A：这里的空间浪费主要有两方面含义：一方面，列表都会设定一个初始长度，我们不一定需要用这么多；另一方面，为了防止频繁扩容，扩容一般会乘以一个系数，比如 ×1.5。这样一来，也会出现很多空位，我们通常不能完全填满它们。

Q：在 Python 中初始化 n = [1, 2, 3] 后，这 3 个元素的地址是相连的，但是初始化 m = [2, 1, 3] 会发现它们每个元素的 id 并不是连续的，而是分别跟 n 中的相同。这些元素的地址不连续，那么 m 还是数组吗？

A：假如把列表元素换成链表节点 n = [n1, n2, n3, n4, n5]，通常情况下这 5 个节点对象也分散存储在内存各处。然而，给定一个列表索引，我们仍然可以在 $O(1)$ 时间内获取节点内存地址，从而访问到对应的节点。这是因为数组中存储的是节点的引用，而非节点本身。

与许多语言不同，Python 中的数字也被包装为对象，列表中存储的不是数字本身，而是对数字的引用。因此，我们会发现两个数组中的相同数字拥有同一个 id，并且这些数字的内存地址无须连续。

Q：C++ STL 里面的 std::list 已经实现了双向链表，但好像一些算法书上不怎么直接使用它，是不是因为有什么局限性呢？

A：一方面，我们往往更青睐使用数组实现算法，而只在必要时才使用链表，主要有两个原因。

- 空间开销：由于每个元素需要两个额外的指针（一个用于前一个元素，一个用于后一个元素），所以 std::list 通常比 std::vector 更占用空间。

- 缓存不友好：由于数据不是连续存放的，因此 `std::list` 对缓存的利用率较低。一般情况下，`std::vector` 的性能会更好。

另一方面，必要使用链表的情况主要是二叉树和图。栈和队列往往会使用编程语言提供的 `stack` 和 `queue`，而非链表。

Q：初始化列表 `res = [0] * self.size()` 操作，会导致 `res` 的每个元素引用相同的地址吗？

A：不会。但二维数组会有这个问题，例如初始化二维列表 `res = [[0] * self.size()]`，则多次引用了同一个列表 `[0]`。

Q：在删除节点中，需要断开该节点与其后继节点之间的引用指向吗？

A：从数据结构与算法（做题）的角度看，不断开没有关系，只要保证程序的逻辑是正确的就行。从标准库的角度看，断开更加安全、逻辑更加清晰。如果不断开，假设被删除节点未被正常回收，那么它会影响后继节点的内存回收。

栈 与 队 列

第 5 章　栈与队列

栈如同叠猫猫，而队列就像猫猫排队。

两者分别代表先入后出和先入先出的逻辑关系。

5.1　栈

栈（stack）是一种遵循先入后出逻辑的线性数据结构。

我们可以将栈类比为桌面上的一摞盘子，如果想取出底部的盘子，则需要先将上面的盘子依次移走。我们将盘子替换为各种类型的元素（如整数、字符、对象等），就得到了栈这种数据结构。

如图 5-1 所示，我们把堆叠元素的顶部称为"栈顶"，底部称为"栈底"。将把元素添加到栈顶的操作叫作"入栈"，删除栈顶元素的操作叫作"出栈"。

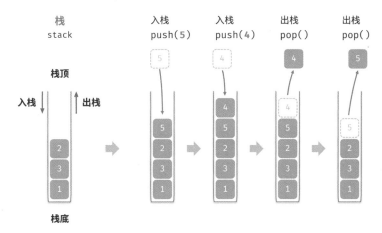

图 5-1　栈的先入后出规则

5.1.1　栈的常用操作

栈的常用操作如表 5-1 所示，具体的方法名需要根据所使用的编程语言来确定。在此，我们以常见的 push()、pop()、peek() 命名为例。

表 5-1 栈的操作效率

方　法	描　述	时间复杂度
push()	元素入栈（添加至栈顶）	$O(1)$
pop()	栈顶元素出栈	$O(1)$
peek()	访问栈顶元素	$O(1)$

通常情况下，我们可以直接使用编程语言内置的栈类。然而，某些语言可能没有专门提供栈类，这时我们可以将该语言的"数组"或"链表"当作栈来使用，并在程序逻辑上忽略与栈无关的操作。

```python
# === File: stack.py ===

# 初始化栈
# Python 没有内置的栈类，可以把 list 当作栈来使用
stack: list[int] = []

# 元素入栈
stack.append(1)
stack.append(3)
stack.append(2)
stack.append(5)
stack.append(4)

# 访问栈顶元素
peek: int = stack[-1]

# 元素出栈
pop: int = stack.pop()

# 获取栈的长度
size: int = len(stack)

# 判断是否为空
is_empty: bool = len(stack) == 0
```

5.1.2 栈的实现

为了深入了解栈的运行机制，我们来尝试自己实现一个栈类。

栈遵循先入后出的原则，因此我们只能在栈顶添加或删除元素。然而，数组和链表都可以在任意位置添加和删除元素，**因此栈可以视为一种受限制的数组或链表**。换句话说，我们可以"屏蔽"数组或链表的部分无关操作，使其对外表现的逻辑符合栈的特性。

1. 基于链表的实现

使用链表实现栈时，我们可以将链表的头节点视为栈顶，尾节点视为栈底。

如图 5-2 所示，对于入栈操作，我们只需将元素插入链表头部，这种节点插入方法被称为"头插法"。

而对于出栈操作，只需将头节点从链表中删除即可。

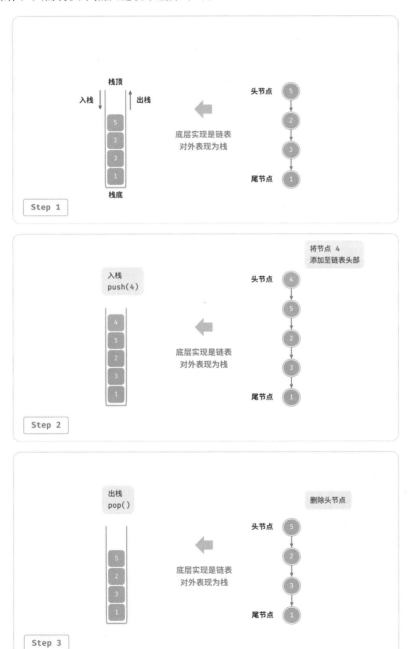

图 5-2 基于链表实现栈的入栈出栈操作

以下是基于链表实现栈的示例代码：

```python
# === File: linkedlist_stack.py ===

class LinkedListStack:
    """ 基于链表实现的栈 """

    def __init__(self):
        """ 构造方法 """
        self._peek: ListNode | None = None
        self._size: int = 0

    def size(self) -> int:
        """ 获取栈的长度 """
        return self._size

    def is_empty(self) -> bool:
        """ 判断栈是否为空 """
        return self._size == 0

    def push(self, val: int):
        """ 入栈 """
        node = ListNode(val)
        node.next = self._peek
        self._peek = node
        self._size += 1

    def pop(self) -> int:
        """ 出栈 """
        num = self.peek()
        self._peek = self._peek.next
        self._size -= 1
        return num

    def peek(self) -> int:
        """ 访问栈顶元素 """
        if self.is_empty():
            raise IndexError(" 栈为空 ")
        return self._peek.val

    def to_list(self) -> list[int]:
        """ 转化为列表用于打印 """
        arr = []
        node = self._peek
        while node:
            arr.append(node.val)
            node = node.next
        arr.reverse()
        return arr
```

2. 基于数组的实现

使用数组实现栈时，我们可以将数组的尾部作为栈顶。如图 5-3 所示，入栈与出栈操作分别对应在数组尾部添加元素与删除元素，时间复杂度都为 $O(1)$。

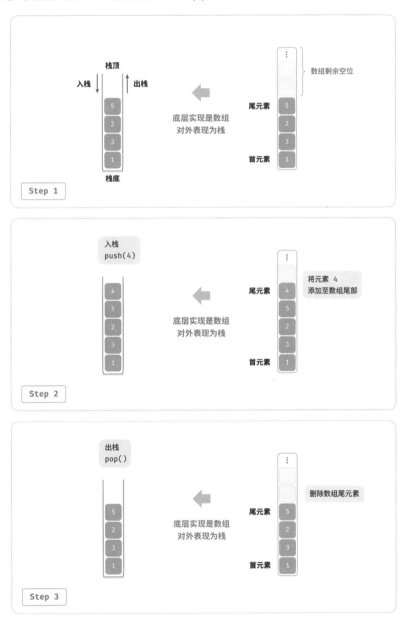

图 5-3　基于数组实现栈的入栈出栈操作

由于入栈的元素可能会源源不断地增加，因此我们可以使用动态数组，这样就无须自行处理数组扩容问题。以下为示例代码：

```python
# === File: array_stack.py ===

class ArrayStack:
    """ 基于数组实现的栈 """

    def __init__(self):
        """ 构造方法 """
        self._stack: list[int] = []

    def size(self) -> int:
        """ 获取栈的长度 """
        return len(self._stack)

    def is_empty(self) -> bool:
        """ 判断栈是否为空 """
        return self._size == 0

    def push(self, item: int):
        """ 入栈 """
        self._stack.append(item)

    def pop(self) -> int:
        """ 出栈 """
        if self.is_empty():
            raise IndexError(" 栈为空 ")
        return self._stack.pop()

    def peek(self) -> int:
        """ 访问栈顶元素 """
        if self.is_empty():
            raise IndexError(" 栈为空 ")
        return self._stack[-1]

    def to_list(self) -> list[int]:
        """ 返回列表用于打印 """
        return self._stack
```

5.1.3　两种实现对比

支持操作

两种实现都支持栈定义中的各项操作。数组实现额外支持随机访问，但这已超出了栈的定义范畴，因此一般不会用到。

时间效率

在基于数组的实现中，入栈和出栈操作都在预先分配好的连续内存中进行，具有很好的缓存本地性，因此效率较高。然而，如果入栈时超出数组容量，会触发扩容机制，导致该次入栈操作的时间复杂度变为 $O(n)$。

在基于链表的实现中，链表的扩容非常灵活，不存在上述数组扩容时效率降低的问题。但是，入栈操作需要初始化节点对象并修改指针，因此效率相对较低。不过，如果入栈元素本身就是节点对象，那么可以省去初始化步骤，从而提高效率。

综上所述，当入栈与出栈操作的元素是基本数据类型时，例如 int 或 double，我们可以得出以下结论。

- 基于数组实现的栈在触发扩容时效率会降低，但由于扩容是低频操作，因此平均效率更高。
- 基于链表实现的栈可以提供更加稳定的效率表现。

空间效率

在初始化列表时，系统会为列表分配"初始容量"，该容量可能超出实际需求；并且，扩容机制通常是按照特定倍率（例如 2 倍）进行扩容的，扩容后的容量也可能超出实际需求。因此，**基于数组实现的栈可能造成一定的空间浪费**。

然而，由于链表节点需要额外存储指针，**因此链表节点占用的空间相对较大**。

综上，我们不能简单地确定哪种实现更加节省内存，需要针对具体情况进行分析。

5.1.4 栈的典型应用

- **浏览器中的后退与前进、软件中的撤销与反撤销**。每当我们打开新的网页，浏览器就会对上一个网页执行入栈，这样我们就可以通过后退操作回到上一个网页。后退操作实际上是在执行出栈。如果要同时支持后退和前进，那么需要两个栈来配合实现。
- **程序内存管理**。每次调用函数时，系统都会在栈顶添加一个栈帧，用于记录函数的上下文信息。在递归函数中，向下递推阶段会不断执行入栈操作，而向上回溯阶段则会不断执行出栈操作。

5.2 队列

队列（queue）是一种遵循先入先出规则的线性数据结构。顾名思义，队列模拟了排队现象，即新来的人不断加入队列尾部，而位于队列头部的人逐个离开。

如图 5-4 所示，我们将队列头部称为"队首"，尾部称为"队尾"，将把元素加入队尾的操作称为"入队"，删除队首元素的操作称为"出队"。

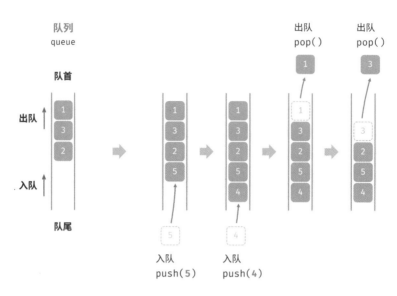

图 5-4　队列的先入先出规则

5.2.1　队列常用操作

队列的常见操作如表 5-2 所示。需要注意的是，不同编程语言的方法名称可能会有所不同。我们在此
采用与栈相同的方法命名。

表 5-2　队列操作效率

方 法 名	描　　述	时间复杂度
push()	元素入队，即将元素添加至队尾	$O(1)$
pop()	队首元素出队	$O(1)$
peek()	访问队首元素	$O(1)$

我们可以直接使用编程语言中现成的队列类：

```python
# === File: queue.py ===

from collections import deque

# 初始化队列
# 在 Python 中，我们一般将双向队列类 deque 当作队列使用
# 虽然 queue.Queue() 是纯正的队列类，但不太好用，因此不推荐
que: deque[int] = deque()
```

```
# 元素入队
que.append(1)
que.append(3)
que.append(2)
que.append(5)
que.append(4)

# 访问队首元素
front: int = que[0]

# 元素出队
pop: int = que.popleft()

# 获取队列的长度
size: int = len(que)

# 判断队列是否为空
is_empty: bool = len(que) == 0
```

5.2.2 队列实现

为了实现队列，我们需要一种数据结构，可以在一端添加元素，并在另一端删除元素，链表和数组都符合要求。

1. 基于链表的实现

如图 5-5 所示，我们可以将链表的"头节点"和"尾节点"分别视为"队首"和"队尾"，规定队尾仅可添加节点，队首仅可删除节点。

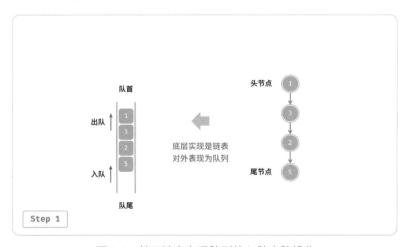

图 5-5　基于链表实现队列的入队出队操作

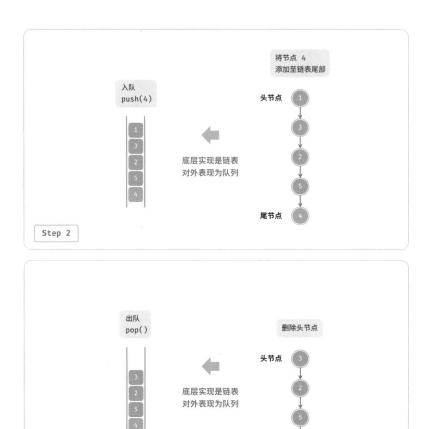

图 5-5　基于链表实现队列的入队出队操作（续）

以下是用链表实现队列的代码：

```python
# === File: linkedlist_queue.py ===

class LinkedListQueue:
    """ 基于链表实现的队列 """

    def __init__(self):
        """ 构造方法 """
        self._front: ListNode | None = None  # 头节点 front
        self._rear: ListNode | None = None  # 尾节点 rear
        self._size: int = 0
```

```python
def size(self) -> int:
    """ 获取队列的长度 """
    return self._size

def is_empty(self) -> bool:
    """ 判断队列是否为空 """
    return self._size == 0

def push(self, num: int):
    """ 入队 """
    # 在尾节点后添加 num
    node = ListNode(num)
    # 如果队列为空，则令头、尾节点都指向该节点
    if self._front is None:
        self._front = node
        self._rear = node
    # 如果队列不为空，则将该节点添加到尾节点后
    else:
        self._rear.next = node
        self._rear = node
    self._size += 1

def pop(self) -> int:
    """ 出队 """
    num = self.peek()
    # 删除头节点
    self._front = self._front.next
    self._size -= 1
    return num

def peek(self) -> int:
    """ 访问队首元素 """
    if self.is_empty():
        raise IndexError(" 队列为空 ")
    return self._front.val

def to_list(self) -> list[int]:
    """ 转化为列表用于打印 """
    queue = []
    temp = self._front
    while temp:
        queue.append(temp.val)
        temp = temp.next
    return queue
```

2. 基于数组的实现

在数组中删除首元素的时间复杂度为 $O(n)$，这会导致出队操作效率较低。然而，我们可以采用以下巧妙方法来避免这个问题。

我们可以使用一个变量 front 指向队首元素的索引，并维护一个变量 size 用于记录队列长度。定义 rear = front + size，这个公式计算出的 rear 指向队尾元素之后的下一个位置。

基于此设计，**数组中包含元素的有效区间为 [front, rear - 1]**，各种操作的实现方法如图 5-6 所示。

- 入队操作：将输入元素赋值给 rear 索引处，并将 size 增加 1。
- 出队操作：只需将 front 增加 1，并将 size 减少 1。

可以看到，入队和出队操作都只需进行一次操作，时间复杂度均为 O(1)。

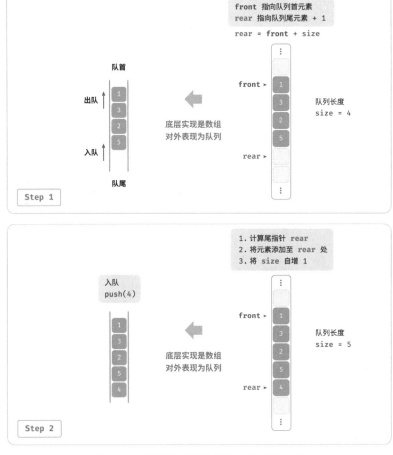

图 5-6　基于数组实现队列的入队出队操作

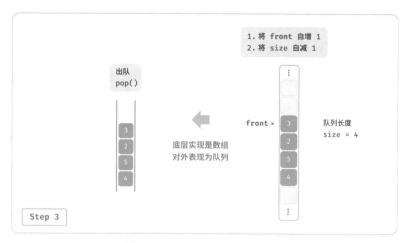

图 5-6　基于数组实现队列的入队出队操作（续）

你可能会发现一个问题：在不断进行入队和出队的过程中，`front` 和 `rear` 都在向右移动，**当它们到达数组尾部时就无法继续移动了**。为了解决此问题，我们可以将数组视为首尾相接的"环形数组"。

对于环形数组，我们需要让 `front` 或 `rear` 在越过数组尾部时，直接回到数组头部继续遍历。这种周期性规律可以通过"取余操作"来实现，代码如下所示：

```python
# === File: array_queue.py ===

class ArrayQueue:
    """ 基于环形数组实现的队列 """

    def __init__(self, size: int):
        """ 构造方法 """
        self._nums: list[int] = [0] * size  # 用于存储队列元素的数组
        self._front: int = 0  # 队首指针，指向队首元素
        self._size: int = 0  # 队列长度

    def capacity(self) -> int:
        """ 获取队列的容量 """
        return len(self._nums)

    def size(self) -> int:
        """ 获取队列的长度 """
        return self._size

    def is_empty(self) -> bool:
        """ 判断队列是否为空 """
        return self._size == 0
```

```python
    def push(self, num: int):
        """ 入队 """
        if self._size == self.capacity():
            raise IndexError(" 队列已满 ")
        # 计算队尾指针,指向队尾索引 + 1
        # 通过取余操作实现 rear 越过数组尾部后回到头部
        rear: int = (self._front + self._size) % self.capacity()
        # 将 num 添加至队尾
        self._nums[rear] = num
        self._size += 1

    def pop(self) -> int:
        """ 出队 """
        num: int = self.peek()
        # 队首指针向后移动一位,若越过尾部,则返回到数组头部
        self._front = (self._front + 1) % self.capacity()
        self._size -= 1
        return num

    def peek(self) -> int:
        """ 访问队首元素 """
        if self.is_empty():
            raise IndexError(" 队列为空 ")
        return self._nums[self._front]

    def to_list(self) -> list[int]:
        """ 返回列表用于打印 """
        res = [0] * self.size()
        j: int = self._front
        for i in range(self.size()):
            res[i] = self._nums[(j % self.capacity())]
            j += 1
        return res
```

以上实现的队列仍然具有局限性:其长度不可变。然而,这个问题不难解决,我们可以将数组替换为动态数组,从而引入扩容机制。有兴趣的读者可以尝试自行实现。

两种实现的对比结论与栈一致,在此不再赘述。

5.2.3　队列典型应用

- **淘宝订单**。购物者下单后,订单将加入队列中,系统随后会根据顺序处理队列中的订单。在双十一期间,短时间内会产生海量订单,高并发成为工程师们需要重点攻克的问题。
- **各类待办事项**。任何需要实现"先来后到"功能的场景,例如打印机的任务队列、餐厅的出餐队列等,队列在这些场景中可以有效地维护处理顺序。

5.3 双向队列

在队列中，我们仅能删除头部元素或在尾部添加元素。如图 5-7 所示，**双向队列**（double-ended queue）提供了更高的灵活性，允许在头部和尾部执行元素的添加或删除操作。

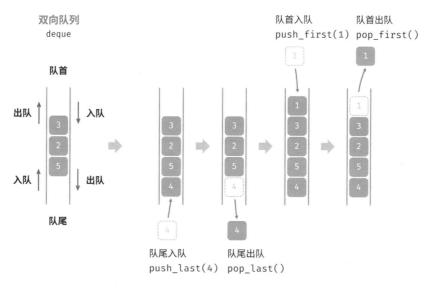

图 5-7 双向队列的操作

5.3.1 双向队列常用操作

双向队列的常用操作如表 5-3 所示，具体的方法名称需要根据所使用的编程语言来确定。

表 5-3 双向队列操作效率

方 法 名	描　　述	时间复杂度
push_first()	将元素添加至队首	$O(1)$
push_last()	将元素添加至队尾	$O(1)$
pop_first()	删除队首元素	$O(1)$
pop_last()	删除队尾元素	$O(1)$
peek_first()	访问队首元素	$O(1)$
peek_last()	访问队尾元素	$O(1)$

同样地，我们可以直接使用编程语言中已实现的双向队列类：

95

```
# === File: deque.py ===

from collections import deque

# 初始化双向队列
deque: deque[int] = deque()

# 元素入队
deque.append(2)        # 添加至队尾
deque.append(5)
deque.append(4)
deque.appendleft(3)    # 添加至队首
deque.appendleft(1)

# 访问元素
front: int = deque[0]  # 队首元素
rear: int = deque[-1]  # 队尾元素

# 元素出队
pop_front: int = deque.popleft()  # 队首元素出队
pop_rear: int = deque.pop()       # 队尾元素出队

# 获取双向队列的长度
size: int = len(deque)

# 判断双向队列是否为空
is_empty: bool = len(deque) == 0
```

5.3.2　双向队列实现 *

双向队列的实现与队列类似，可以选择链表或数组作为底层数据结构。

1. 基于双向链表的实现

回顾上一节内容，我们使用普通单向链表来实现队列，因为它可以方便地删除头节点（对应出队操作）和在尾节点后添加新节点（对应入队操作）。

对于双向队列而言，头部和尾部都可以执行入队和出队操作。换句话说，双向队列需要实现另一个对称方向的操作。为此，我们采用"双向链表"作为双向队列的底层数据结构。

如图 5-8 所示，我们将双向链表的头节点和尾节点视为双向队列的队首和队尾，同时实现在两端添加和删除节点的功能。

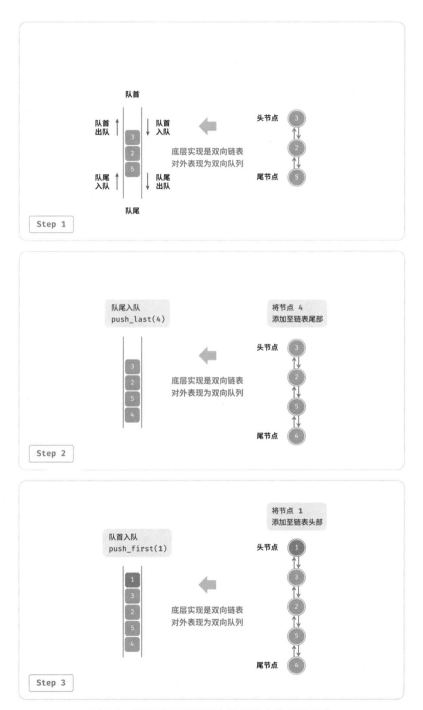

图 5-8　基于链表实现双向队列的入队出队操作

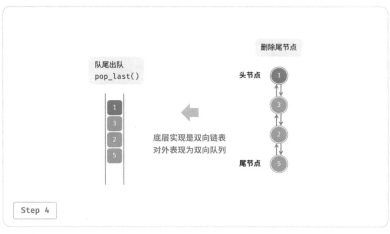

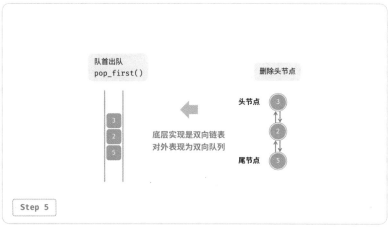

图 5-8　基于链表实现双向队列的入队出队操作（续）

实现代码如下所示：

```python
# === File: linkedlist_deque.py ===

class ListNode:
    """ 双向链表节点 """

    def __init__(self, val: int):
        """ 构造方法 """
        self.val: int = val
        self.next: ListNode | None = None  # 后继节点引用
        self.prev: ListNode | None = None  # 前驱节点引用

class LinkedListDeque:
    """ 基于双向链表实现的双向队列 """
```

```python
    def __init__(self):
        """ 构造方法 """
        self._front: ListNode | None = None  # 头节点 front
        self._rear: ListNode | None = None  # 尾节点 rear
        self._size: int = 0  # 双向队列的长度

    def size(self) -> int:
        """ 获取双向队列的长度 """
        return self._size

    def is_empty(self) -> bool:
        """ 判断双向队列是否为空 """
        return self._size == 0

    def push(self, num: int, is_front: bool):
        """ 入队操作 """
        node = ListNode(num)
        # 若链表为空，则令 front 和 rear 都指向 node
        if self.is_empty():
            self._front = self._rear = node
        # 队首入队操作
        elif is_front:
            # 将 node 添加至链表头部
            self._front.prev = node
            node.next = self._front
            self._front = node  # 更新头节点
        # 队尾入队操作
        else:
            # 将 node 添加至链表尾部
            self._rear.next = node
            node.prev = self._rear
            self._rear = node  # 更新尾节点
        self._size += 1  # 更新队列长度

    def push_first(self, num: int):
        """ 队首入队 """
        self.push(num, True)

    def push_last(self, num: int):
        """ 队尾入队 """
        self.push(num, False)

    def pop(self, is_front: bool) -> int:
        """ 出队操作 """
        if self.is_empty():
            raise IndexError(" 双向队列为空 ")
        # 队首出队操作
        if is_front:
            val: int = self._front.val  # 暂存头节点值
            # 删除头节点
            fnext: ListNode | None = self._front.next
```

```
            if fnext != None:
                fnext.prev = None
                self._front.next = None
            self._front = fnext  # 更新头节点
        # 队尾出队操作
        else:
            val: int = self._rear.val  # 暂存尾节点值
            # 删除尾节点
            rprev: ListNode | None = self._rear.prev
            if rprev != None:
                rprev.next = None
                self._rear.prev = None
            self._rear = rprev  # 更新尾节点
        self._size -= 1  # 更新队列长度
        return val

    def pop_first(self) -> int:
        """队首出队"""
        return self.pop(True)

    def pop_last(self) -> int:
        """队尾出队"""
        return self.pop(False)

    def peek_first(self) -> int:
        """访问队首元素"""
        if self.is_empty():
            raise IndexError(" 双向队列为空 ")
        return self._front.val

    def peek_last(self) -> int:
        """访问队尾元素"""
        if self.is_empty():
            raise IndexError(" 双向队列为空 ")
        return self._rear.val

    def to_array(self) -> list[int]:
        """返回数组用于打印"""
        node = self._front
        res = [0] * self.size()
        for i in range(self.size()):
            res[i] = node.val
            node = node.next
        return res
```

2. 基于数组的实现

如图 5-9 所示，与基于数组实现队列类似，我们也可以使用环形数组来实现双向队列。

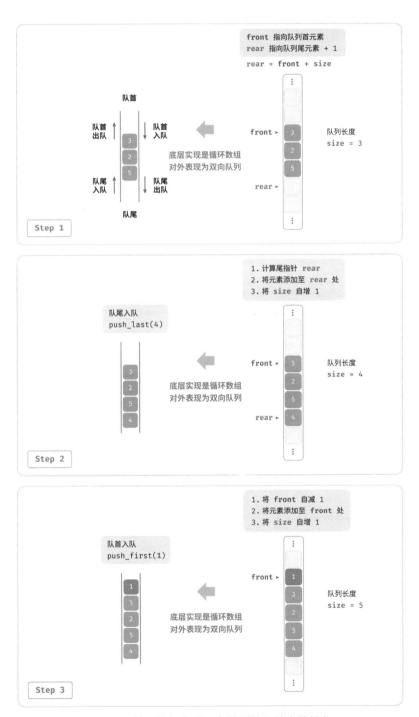

图 5-9　基于数组实现双向队列的入队出队操作

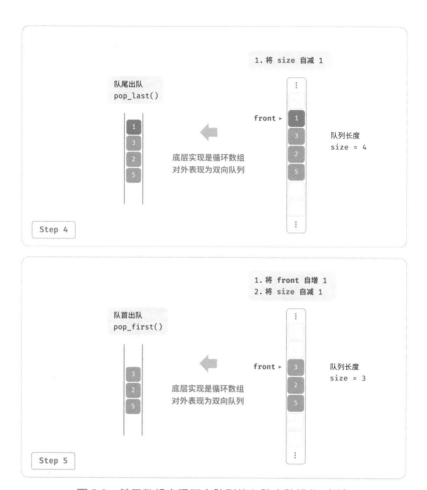

图 5-9　基于数组实现双向队列的入队出队操作（续）

在队列的实现基础上，仅需增加"队首入队"和"队尾出队"的方法：

```python
# === File: array_deque.py ===

class ArrayDeque:
    """ 基于环形数组实现的双向队列 """

    def __init__(self, capacity: int):
        """ 构造方法 """
        self._nums: list[int] = [0] * capacity
        self._front: int = 0
        self._size: int = 0

    def capacity(self) -> int:
        """ 获取双向队列的容量 """
```

```python
        return len(self._nums)

    def size(self) -> int:
        """ 获取双向队列的长度 """
        return self._size

    def is_empty(self) -> bool:
        """ 判断双向队列是否为空 """
        return self._size == 0

    def index(self, i: int) -> int:
        """ 计算环形数组索引 """
        # 通过取余操作实现数组首尾相连
        # 当 i 越过数组尾部后，回到头部
        # 当 i 越过数组头部后，回到尾部
        return (i + self.capacity()) % self.capacity()

    def push_first(self, num: int):
        """ 队首入队 """
        if self._size == self.capacity():
            print(" 双向队列已满 ")
            return
        # 队首指针向左移动一位
        # 通过取余操作实现 front 越过数组头部后回到尾部
        self._front = self.index(self._front - 1)
        # 将 num 添加至队首
        self._nums[self._front] = num
        self._size += 1

    def push_last(self, num: int):
        """ 队尾入队 """
        if self._size == self.capacity():
            print(" 双向队列已满 ")
            return
        # 计算队尾指针，指向队尾索引 + 1
        rear = self.index(self._front + self._size)
        # 将 num 添加至队尾
        self._nums[rear] = num
        self._size += 1

    def pop_first(self) -> int:
        """ 队首出队 """
        num = self.peek_first()
        # 队首指针向后移动一位
        self._front = self.index(self._front + 1)
        self._size -= 1
        return num

    def pop_last(self) -> int:
        """ 队尾出队 """
        num = self.peek_last()
```

```
                self._size -= 1
                return num

        def peek_first(self) -> int:
            """ 访问队首元素 """
            if self.is_empty():
                raise IndexError(" 双向队列为空 ")
            return self._nums[self._front]

        def peek_last(self) -> int:
            """ 访问队尾元素 """
            if self.is_empty():
                raise IndexError(" 双向队列为空 ")
            # 计算队尾元素索引
            last = self.index(self._front + self._size - 1)
            return self._nums[last]

        def to_array(self) -> list[int]:
            """ 返回数组用于打印 """
            # 仅转换有效长度范围内的列表元素
            res = []
            for i in range(self._size):
                res.append(self._nums[self.index(self._front + i)])
            return res
```

5.3.3　双向队列应用

双向队列兼具栈与队列的逻辑，**因此它可以实现这两者的所有应用场景，同时提供更高的自由度。**

我们知道，软件的"撤销"功能通常使用栈来实现：系统将每次更改操作 push 到栈中，然后通过 pop 实现撤销。然而，考虑到系统资源的限制，软件通常会限制撤销的步数（例如仅允许保存 50 步）。当栈的长度超过 50 时，软件需要在栈底（队首）执行删除操作。**但栈无法实现该功能，此时就需要使用双向队列来替代栈。**请注意，"撤销"的核心逻辑仍然遵循栈的先入后出原则，只是双向队列能够更加灵活地实现一些额外逻辑。

5.4　小结

1. 重点回顾

- 栈是一种遵循先入后出原则的数据结构，可通过数组或链表来实现。
- 在时间效率方面，栈的数组实现具有较高的平均效率，但在扩容过程中，单次入栈操作的时间复杂度会劣化至 $O(n)$。相比之下，栈的链表实现具有更为稳定的效率表现。
- 在空间效率方面，栈的数组实现可能导致一定程度的空间浪费。但需要注意的是，链表节点所占用的内存空间比数组元素更大。

- 队列是一种遵循先入先出原则的数据结构，同样可以通过数组或链表来实现。在时间效率和空间效率的对比上，队列的结论与前述栈的结论相似。
- 双向队列是一种具有更高自由度的队列，它允许在两端进行元素的添加和删除操作。

2. 思考题

Q：浏览器的前进后退是否是双向链表实现？

A：浏览器的前进后退功能本质上是"栈"的体现。当用户访问一个新页面时，该页面会被添加到栈顶；当用户点击后退按钮时，该页面会从栈顶弹出。使用双向队列可以方便地实现一些额外操作，这个在 5.3 节有提到。

Q：在出栈后，是否需要释放出栈节点的内存？

A：如果后续仍需要使用弹出节点，则不需要释放内存。若之后不需要用到，Java 和 Python 等语言拥有自动垃圾回收机制，因此不需要手动释放内存；在 C 和 C++ 中需要手动释放内存。

Q：双向队列像是两个栈拼接在了一起，它的用途是什么？

A：双向队列就像是栈和队列的组合或两个栈拼在了一起。它表现的是栈 + 队列的逻辑，因此可以实现栈与队列的所有应用，并且更加灵活。

Q：撤销（undo）和反撤销（redo）具体是如何实现的？

A：使用两个栈，栈 A 用于撤销，栈 B 用于反撤销。

(1) 每当用户执行一个操作，将这个操作压入栈 A，并清空栈 B。
(2) 当用户执行"撤销"时，从栈 A 中弹出最近的操作，并将其压入栈 B。
(3) 当用户执行"反撤销"时，从栈 B 中弹出最近的操作，并将其压入栈 A。

第 6 章　哈希表

在计算机世界中，哈希表如同一位聪慧的图书管理员。

他知道如何计算索书号，从而可以快速找到目标图书。

6.1　哈希表

哈希表（hash table），又称**散列表**，它通过建立键 key 与值 value 之间的映射，实现高效的元素查询。具体而言，我们向哈希表中输入一个键 key，则可以在 $O(1)$ 时间内获取对应的值 value。

如图 6-1 所示，给定 n 个学生，每个学生都有"姓名"和"学号"两项数据。假如我们希望实现"输入一个学号，返回对应的姓名"的查询功能，则可以采用图 6-1 所示的哈希表来实现。

图 6-1　哈希表的抽象表示

除哈希表外，数组和链表也可以实现查询功能，它们的效率对比如表 6-1 所示。

- **添加元素**：仅需将元素添加至数组（链表）的尾部即可，使用 $O(1)$ 时间。
- **查询元素**：由于数组（链表）是乱序的，因此需要遍历其中的所有元素，使用 $O(n)$ 时间。
- **删除元素**：需要先查询到元素，再从数组（链表）中删除，使用 $O(n)$ 时间。

表 6-1　元素查询效率对比

	数　　组	链　　表	哈　希　表
添加元素	$O(1)$	$O(1)$	$O(1)$
查询元素	$O(n)$	$O(n)$	$O(1)$
删除元素	$O(n)$	$O(n)$	$O(1)$

观察发现，**在哈希表中进行增删查改的时间复杂度都是** $O(1)$，非常高效。

6.1.1　哈希表常用操作

哈希表的常见操作包括初始化、查询操作、添加键值对和删除键值对等，示例代码如下：

```python
# === File: hash_map.py ===

# 初始化哈希表
hmap: dict = {}

# 添加操作
# 在哈希表中添加键值对 (key, value)
hmap[12836] = " 小哈 "
hmap[15937] = " 小啰 "
hmap[16750] = " 小算 "
hmap[13276] = " 小法 "
hmap[10583] = " 小鸭 "

# 查询操作
# 向哈希表中输入键 key，得到值 value
name: str = hmap[15937]

# 删除操作
# 在哈希表中删除键值对 (key, value)
hmap.pop(10583)
```

哈希表有三种常用的遍历方式：遍历键值对、遍历键和遍历值。示例代码如下：

```python
# === File: hash_map.py ===

# 遍历哈希表
# 遍历键值对 key->value
for key, value in hmap.items():
    print(key, "->", value)
# 单独遍历键 key
for key in hmap.keys():
    print(key)
# 单独遍历值 value
for value in hmap.values():
    print(value)
```

6.1.2 哈希表简单实现

我们先考虑最简单的情况，**仅用一个数组来实现哈希表**。在哈希表中，我们将数组中的每个空位称为**桶**（bucket），每个桶可存储一个键值对。因此，查询操作就是找到 key 对应的桶，并在桶中获取 value。

那么，如何基于 key 定位对应的桶呢？这是通过**哈希函数**（hash function）实现的。哈希函数的作用是将一个较大的输入空间映射到一个较小的输出空间。在哈希表中，输入空间是所有 key，输出空间是所有桶（数组索引）。换句话说，输入一个 key，**我们可以通过哈希函数得到该 key 对应的键值对在数组中的存储位置**。

输入一个 key，哈希函数的计算过程分为以下两步。

(1) 通过某种哈希算法 hash() 计算得到哈希值。
(2) 将哈希值对桶数量（数组长度）capacity 取模，从而获取该 key 对应的数组索引 index。

index = hash(key) % capacity

随后，我们就可以利用 index 在哈希表中访问对应的桶，从而获取 value。

设数组长度 capacity = 100、哈希算法 hash(key) = key，易得哈希函数为 key % 100。图 6-2 以 key 学号和 value 姓名为例，展示了哈希函数的工作原理。

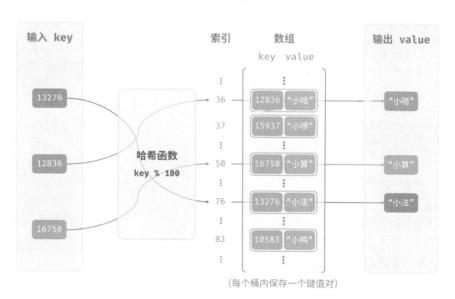

图 6-2　哈希函数工作原理

以下代码实现了一个简单哈希表。其中，我们将 key 和 value 封装成一个类 Pair，以表示键值对。

```python
# === File: array_hash_map.py ===

class Pair:
    """ 键值对 """

    def __init__(self, key: int, val: str):
        self.key = key
        self.val = val

class ArrayHashMap:
    """ 基于数组实现的哈希表 """

    def __init__(self):
        """ 构造方法 """
        # 初始化数组，包含 100 个桶
        self.buckets: list[Pair | None] = [None] * 100

    def hash_func(self, key: int) -> int:
        """ 哈希函数 """
        index = key % 100
        return index

    def get(self, key: int) -> str:
        """ 查询操作 """
        index: int = self.hash_func(key)
        pair: Pair = self.buckets[index]
        if pair is None:
            return None
        return pair.val

    def put(self, key: int, val: str):
        """ 添加操作 """
        pair = Pair(key, val)
        index: int = self.hash_func(key)
        self.buckets[index] = pair

    def remove(self, key: int):
        """ 删除操作 """
        index: int = self.hash_func(key)
        # 置为 None，代表删除
        self.buckets[index] = None

    def entry_set(self) -> list[Pair]:
        """ 获取所有键值对 """
        result: list[Pair] = []
        for pair in self.buckets:
            if pair is not None:
```

```
                result.append(pair)
        return result

    def key_set(self) -> list[int]:
        """ 获取所有键 """
        result = []
        for pair in self.buckets:
            if pair is not None:
                result.append(pair.key)
        return result

    def value_set(self) -> list[str]:
        """ 获取所有值 """
        result = []
        for pair in self.buckets:
            if pair is not None:
                result.append(pair.val)
        return result

    def print(self):
        """ 打印哈希表 """
        for pair in self.buckets:
            if pair is not None:
                print(pair.key, "->", pair.val)
```

6.1.3 哈希冲突与扩容

从本质上看，哈希函数的作用是将所有 key 构成的输入空间映射到数组所有索引构成的输出空间，而输入空间往往远大于输出空间。因此，**理论上一定存在"多个输入对应相同输出"的情况**。

对于上述示例中的哈希函数，当输入的 key 后两位相同时，哈希函数的输出结果也相同。例如，查询学号为 12836 和 20336 的两个学生时，我们得到：

```
12836 % 100 = 36
20336 % 100 = 36
```

如图 6-3 所示，两个学号指向了同一个姓名，这显然是不对的。我们将这种多个输入对应同一输出的情况称为哈希冲突（hash collision）。

容易想到，哈希表容量 n 越大，多个 key 被分配到同一个桶中的概率就越低，冲突就越少。因此，**我们可以通过扩容哈希表来减少哈希冲突**。

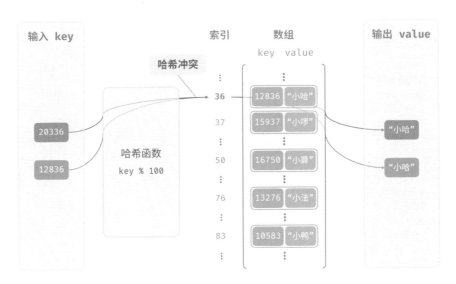

图 6-3 哈希冲突示例

如图 6-4 所示，扩容前键值对 (136, A) 和 (236, D) 发生冲突，扩容后冲突消失。

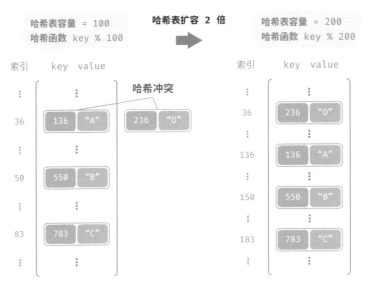

图 6-4 哈希表扩容

类似于数组扩容，哈希表扩容需将所有键值对从原哈希表迁移至新哈希表，非常耗时；并且由于哈希表容量 capacity 改变，我们需要通过哈希函数来重新计算所有键值对的存储位置，这进一步增加了扩容过程的计算开销。为此，编程语言通常会预留足够大的哈希表容量，防止频繁扩容。

负载因子（load factor）是哈希表的一个重要概念，其定义为哈希表的元素数量除以桶数量，用于衡量哈希冲突的严重程度，**也常作为哈希表扩容的触发条件**。例如在 Java 中，当负载因子超过 0.75 时，系统会将哈希表扩容至原先的 2 倍。

6.2 哈希冲突

上一节提到，**通常情况下哈希函数的输入空间远大于输出空间**，因此理论上哈希冲突是不可避免的。比如，输入空间为全体整数，输出空间为数组容量大小，则必然有多个整数映射至同一桶索引。

哈希冲突会导致查询结果错误，严重影响哈希表的可用性。为了解决该问题，每当遇到哈希冲突时，我们就进行哈希表扩容，直至冲突消失为止。此方法简单粗暴且有效，但效率太低，因为哈希表扩容需要进行大量的数据搬运与哈希值计算。为了提升效率，我们可以采用以下策略。

(1) 改良哈希表数据结构，使得哈希表可以在出现哈希冲突时正常工作。
(2) 仅在必要时，即当哈希冲突比较严重时，才执行扩容操作。

哈希表的结构改良方法主要包括"链式地址"和"开放寻址"。

6.2.1 链式地址

在原始哈希表中，每个桶仅能存储一个键值对。**链式地址**（separate chaining）将单个元素转换为链表，将键值对作为链表节点，将所有发生冲突的键值对都存储在同一链表中。图 6-5 展示了一个链式地址哈希表的例子。

图 6-5 链式地址哈希表

113

基于链式地址实现的哈希表的操作方法发生了以下变化。

- **查询元素**：输入 key，经过哈希函数得到桶索引，即可访问链表头节点，然后遍历链表并对比 key 以查找目标键值对。
- **添加元素**：首先通过哈希函数访问链表头节点，然后将节点（键值对）添加到链表中。
- **删除元素**：根据哈希函数的结果访问链表头部，接着遍历链表以查找目标节点并将其删除。

链式地址存在以下局限性。

- **占用空间增大**：链表包含节点指针，它相比数组更加耗费内存空间。
- **查询效率降低**：因为需要线性遍历链表来查找对应元素。

以下代码给出了链式地址哈希表的简单实现，需要注意两点。

- 使用列表（动态数组）代替链表，从而简化代码。在这种设定下，哈希表（数组）包含多个桶，每个桶都是一个列表。
- 以下实现包含哈希表扩容方法。当负载因子超过 2/3 时，我们将哈希表扩容至原先的 2 倍。

```python
# === File: hash_map_chaining.py ===

class HashMapChaining:
    """链式地址哈希表"""

    def __init__(self):
        """构造方法"""
        self.size = 0  # 键值对数量
        self.capacity = 4  # 哈希表容量
        self.load_thres = 2 / 3  # 触发扩容的负载因子阈值
        self.extend_ratio = 2  # 扩容倍数
        self.buckets = [[] for _ in range(self.capacity)]  # 桶数组

    def hash_func(self, key: int) -> int:
        """哈希函数"""
        return key % self.capacity

    def load_factor(self) -> float:
        """负载因子"""
        return self.size / self.capacity

    def get(self, key: int) -> str | None:
        """查询操作"""
        index = self.hash_func(key)
        bucket = self.buckets[index]
        # 遍历桶，若找到 key，则返回对应 val
        for pair in bucket:
            if pair.key == key:
                return pair.val
```

```
        # 若未找到 key, 则返回 None
        return None

    def put(self, key: int, val: str):
        """ 添加操作 """
        # 当负载因子超过阈值时, 执行扩容
        if self.load_factor() > self.load_thres:
            self.extend()
        index = self.hash_func(key)
        bucket = self.buckets[index]
        # 遍历桶, 若遇到指定 key, 则更新对应 val 并返回
        for pair in bucket:
            if pair.key == key:
                pair.val = val
                return
        # 若无该 key, 则将键值对添加至尾部
        pair = Pair(key, val)
        bucket.append(pair)
        self.size += 1

    def remove(self, key: int):
        """ 删除操作 """
        index = self.hash_func(key)
        bucket = self.buckets[index]
        # 遍历桶, 从中删除键值对
        for pair in bucket:
            if pair.key == key:
                bucket.remove(pair)
                self.size -= 1
                break

    def extend(self):
        """ 扩容哈希表 """
        # 暂存原哈希表
        buckets = self.buckets
        # 初始化扩容后的新哈希表
        self.capacity *= self.extend_ratio
        self.buckets = [[] for _ in range(self.capacity)]
        self.size = 0
        # 将键值对从原哈希表搬运至新哈希表
        for bucket in buckets:
            for pair in bucket:
                self.put(pair.key, pair.val)

    def print(self):
        """ 打印哈希表 """
        for bucket in self.buckets:
            res = []
            for pair in bucket:
                res.append(str(pair.key) + " -> " + pair.val)
            print(res)
```

值得注意的是，当链表很长时，查询效率 $O(n)$ 很差。**此时可以将链表转换为"AVL 树"或"红黑树"**，从而将查询操作的时间复杂度优化至 $O(\log n)$。

6.2.2 开放寻址

开放寻址（open addressing）不引入额外的数据结构，而是通过"多次探测"来处理哈希冲突，探测方式主要包括线性探测、平方探测和多次哈希等。

下面以线性探测为例，介绍开放寻址哈希的工作机制。

1. 线性探测

线性探测采用固定步长的线性搜索来进行探测，其操作方法与普通哈希表有所不同。

- **插入元素**：通过哈希函数计算桶索引，若发现桶内已有元素，则从冲突位置向后线性遍历（步长通常为 1），直至找到空桶，将元素插入其中。
- **查找元素**：若发现哈希冲突，则使用相同步长向后进行线性遍历，直到找到对应元素，返回 value 即可；如果遇到空桶，说明目标元素不在哈希表中，返回 None。

图 6-6 展示了开放寻址（线性探测）哈希表的键值对分布。根据此哈希函数，最后两位相同的 key 都会被映射到相同的桶。而通过线性探测，它们被依次存储在该桶以及之下的桶中。

图 6-6　开放寻址（线性探测）哈希表的键值对分布

然而，**线性探测容易产生"聚集现象"**。具体来说，数组中连续被占用的位置越长，这些连续位置发生哈希冲突的可能性越大，从而进一步促使该位置的聚堆生长，形成恶性循环，最终导致增删查改操作效率劣化。

值得注意的是，**我们不能在开放寻址哈希表中直接删除元素**。这是因为删除元素会在数组内产生一个空桶 None，而当查询元素时，线性探测到该空桶就会返回，因此在该空桶之下的元素都无法再被访问到，程序可能误判这些元素不存在，如图 6-7 所示。

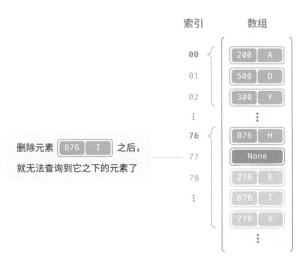

图 6-7 在开放寻址中删除元素导致的查询问题

为了解决该问题，我们可以采用**懒删除**（lazy deletion）机制：它不直接从哈希表中移除元素，**而是利用一个常量 TOMBSTONE 来标记这个桶**。在该机制下，None 和 TOMBSTONE 都代表空桶，都可以放置键值对。但不同的是，线性探测到 TOMBSTONE 时应该继续遍历，因为其之下可能还存在键值对。

然而，**懒删除可能会加速哈希表的性能退化**。这是因为每次删除操作都会产生一个删除标记，随着 TOMBSTONE 的增加，搜索时间也会增加，因为线性探测可能需要跳过多个 TOMBSTONE 才能找到目标元素。

为此，考虑在线性探测中记录遇到的首个 TOMBSTONE 的索引，并将搜索到的目标元素与该 TOMBSTONE 交换位置。这样做的好处是当每次查询或添加元素时，元素会被移动至距离理想位置（探测起始点）更近的桶，从而优化查询效率。

以下代码实现了一个包含懒删除的开放寻址（线性探测）哈希表。为了更加充分地使用哈希表的空间，我们将哈希表看作一个"环形数组"，当越过数组尾部时，回到头部继续遍历。

```python
# === File: hash_map_open_addressing.py ===

class HashMapOpenAddressing:
    """ 开放寻址哈希表 """

    def __init__(self):
        """ 构造方法 """
```

```python
        self.size = 0  # 键值对数量
        self.capacity = 4  # 哈希表容量
        self.load_thres = 2 / 3  # 触发扩容的负载因子阈值
        self.extend_ratio = 2  # 扩容倍数
        self.buckets: list[Pair | None] = [None] * self.capacity  # 桶数组
        self.TOMBSTONE = Pair(-1, "-1")  # 删除标记

    def hash_func(self, key: int) -> int:
        """ 哈希函数 """
        return key % self.capacity

    def load_factor(self) -> float:
        """ 负载因子 """
        return self.size / self.capacity

    def find_bucket(self, key: int) -> int:
        """ 搜索 key 对应的桶索引 """
        index = self.hash_func(key)
        first_tombstone = -1
        # 线性探测，当遇到空桶时跳出
        while self.buckets[index] is not None:
            # 若遇到 key，返回对应的桶索引
            if self.buckets[index].key == key:
                # 若之前遇到了删除标记，则将键值对移动至该索引处
                if first_tombstone != -1:
                    self.buckets[first_tombstone] = self.buckets[index]
                    self.buckets[index] = self.TOMBSTONE
                    return first_tombstone  # 返回移动后的桶索引
                return index  # 返回桶索引
            # 记录遇到的首个删除标记
            if first_tombstone == -1 and self.buckets[index] is self.TOMBSTONE:
                first_tombstone = index
            # 计算桶索引，越过尾部则返回头部
            index = (index + 1) % self.capacity
        # 若 key 不存在，则返回添加点的索引
        return index if first_tombstone == -1 else first_tombstone

    def get(self, key: int) -> str:
        """ 查询操作 """
        # 搜索 key 对应的桶索引
        index = self.find_bucket(key)
        # 若找到键值对，则返回对应 val
        if self.buckets[index] not in [None, self.TOMBSTONE]:
            return self.buckets[index].val
        # 若键值对不存在，则返回 None
        return None

    def put(self, key: int, val: str):
        """ 添加操作 """
        # 当负载因子超过阈值时，执行扩容
        if self.load_factor() > self.load_thres:
```

```
        self.extend()
    # 搜索 key 对应的桶索引
    index = self.find_bucket(key)
    # 若找到键值对，则覆盖 val 并返回
    if self.buckets[index] not in [None, self.TOMBSTONE]:
        self.buckets[index].val = val
        return
    # 若键值对不存在，则添加该键值对
    self.buckets[index] = Pair(key, val)
    self.size += 1

def remove(self, key: int):
    """ 删除操作 """
    # 搜索 key 对应的桶索引
    index = self.find_bucket(key)
    # 若找到键值对，则用删除标记覆盖它
    if self.buckets[index] not in [None, self.TOMBSTONE]:
        self.buckets[index] = self.TOMBSTONE
        self.size -= 1

def extend(self):
    """ 扩容哈希表 """
    # 暂存原哈希表
    buckets_tmp = self.buckets
    # 初始化扩容后的新哈希表
    self.capacity *= self.extend_ratio
    self.buckets = [None] * self.capacity
    self.size = 0
    # 将键值对从原哈希表搬运至新哈希表
    for pair in buckets_tmp:
        if pair not in [None, self.TOMBSTONE]:
            self.put(pair.key, pair.val)

def print(self):
    """ 打印哈希表 """
    for pair in self.buckets:
        if pair is None:
            print("None")
        elif pair is self.TOMBSTONE:
            print("TOMBSTONE")
        else:
            print(pair.key, "->", pair.val)
```

2. 平方探测

平方探测与线性探测类似，都是开放寻址的常见策略之一。当发生冲突时，平方探测不是简单地跳过一个固定的步数，而是跳过"探测次数的平方"的步数，即 $1, 4, 9, \cdots$ 步。

平方探测主要具有以下优势。

- 平方探测通过跳过探测次数平方的距离，试图缓解线性探测的聚集效应。

- 平方探测会跳过更大的距离来寻找空位置，有助于数据分布得更加均匀。

然而，平方探测并不是完美的。

- 仍然存在聚集现象，即某些位置比其他位置更容易被占用。
- 由于平方的增长，平方探测可能不会探测整个哈希表，这意味着即使哈希表中有空桶，平方探测也可能无法访问到它。

3. 多次哈希

顾名思义，多次哈希方法使用多个哈希函数 $f_1(x)$、$f_2(x)$、$f_3(x)$… 进行探测。

- **插入元素**：若哈希函数 $f_1(x)$ 出现冲突，则尝试 $f_2(x)$，以此类推，直到找到空位后插入元素。
- **查找元素**：在相同的哈希函数顺序下进行查找，直到找到目标元素时返回；若遇到空位或已尝试所有哈希函数，说明哈希表中不存在该元素，则返回 None。

与线性探测相比，多次哈希方法不易产生聚集，但多个哈希函数会带来额外的计算量。

> ⓘ 请注意，开放寻址（线性探测、平方探测和多次哈希）哈希表都存在"不能直接删除元素"的问题。

6.2.3　编程语言的选择

各种编程语言采取了不同的哈希表实现策略，下面举几个例子。

- Python 采用开放寻址。字典 dict 使用伪随机数进行探测。
- Java 采用链式地址。自 JDK 1.8 以来，当 HashMap 内数组长度达到 64 且链表长度达到 8 时，链表会转换为红黑树以提升查找性能。
- Go 采用链式地址。Go 规定每个桶最多存储 8 个键值对，超出容量则连接一个溢出桶；当溢出桶过多时，会执行一次特殊的等量扩容操作，以确保性能。

6.3　哈希算法

前两节介绍了哈希表的工作原理和哈希冲突的处理方法。然而无论是开放寻址还是链式地址，**它们只能保证哈希表可以在发生冲突时正常工作，而无法减少哈希冲突的发生**。

如果哈希冲突过于频繁，哈希表的性能则会急剧劣化。如图 6-8 所示，对于链式地址哈希表，理想情况下键值对均匀分布在各个桶中，达到最佳查询效率；最差情况下所有键值对都存储到同一个桶中，时间复杂度退化至 $O(n)$。

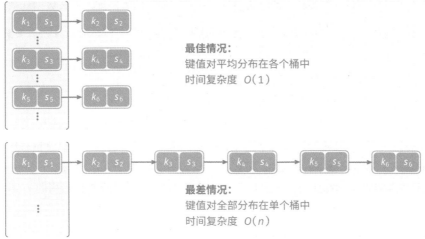

图 6-8　哈希冲突的最佳情况与最差情况

键值对的分布情况由哈希函数决定。回忆哈希函数的计算步骤，先计算哈希值，再对数组长度取模：

```
index = hash(key) % capacity
```

观察以上公式，当哈希表容量 `capacity` 固定时，**哈希算法 hash() 决定了输出值**，进而决定了键值对在哈希表中的分布情况。

这意味着，为了降低哈希冲突的发生概率，我们应当将注意力集中在哈希算法 hash() 的设计上。

6.3.1　哈希算法的目标

为了实现"既快又稳"的哈希表数据结构，哈希算法应具备以下特点。

- **确定性**：对于相同的输入，哈希算法应始终产生相同的输出。这样才能确保哈希表是可靠的。
- **效率高**：计算哈希值的过程应该足够快。计算开销越小，哈希表的实用性越高。
- **均匀分布**：哈希算法应使得键值对均匀分布在哈希表中。分布越均匀，哈希冲突的概率就越低。

实际上，哈希算法除了可以用于实现哈希表，还广泛应用于其他领域中。

- **密码存储**：为了保护用户密码的安全，系统通常不会直接存储用户的明文密码，而是存储密码的哈希值。当用户输入密码时，系统会对输入的密码计算哈希值，然后与存储的哈希值进行比较。如果两者匹配，那么密码就被视为正确。

- **数据完整性检查**：数据发送方可以计算数据的哈希值并将其一同发送；接收方可以重新计算接收到的数据的哈希值，并与接收到的哈希值进行比较。如果两者匹配，那么数据就被视为完整。

对于密码学的相关应用，为了防止从哈希值推导出原始密码等逆向工程，哈希算法需要具备更高等级的安全特性。

- **单向性**：无法通过哈希值反推出关于输入数据的任何信息。
- **抗碰撞性**：应当极难找到两个不同的输入，使得它们的哈希值相同。
- **雪崩效应**：输入的微小变化应当导致输出的显著且不可预测的变化。

请注意，**"均匀分布"** 与 **"抗碰撞性"** 是两个独立的概念，满足均匀分布不一定满足抗碰撞性。例如，在随机输入 key 下，哈希函数 key % 100 可以产生均匀分布的输出。然而该哈希算法过于简单，所有后两位相等的 key 的输出都相同，因此我们可以很容易地从哈希值反推出可用的 key，从而破解密码。

6.3.2　哈希算法的设计

哈希算法的设计是一个需要考虑许多因素的复杂问题。然而对于某些要求不高的场景，我们也能设计一些简单的哈希算法。

- **加法哈希**：对输入的每个字符的 ASCII 码进行相加，将得到的总和作为哈希值。
- **乘法哈希**：利用乘法的不相关性，每轮乘以一个常数，将各个字符的 ASCII 码累积到哈希值中。
- **异或哈希**：将输入数据的每个元素通过异或操作累积到一个哈希值中。
- **旋转哈希**：将每个字符的 ASCII 码累积到一个哈希值中，每次累积之前都会对哈希值进行旋转操作。

```python
# === File: simple_hash.py ===

def add_hash(key: str) -> int:
    """ 加法哈希 """
    hash = 0
    modulus = 1000000007
    for c in key:
        hash += ord(c)
    return hash % modulus

def mul_hash(key: str) -> int:
    """ 乘法哈希 """
    hash = 0
    modulus = 1000000007
    for c in key:
        hash = 31 * hash + ord(c)
    return hash % modulus
```

```python
def xor_hash(key: str) -> int:
    """ 异或哈希 """
    hash = 0
    modulus = 1000000007
    for c in key:
        hash ^= ord(c)
    return hash % modulus

def rot_hash(key: str) -> int:
    """ 旋转哈希 """
    hash = 0
    modulus = 1000000007
    for c in key:
        hash = (hash << 4) ^ (hash >> 28) ^ ord(c)
    return hash % modulus
```

观察发现，每种哈希算法的最后一步都是对大质数 1000000007 取模，以确保哈希值在合适的范围内。值得思考的是，为什么要强调对质数取模，或者说对合数取模的弊端是什么？这是一个有趣的问题。

先抛出结论：**使用大质数作为模数，可以最大化地保证哈希值的均匀分布**。因为质数不与其他数字存在公约数，可以减少因取模操作而产生的周期性模式，从而避免哈希冲突。

举个例子，假设我们选择合数 9 作为模数，它可以被 3 整除，那么所有可以被 3 整除的 key 都会被映射到 0、3、6 这三个哈希值。

$$modulus = 9$$
$$key = \{0, 3, 6, 9, 12, 15, 18, 21, 24, 27, 30, 33, \cdots\}$$
$$hash = \{0, 3, 6, 0, 3, 6, 0, 3, 6, 0, 3, 6, \cdots\}$$

如果输入 key 恰好满足这种等差数列的数据分布，那么哈希值就会出现聚堆，从而加重哈希冲突。现在，假设将 modulus 替换为质数 13，由于 key 和 modulus 之间不存在公约数，因此输出的哈希值的均匀性会明显提升。

$$modulus = 13$$
$$key = \{0, 3, 6, 9, 12, 15, 18, 21, 24, 27, 30, 33, \cdots\}$$
$$hash = \{0, 3, 6, 9, 12, 2, 5, 8, 11, 1, 4, 7, \cdots\}$$

值得说明的是，如果能够保证 key 是随机均匀分布的，那么选择质数或者合数作为模数都可以，它们都能输出均匀分布的哈希值。而当 key 的分布存在某种周期性时，对合数取模更容易出现聚集现象。

总而言之，我们通常选取质数作为模数，并且这个质数最好足够大，以尽可能消除周期性模式，提升哈希算法的稳健性。

6.3.3 常见哈希算法

不难发现，以上介绍的简单哈希算法都比较"脆弱"，远远没有达到哈希算法的设计目标。例如，由于加法和异或满足交换律，因此加法哈希和异或哈希无法区分内容相同但顺序不同的字符串，这可能会加剧哈希冲突，并引起一些安全问题。

在实际中，我们通常会用一些标准哈希算法，例如 MD5、SHA-1、SHA-2 和 SHA-3 等。它们可以将任意长度的输入数据映射到恒定长度的哈希值。

近一个世纪以来，哈希算法处在不断升级与优化的过程中。一部分研究人员努力提升哈希算法的性能，另一部分研究人员和黑客则致力于寻找哈希算法的安全性问题。表 6-2 展示了在实际应用中常见的哈希算法。

- MD5 和 SHA-1 已多次被成功攻击，因此它们被各类安全应用弃用。
- SHA-2 系列中的 SHA-256 是最安全的哈希算法之一，仍未出现成功的攻击案例，因此常用在各类安全应用与协议中。
- SHA-3 相较 SHA-2 的实现开销更低、计算效率更高，但目前使用覆盖度不如 SHA-2 系列。

表 6-2　常见的哈希算法

	MD5	SHA-1	SHA-2	SHA-3
推出时间	1992	1995	2002	2008
输出长度	128 比特	160 比特	256/512 比特	224/256/384/512 比特
哈希冲突	较多	较多	很少	很少
安全等级	低 已被成功攻击	低 已被成功攻击	高	高
应用	已被弃用，仍用于数据完整性检查	已被弃用	加密货币交易验证、数字签名等	可用于替代 SHA-2

6.3.4 数据结构的哈希值

我们知道，哈希表的 key 可以是整数、小数或字符串等数据类型。编程语言通常会为这些数据类型提供内置的哈希算法，用于计算哈希表中的桶索引。以 Python 为例，我们可以调用 hash() 函数来计算各种数据类型的哈希值。

- 整数和布尔量的哈希值就是其本身。
- 浮点数和字符串的哈希值计算较为复杂，有兴趣的读者请自行学习。
- 元组的哈希值是对其中每一个元素进行哈希，然后将这些哈希值组合起来，得到单一的哈希值。
- 对象的哈希值基于其内存地址生成。通过重写对象的哈希方法，可实现基于内容生成哈希值。

> ℹ️ 请注意，不同编程语言的内置哈希值计算函数的定义和方法不同。

```python
# === File: built_in_hash.py ===

num = 3
hash_num = hash(num)
# 整数 3 的哈希值为 3

bol = True
hash_bol = hash(bol)
# 布尔量 True 的哈希值为 1

dec = 3.14159
hash_dec = hash(dec)
# 小数 3.14159 的哈希值为 326484311674566659

str = "Hello 算法 "
hash_str = hash(str)
# 字符串 "Hello 算法 " 的哈希值为 4617003410720528961

tup = (12836, " 小哈 ")
hash_tup = hash(tup)
# 元组 (12836, ' 小哈 ') 的哈希值为 1029005403108185979

obj = ListNode(0)
hash_obj = hash(obj)
# 节点对象 <ListNode object at 0x1058fd810> 的哈希值为 274267521
```

在许多编程语言中，**只有不可变对象才可作为哈希表的 key**。假如我们将列表（动态数组）作为 key，当列表的内容发生变化时，它的哈希值也随之改变，我们就无法在哈希表中查询到原先的 value 了。

虽然自定义对象（比如链表节点）的成员变量是可变的，但它是可哈希的。**这是因为对象的哈希值通常是基于内存地址生成的**，即使对象的内容发生了变化，但它的内存地址不变，哈希值仍然是不变的。

细心的你可能发现在不同控制台中运行程序时，输出的哈希值是不同的。**这是因为 Python 解释器在每次启动时，都会为字符串哈希函数加入一个随机的盐（salt）值**。这种做法可以有效防止 HashDoS 攻击，提升哈希算法的安全性。

6.4　小结

1. 重点回顾

- 输入 key，哈希表能够在 $O(1)$ 时间内查询到 value，效率非常高。
- 常见的哈希表操作包括查询、添加键值对、删除键值对和遍历哈希表等。

- 哈希函数将 key 映射为数组索引，从而访问对应桶并获取 value。
- 两个不同的 key 可能在经过哈希函数后得到相同的数组索引，导致查询结果出错，这种现象被称为哈希冲突。
- 哈希表容量越大，哈希冲突的概率就越低。因此可以通过扩容哈希表来缓解哈希冲突。与数组扩容类似，哈希表扩容操作的开销很大。
- 负载因子定义为哈希表中元素数量除以桶数量，反映了哈希冲突的严重程度，常用作触发哈希表扩容的条件。
- 链式地址通过将单个元素转化为链表，将所有冲突元素存储在同一个链表中。然而，链表过长会降低查询效率，可以通过进一步将链表转换为红黑树来提高效率。
- 开放寻址通过多次探测来处理哈希冲突。线性探测使用固定步长，缺点是不能删除元素，且容易产生聚集。多次哈希使用多个哈希函数进行探测，相较线性探测更不易产生聚集，但多个哈希函数增加了计算量。
- 不同编程语言采取了不同的哈希表实现。例如，Java 的 HashMap 使用链式地址，而 Python 的 Dict 采用开放寻址。
- 在哈希表中，我们希望哈希算法具有确定性、高效率和均匀分布的特点。在密码学中，哈希算法还应该具备抗碰撞性和雪崩效应。
- 哈希算法通常采用大质数作为模数，以最大化地保证哈希值均匀分布，减少哈希冲突。
- 常见的哈希算法包括 MD5、SHA-1、SHA-2 和 SHA-3 等。MD5 常用于校验文件完整性，SHA-2 常用于安全应用与协议。
- 编程语言通常会为数据类型提供内置哈希算法，用于计算哈希表中的桶索引。通常情况下，只有不可变对象是可哈希的。

2. 思考题

Q：哈希表的时间复杂度在什么情况下是 $O(n)$？

A：当哈希冲突比较严重时，哈希表的时间复杂度会退化至 $O(n)$。当哈希函数设计得比较好、容量设置比较合理、冲突比较平均时，时间复杂度是 $O(1)$。我们使用编程语言内置的哈希表时，通常认为时间复杂度是 $O(1)$。

Q：为什么不使用哈希函数 $f(x) = x$ 呢？这样就不会有冲突了。

A：在 $f(x) = x$ 哈希函数下，每个元素对应唯一的桶索引，这与数组等价。然而，输入空间通常远大于输出空间（数组长度），因此哈希函数的最后一步往往是对数组长度取模。换句话说，哈希表的目标是将一个较大的状态空间映射到一个较小的空间，并提供 $O(1)$ 的查询效率。

Q：哈希表底层实现是数组、链表、二叉树，但为什么效率可以比它们更高呢？

A：首先，哈希表的时间效率变高，但空间效率变低了。哈希表有相当一部分内存未使用。

其次，只是在特定使用场景下时间效率变高了。如果一个功能能够在相同的时间复杂度下使用数组或链表实现，那么通常比哈希表更快。这是因为哈希函数计算需要开销，时间复杂度的常数项更大。

最后，哈希表的时间复杂度可能发生劣化。例如在链式地址中，我们采取在链表或红黑树中执行查找操作，仍然有退化至 $O(n)$ 时间的风险。

Q：多次哈希有不能直接删除元素的缺陷吗？标记为已删除的空间还能再次使用吗？

A：多次哈希是开放寻址的一种，开放寻址法都有不能直接删除元素的缺陷，需要通过标记删除。标记为已删除的空间可以再次使用。当将新元素插入哈希表，并且通过哈希函数找到标记为已删除的位置时，该位置可以被新元素使用。这样做既能保持哈希表的探测序列不变，又能保证哈希表的空间使用率。

Q：为什么在线性探测中，查找元素的时候会出现哈希冲突呢？

A：查找的时候通过哈希函数找到对应的桶和键值对，发现 key 不匹配，这就代表有哈希冲突。因此，线性探测法会根据预先设定的步长依次向下查找，直至找到正确的键值对或无法找到跳出为止。

Q：为什么哈希表扩容能够缓解哈希冲突？

A：哈希函数的最后一步往往是对数组长度 n 取模（取余），让输出值落在数组索引范围内；在扩容后，数组长度 n 发生变化，而 key 对应的索引也可能发生变化。原先落在同一个桶的多个 key，在扩容后可能会被分配到多个桶中，从而实现哈希冲突的缓解。

第 7 章　树

参天大树充满生命力，根深叶茂，分枝扶疏。

它为我们展现了数据分治的生动形态。

7.1　二叉树

二叉树（binary tree）是一种非线性数据结构，代表"祖先"与"后代"之间的派生关系，体现了"一分为二"的分治逻辑。与链表类似，二叉树的基本单元是节点，每个节点包含值、左子节点引用和右子节点引用。

```
class TreeNode:
    """二叉树节点类"""
    def __init__(self, val: int):
        self.val: int = val                      # 节点值
        self.left: TreeNode | None = None        # 左子节点引用
        self.right: TreeNode | None = None       # 右子节点引用
```

每个节点都有两个引用（指针），分别指向**左子节点**（left-child node）和**右子节点**（right-child node），该节点被称为这两个子节点的**父节点**（parent node）。当给定一个二叉树的节点时，我们将该节点的左子节点及其以下节点形成的树称为该节点的**左子树**（left subtree），同理可得**右子树**（right subtree）。

在二叉树中，除叶节点外，其他所有节点都包含子节点和非空子树。如图 7-1 所示，如果将"节点 2"视为父节点，则其左子节点和右子节点分别是"节点 4"和"节点 5"，左子树是"节点 4 及其以下节点形成的树"，右子树是"节点 5 及其以下节点形成的树"。

7.1.1　二叉树常见术语

二叉树的常用术语如图 7-2 所示。

- **根节点**（root node）：位于二叉树顶层的节点，没有父节点。
- **叶节点**（leaf node）：没有子节点的节点，其两个指针均指向 None。
- **边**（edge）：连接两个节点的线段，即节点引用（指针）。
- **节点所在的层**（level）：从顶至底递增，根节点所在层为 1。

- 节点的度（degree）：节点的子节点的数量。在二叉树中，度的取值范围是 0、1、2。
- 二叉树的高度（height）：从根节点到最远叶节点所经过的边的数量。
- 节点的深度（depth）：从根节点到该节点所经过的边的数量。
- 节点的高度（height）：从距离该节点最远的叶节点到该节点所经过的边的数量。

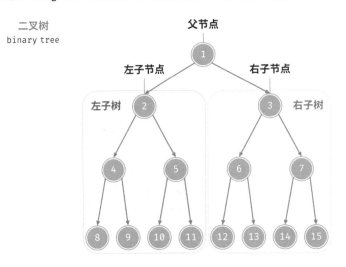

图 7-1　父节点、子节点、子树

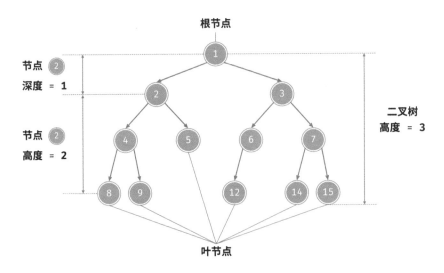

图 7-2　二叉树的常用术语

> ⓘ 请注意，我们通常将"高度"和"深度"定义为"经过的边的数量"，但有些题目或教材可能会将其定义为"经过的节点的数量"。在这种情况下，高度和深度都需要加 1 。

7.1.2 二叉树基本操作

1. 初始化二叉树

与链表类似，首先初始化节点，然后构建引用（指针）：

```python
# === File: binary_tree.py ===

# 初始化二叉树
# 初始化节点
n1 = TreeNode(val=1)
n2 = TreeNode(val=2)
n3 = TreeNode(val=3)
n4 = TreeNode(val=4)
n5 = TreeNode(val=5)
# 构建节点之间的引用（指针）
n1.left = n2
n1.right = n3
n2.left = n4
n2.right = n5
```

2. 插入与删除节点

与链表类似，在二叉树中插入与删除节点可以通过修改指针来实现。图 7-3 给出了一个示例。

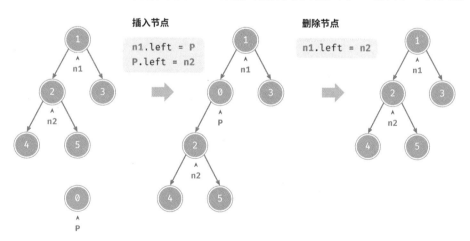

图 7-3　在二叉树中插入与删除节点

```
# === File: binary_tree.py ===

# 插入与删除节点
p = TreeNode(0)
# 在 n1 -> n2 中间插入节点 P
n1.left = p
p.left = n2
# 删除节点 P
n1.left = n2
```

> ⓘ 需要注意的是，插入节点可能会改变二叉树的原有逻辑结构，而删除节点通常意味着删除该节点及其所有子树。因此，在二叉树中，插入与删除通常是由一套操作配合完成的，以实现有实际意义的操作。

7.1.3　常见二叉树类型

1. 完美二叉树

如图 7-4 所示，**完美二叉树**（perfect binary tree）所有层的节点都被完全填满。在完美二叉树中，叶节点的度为 0，其余所有节点的度都为 2；若树的高度为 h，则节点总数为 $2^{h+1}-1$，呈现标准的指数级关系，反映了自然界中常见的细胞分裂现象。

> ⓘ 请注意，在中文社区中，完美二叉树常被称为**满二叉树**。

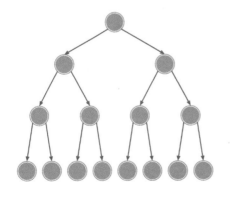

完美二叉树

perfect binary tree

（也被称为**满二叉树**）

所有层的节点都被填满

图 7-4　完美二叉树

2. 完全二叉树

如图 7-5 所示，**完全二叉树**（complete binary tree）只有最底层的节点未被填满，且最底层节点尽量靠左填充。

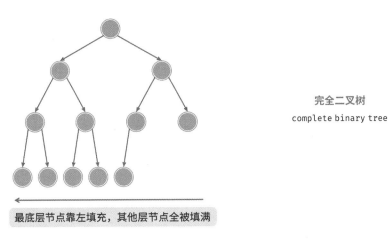

完全二叉树
complete binary tree

图 7-5 完全二叉树

3. 完满二叉树

如图 7-6 所示，**完满二叉树**（full binary tree）除了叶节点之外，其余所有节点都有两个子节点。

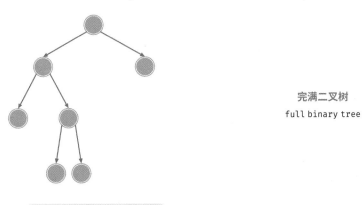

完满二叉树
full binary tree

图 7-6 完满二叉树

4. 平衡二叉树

如图 7-7 所示，**平衡二叉树**（balanced binary tree）中任意节点的左子树和右子树的高度之差的绝对值不超过 1。

133

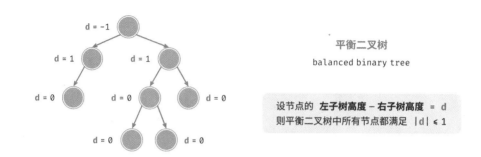

图 7-7　平衡二叉树

7.1.4　二叉树的退化

图 7-8 展示了二叉树的理想结构与退化结构。当二叉树的每层节点都被填满时，达到"完美二叉树"；而当所有节点都偏向一侧时，二叉树退化为"链表"。

- 完美二叉树是理想情况，可以充分发挥二叉树"分治"的优势。
- 链表则是另一个极端，各项操作都变为线性操作，时间复杂度退化至 $O(n)$。

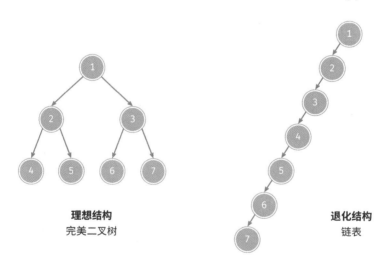

图 7-8　二叉树的最佳结构与最差结构

如表 7-1 所示，在最佳结构和最差结构下，二叉树的叶节点数量、节点总数、高度等达到极大值或极小值。

表 7-1 二叉树的最佳结构与最差结构

	完美二叉树	链 表
第 i 层的节点数量	2^{i-1}	1
高度为 h 的树的叶节点数量	2^h	1
高度为 h 的树的节点总数	$2^{h+1}-1$	$h+1$
节点总数为 n 的树的高度	$\log_2(n+1)-1$	$n-1$

7.2 二叉树遍历

从物理结构的角度来看，树是一种基于链表的数据结构，因此其遍历方式是通过指针逐个访问节点。然而，树是一种非线性数据结构，这使得遍历树比遍历链表更加复杂，需要借助搜索算法来实现。

二叉树常见的遍历方式包括层序遍历、前序遍历、中序遍历和后序遍历等。

7.2.1 层序遍历

如图 7-9 所示，**层序遍历**（level-order traversal）从顶部到底部逐层遍历二叉树，并在每一层按照从左到右的顺序访问节点。

层序遍历本质上属于**广度优先遍历**（breadth-first traversal），也称**广度优先搜索**（breadth-first search，BFS）。它体现了一种"一圈一圈向外扩展"的逐层遍历方式。

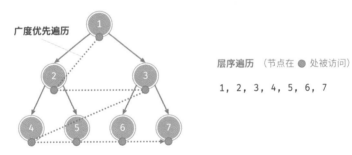

图 7-9 二叉树的层序遍历

1. 代码实现

广度优先遍历通常借助"队列"来实现。队列遵循"先进先出"的规则，而广度优先遍历则遵循"逐层推进"的规则，两者背后的思想是一致的。实现代码如下：

```
# === File: binary_tree_bfs.py ===

def level_order(root: TreeNode | None) -> list[int]:
    """ 层序遍历 """
```

```
# 初始化队列，加入根节点
queue: deque[TreeNode] = deque()
queue.append(root)
# 初始化一个列表，用于保存遍历序列
res = []
while queue:
    node: TreeNode = queue.popleft()  # 队列出队
    res.append(node.val)  # 保存节点值
    if node.left is not None:
        queue.append(node.left)  # 左子节点入队
    if node.right is not None:
        queue.append(node.right)  # 右子节点入队
return res
```

2. 复杂度分析

- **时间复杂度为 $O(n)$**：所有节点被访问一次，使用 $O(n)$ 时间，其中 n 为节点数量。
- **空间复杂度为 $O(n)$**：在最差情况下，即满二叉树时，遍历到最底层之前，队列中最多同时存在 $(n + 1) / 2$ 个节点，占用 $O(n)$ 空间。

7.2.2　前序、中序、后序遍历

相应地，前序、中序和后序遍历都属于**深度优先遍历**（depth-first traversal），也称**深度优先搜索**（depth-first search，DFS），它体现了一种"先走到尽头，再回溯继续"的遍历方式。

图 7-10 展示了对二叉树进行深度优先遍历的工作原理。**深度优先遍历就像是绕着整棵二叉树的外围"走"一圈**，在每个节点都会遇到三个位置，分别对应前序遍历、中序遍历和后序遍历。

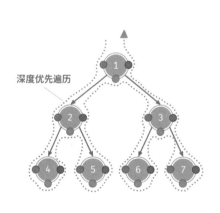

图 7-10　二叉搜索树的前序、中序、后序遍历

1. 代码实现

深度优先搜索通常基于递归实现：

```python
# === File: binary_tree_dfs.py ===

def pre_order(root: TreeNode | None):
    """ 前序遍历 """
    if root is None:
        return
    # 访问优先级：根节点 -> 左子树 -> 右子树
    res.append(root.val)
    pre_order(root=root.left)
    pre_order(root=root.right)

def in_order(root: TreeNode | None):
    """ 中序遍历 """
    if root is None:
        return
    # 访问优先级：左子树 -> 根节点 -> 右子树
    in_order(root=root.left)
    res.append(root.val)
    in_order(root=root.right)

def post_order(root: TreeNode | None):
    """ 后序遍历 """
    if root is None:
        return
    # 访问优先级：左子树 -> 右子树 -> 根节点
    post_order(root=root.left)
    post_order(root=root.right)
    res.append(root.val)
```

> ⓘ 深度优先搜索也可以基于迭代实现，有兴趣的读者可以自行研究。

图 7-11 展示了前序遍历二叉树的递归过程，其可分为"递"和"归"两个逆向的部分。

(1)"递"表示开启新方法，程序在此过程中访问下一个节点。

(2)"归"表示函数返回，代表当前节点已经访问完毕。

图 7-11　前序遍历的递归过程

2. 复杂度分析

- **时间复杂度为 $O(n)$**：所有节点被访问一次，使用 $O(n)$ 时间。
- **空间复杂度为 $O(n)$**：在最差情况下，即树退化为链表时，递归深度达到 n，系统占用 $O(n)$ 栈帧空间。

7.3　二叉树数组表示

在链表表示下，二叉树的存储单元为节点 TreeNode，节点之间通过指针相连接。上一节介绍了链表表示下的二叉树的各项基本操作。

那么，我们能否用数组来表示二叉树呢？答案是肯定的。

7.3.1　表示完美二叉树

先分析一个简单案例。给定一棵完美二叉树，我们将所有节点按照层序遍历的顺序存储在一个数组中，则每个节点都对应唯一的数组索引。

根据层序遍历的特性，我们可以推导出父节点索引与子节点索引之间的"映射公式"：**若某节点的索引为 i，则该节点的左子节点索引为 $2i+1$，右子节点索引为 $2i+2$。**图 7-12 展示了各个节点索引之间的映射关系。

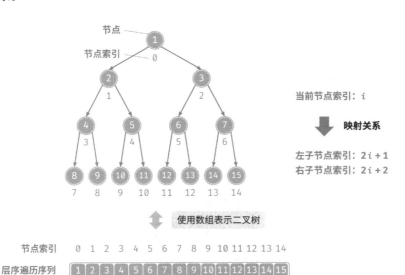

图 7-12　完美二叉树的数组表示

映射公式的角色相当于链表中的节点引用（指针）。给定数组中的任意一个节点，我们都可以通过映射公式来访问它的左（右）子节点。

7.3.2 表示任意二叉树

完美二叉树是一个特例，在二叉树的中间层通常存在许多 None。由于层序遍历序列并不包含这些 None，因此我们无法仅凭该序列来推测 None 的数量和分布位置。**这意味着存在多种二叉树结构都符合该层序遍历序列。**

如图 7-13 所示，给定一棵非完美二叉树，上述数组表示方法已经失效。

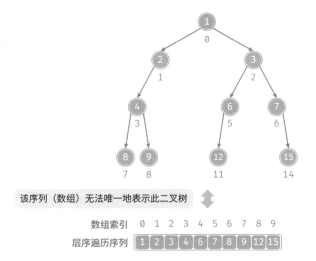

图 7-13 层序遍历序列对应多种二叉树可能性

为了解决此问题，**我们可以考虑在层序遍历序列中显式地写出所有 None**。如图 7-14 所示，这样处理后，层序遍历序列就可以唯一表示二叉树了。示例代码如下：

```
# 二叉树的数组表示
# 使用 None 来表示空位
tree = [1, 2, 3, 4, None, 6, 7, 8, 9, None, None, 12, None, None, 15]
```

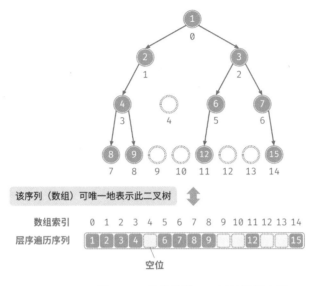

图 7-14　任意类型二叉树的数组表示

值得说明的是，**完全二叉树非常适合使用数组来表示**。回顾完全二叉树的定义，None 只出现在最底层且靠右的位置，**因此所有 None 一定出现在层序遍历序列的末尾**。

这意味着使用数组表示完全二叉树时，可以省略存储所有 None，非常方便。图 7-15 给出了一个例子。

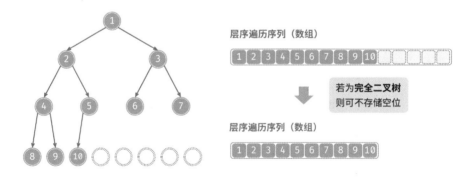

图 7-15　完全二叉树的数组表示

以下代码实现了一棵基于数组表示的二叉树，包括以下几种操作。

- 给定某节点，获取它的值、左（右）子节点、父节点。
- 获取前序遍历、中序遍历、后序遍历、层序遍历序列。

```python
# === File: array_binary_tree.py ===

class ArrayBinaryTree:
    """ 数组表示下的二叉树类 """

    def __init__(self, arr: list[int | None]):
        """ 构造方法 """
        self._tree = list(arr)

    def size(self):
        """ 列表容量 """
        return len(self._tree)

    def val(self, i: int) -> int:
        """ 获取索引为 i 节点的值 """
        # 若索引越界，则返回 None，代表空位
        if i < 0 or i >= self.size():
            return None
        return self._tree[i]

    def left(self, i: int) -> int | None:
        """ 获取索引为 i 节点的左子节点的索引 """
        return 2 * i + 1

    def right(self, i: int) -> int | None:
        """ 获取索引为 i 节点的右子节点的索引 """
        return 2 * i + 2

    def parent(self, i: int) -> int | None:
        """ 获取索引为 i 节点的父节点的索引 """
        return (i - 1) // 2

    def level_order(self) -> list[int]:
        """ 层序遍历 """
        self.res = []
        # 直接遍历数组
        for i in range(self.size()):
            if self.val(i) is not None:
                self.res.append(self.val(i))
        return self.res

    def dfs(self, i: int, order: str):
        """ 深度优先遍历 """
        if self.val(i) is None:
            return
        # 前序遍历
        if order == "pre":
            self.res.append(self.val(i))
        self.dfs(self.left(i), order)
        # 中序遍历
        if order == "in":
```

```
                self.res.append(self.val(i))
        self.dfs(self.right(i), order)
        # 后序遍历
        if order == "post":
            self.res.append(self.val(i))

    def pre_order(self) -> list[int]:
        """ 前序遍历 """
        self.res = []
        self.dfs(0, order="pre")
        return self.res

    def in_order(self) -> list[int]:
        """ 中序遍历 """
        self.res = []
        self.dfs(0, order="in")
        return self.res

    def post_order(self) -> list[int]:
        """ 后序遍历 """
        self.res = []
        self.dfs(0, order="post")
        return self.res
```

7.3.3　优点与局限性

二叉树的数组表示主要有以下优点。

- 数组存储在连续的内存空间中，对缓存友好，访问与遍历速度较快。
- 不需要存储指针，比较节省空间。
- 允许随机访问节点。

然而，数组表示也存在一些局限性。

- 数组存储需要连续内存空间，因此不适合存储数据量过大的树。
- 增删节点需要通过数组插入与删除操作实现，效率较低。
- 当二叉树中存在大量 None 时，数组中包含的节点数据比重较低，空间利用率较低。

7.4　二叉搜索树

如图 7-16 所示，**二叉搜索树**（binary search tree）满足以下条件。

(1) 对于根节点，左子树中所有节点的值 < 根节点的值 < 右子树中所有节点的值。
(2) 任意节点的左、右子树也是二叉搜索树，即同样满足条件 (1)。

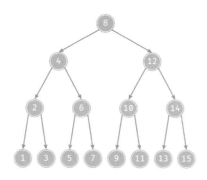

图 7-16　二叉搜索树

7.4.1　二叉搜索树的操作

我们将二叉搜索树封装为一个类 BinarySearchTree，并声明一个成员变量 root，指向树的根节点。

1. 查找节点

给定目标节点值 num，可以根据二叉搜索树的性质来查找。如图 7-17 所示，我们声明一个节点 cur，从二叉树的根节点 root 出发，循环比较节点值 cur.val 和 num 之间的大小关系。

- 若 cur.val < num，说明目标节点在 cur 的右子树中，因此执行 cur = cur.right。
- 若 cur.val > num，说明目标节点在 cur 的左子树中，因此执行 cur = cur.left。
- 若 cur.val = num，说明找到目标节点，跳出循环并返回该节点。

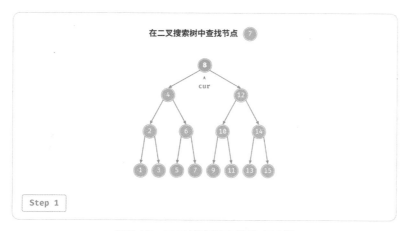

图 7-17　二叉搜索树查找节点示例

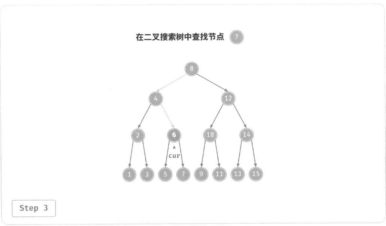

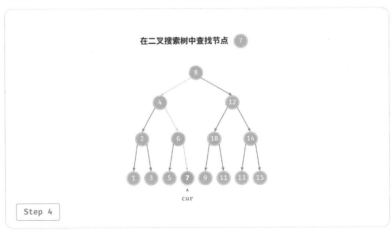

图 7-17　二叉搜索树查找节点示例（续）

二叉搜索树的查找操作与二分查找算法的工作原理一致，都是每轮排除一半情况。循环次数最多为二叉树的高度，当二叉树平衡时，使用 $O(\log n)$ 时间。示例代码如下：

```python
# === File: binary_search_tree.py ===

def search(self, num: int) -> TreeNode | None:
    """ 查找节点 """
    cur = self._root
    # 循环查找，越过叶节点后跳出
    while cur is not None:
        # 目标节点在 cur 的右子树中
        if cur.val < num:
            cur = cur.right
        # 目标节点在 cur 的左子树中
        elif cur.val > num:
            cur = cur.left
        # 找到目标节点，跳出循环
        else:
            break
    return cur
```

2. 插入节点

给定一个待插入元素 num，为了保持二叉搜索树"左子树 < 根节点 < 右子树"的性质，插入操作流程如图 7-18 所示。

(1) **查找插入位置**：与查找操作相似，从根节点出发，根据当前节点值和 num 的大小关系循环向下搜索，直到越过叶节点（遍历至 None）时跳出循环。

(2) **在该位置插入节点**：初始化节点 num，将该节点置于 None 的位置。

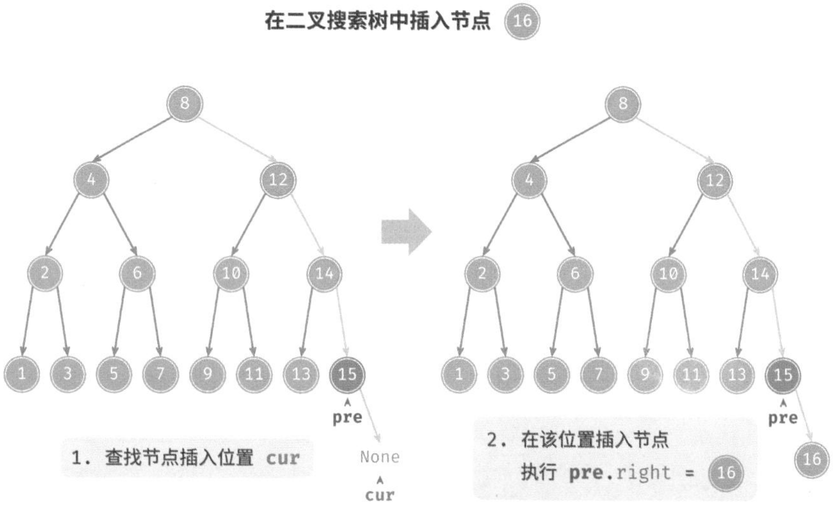

图 7-18 在二叉搜索树中插入节点

在代码实现中，需要注意以下两点。

- 二叉搜索树不允许存在重复节点，否则将违反其定义。因此，若待插入节点在树中已存在，则不执行插入，直接返回。
- 为了实现插入节点，我们需要借助节点 pre 保存上一轮循环的节点。这样在遍历至 None 时，我们可以获取到其父节点，从而完成节点插入操作。

```python
# === File: binary_search_tree.py ===

def insert(self, num: int):
    """ 插入节点 """
    # 若树为空，则初始化根节点
    if self._root is None:
        self._root = TreeNode(num)
        return
    # 循环查找，越过叶节点后跳出
    cur, pre = self._root, None
    while cur is not None:
        # 找到重复节点，直接返回
        if cur.val == num:
            return
        pre = cur
        # 插入位置在 cur 的右子树中
        if cur.val < num:
            cur = cur.right
        # 插入位置在 cur 的左子树中
        else:
            cur = cur.left
    # 插入节点
    node = TreeNode(num)
    if pre.val < num:
        pre.right = node
    else:
        pre.left = node
```

与查找节点相同，插入节点使用 $O(\log n)$ 时间。

3. 删除节点

先在二叉树中查找到目标节点，再将其删除。与插入节点类似，我们需要保证在删除操作完成后，二叉搜索树的"左子树 < 根节点 < 右子树"的性质仍然满足。因此，我们根据目标节点的子节点数量，分 0、1 和 2 三种情况，执行对应的删除节点操作。

如图 7-19 所示，当待删除节点的度为 0 时，表示该节点是叶节点，可以直接删除。

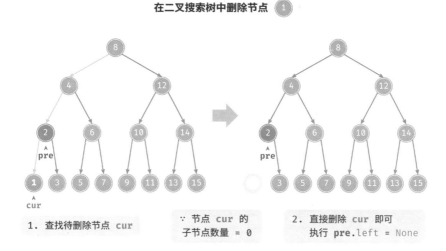

图 7-19 在二叉搜索树中删除节点（度为 0）

如图 7-20 所示，当待删除节点的度为 1 时，将待删除节点替换为其子节点即可。

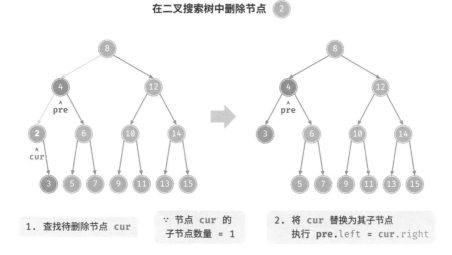

图 7-20 在二叉搜索树中删除节点（度为 1）

当待删除节点的度为 2 时，我们无法直接删除它，而需要使用一个节点替换该节点。由于要保持二叉搜索树"左子树 < 根节点 < 右子树"的性质，**因此这个节点可以是右子树的最小节点或左子树的最大节点**。

假设我们选择右子树的最小节点（中序遍历的下一个节点），则删除操作流程如图 7-21 所示。

147

(1) 找到待删除节点在"中序遍历序列"中的下一个节点，记为 tmp。

(2) 用 tmp 的值覆盖待删除节点的值，并在树中递归删除节点 tmp。

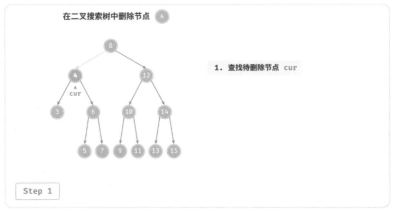

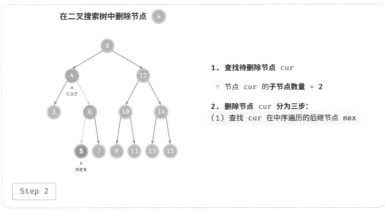

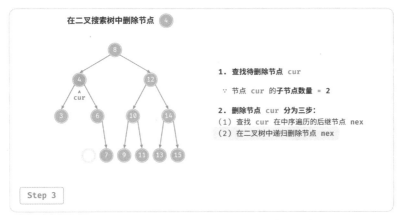

图 7-21　在二叉搜索树中删除节点（度为 2）

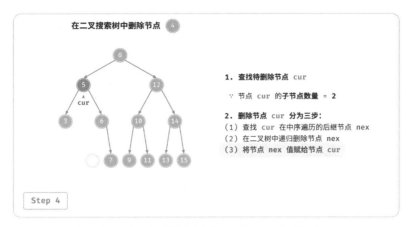

图 7-21　在二叉搜索树中删除节点（度为 2）（续）

删除节点操作同样使用 $O(\log n)$ 时间，其中查找待删除节点需要 $O(\log n)$ 时间，获取中序遍历后继节点需要 $O(\log n)$ 时间。示例代码如下：

```python
# === File: binary_search_tree.py ===

def remove(self, num: int):
    """ 删除节点 """
    # 若树为空，直接提前返回
    if self._root is None:
        return
    # 循环查找，越过叶节点后跳出
    cur, pre = self._root, None
    while cur is not None:
        # 找到待删除节点，跳出循环
        if cur.val == num:
            break
        pre = cur
        # 待删除节点在 cur 的右子树中
        if cur.val < num:
            cur = cur.right
        # 待删除节点在 cur 的左子树中
        else:
            cur = cur.left
    # 若无待删除节点，则直接返回
    if cur is None:
        return

    # 子节点数量 = 0 or 1
    if cur.left is None or cur.right is None:
        # 当子节点数量 = 0 / 1 时，child = null / 该子节点
        child = cur.left or cur.right
        # 删除节点 cur
        if cur != self._root:
```

```
            if pre.left == cur:
                pre.left = child
            else:
                pre.right = child
        else:
            # 若删除节点为根节点，则重新指定根节点
            self._root = child
    # 子节点数量 = 2
    else:
        # 获取中序遍历中 cur 的下一个节点
        tmp: TreeNode = cur.right
        while tmp.left is not None:
            tmp = tmp.left
        # 递归删除节点 tmp
        self.remove(tmp.val)
        # 用 tmp 覆盖 cur
        cur.val = tmp.val
```

4. 中序遍历有序

如图 7-22 所示，二叉树的中序遍历遵循"左 → 根 → 右"的遍历顺序，而二叉搜索树满足"左子节点 < 根节点 < 右子节点"的大小关系。

这意味着在二叉搜索树中进行中序遍历时，总是会优先遍历下一个最小节点，从而得出一个重要性质：**二叉搜索树的中序遍历序列是升序的。**

利用中序遍历升序的性质，我们在二叉搜索树中获取有序数据仅需 $O(n)$ 时间，无须进行额外的排序操作，非常高效。

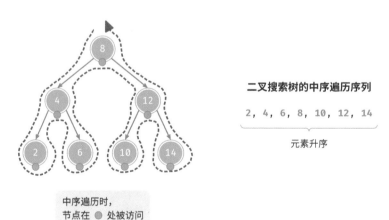

图 7-22　二叉搜索树的中序遍历序列

7.4.2　二叉搜索树的效率

给定一组数据，我们考虑使用数组或二叉搜索树存储。观察表 7-2，二叉搜索树的各项操作的时间复杂度都是对数阶，具有稳定且高效的性能。只有在高频添加、低频查找删除数据的场景下，数组比二叉搜索树的效率更高。

表 7-2　数组与搜索树的效率对比

	无序数组	二叉搜索树
查找元素	$O(n)$	$O(\log n)$
插入元素	$O(1)$	$O(\log n)$
删除元素	$O(n)$	$O(\log n)$

在理想情况下，二叉搜索树是"平衡"的，这样就可以在 $\log n$ 轮循环内查找任意节点。

然而，如果我们在二叉搜索树中不断地插入和删除节点，可能导致二叉树退化为图 7-23 所示的链表，这时各种操作的时间复杂度也会退化为 $O(n)$。

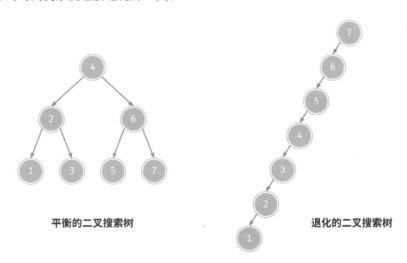

平衡的二叉搜索树　　　　　　　　退化的二叉搜索树

图 7-23　二叉搜索树退化

7.4.3　二叉搜索树常见应用

- 用作系统中的多级索引，实现高效的查找、插入、删除操作。
- 作为某些搜索算法的底层数据结构。
- 用于存储数据流，以保持其有序状态。

7.5　AVL 树[*]

在 7.4 节中我们提到，在多次插入和删除操作后，二叉搜索树可能退化为链表。在这种情况下，所有操作的时间复杂度将从 $O(\log n)$ 劣化为 $O(n)$。

如图 7-24 所示，经过两次删除节点操作，这棵二叉搜索树便会退化为链表。

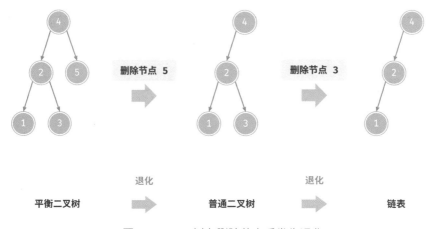

图 7-24　AVL 树在删除节点后发生退化

再例如，在图 7-25 所示的完美二叉树中插入两个节点后，树将严重向左倾斜，查找操作的时间复杂度也随之劣化。

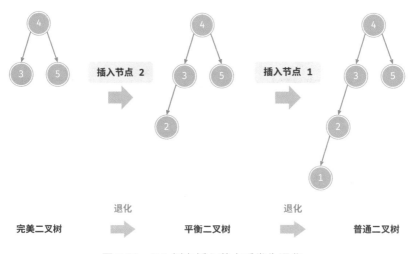

图 7-25　AVL 树在插入节点后发生退化

1962 年 G. M. Adelson-Velsky 和 E. M. Landis 在论文 "An algorithm for the organization of information" 中提出了 AVL 树。论文中详细描述了一系列操作，确保在持续添加和删除节点后，AVL 树不会退化，从而使得各种操作的时间复杂度保持在 $O(\log n)$ 级别。换句话说，在需要频繁进行增删查改操作的场景中，AVL 树能始终保持高效的数据操作性能，具有很好的应用价值。

7.5.1 AVL 树常见术语

AVL 树既是二叉搜索树，也是平衡二叉树，同时满足这两类二叉树的所有性质，因此是一种**平衡二叉搜索树**（balanced binary search tree）。

1. 节点高度

由于 AVL 树的相关操作需要获取节点高度，因此我们需要为节点类添加 `height` 变量：

```python
class TreeNode:
    """AVL 树节点类"""
    def __init__(self, val: int):
        self.val: int = val                    # 节点值
        self.height: int = 0                   # 节点高度
        self.left: TreeNode | None = None      # 左子节点引用
        self.right: TreeNode | None = None     # 右子节点引用
```

"节点高度"是指从该节点到它的最远叶节点的距离，即所经过的"边"的数量。需要特别注意的是，叶节点的高度为 0，而空节点的高度为 −1。我们将创建两个工具函数，分别用于获取和更新节点的高度：

```python
# === File: avl_tree.py ===

def height(self, node: TreeNode | None) -> int:
    """ 获取节点高度 """
    # 空节点高度为 -1, 叶节点高度为 0
    if node is not None:
        return node.height
    return -1

def update_height(self, node: TreeNode | None):
    """ 更新节点高度 """
    # 节点高度等于最高子树高度 + 1
    node.height = max([self.height(node.left), self.height(node.right)]) + 1
```

2. 节点平衡因子

节点的**平衡因子**（balance factor）定义为节点左子树的高度减去右子树的高度，同时规定空节点的平衡因子为 0。我们同样将获取节点平衡因子的功能封装成函数，方便后续使用：

```
# === File: avl_tree.py ===

def balance_factor(self, node: TreeNode | None) -> int:
    """ 获取平衡因子 """
    # 空节点平衡因子为 0
    if node is None:
        return 0
    # 节点平衡因子 = 左子树高度 - 右子树高度
    return self.height(node.left) - self.height(node.right)
```

> ℹ️ 设平衡因子为 f，则一棵 AVL 树的任意节点的平衡因子皆满足 $-1 \leqslant f \leqslant 1$。

7.5.2　AVL 树旋转

AVL 树的特点在于"旋转"操作，它能够在不影响二叉树的中序遍历序列的前提下，使失衡节点重新恢复平衡。换句话说，**旋转操作既能保持"二叉搜索树"的性质，也能使树重新变为"平衡二叉树"**。

我们将平衡因子绝对值 >1 的节点称为"失衡节点"。根据节点失衡情况的不同，旋转操作分为四种：右旋、左旋、先右旋后左旋、先左旋后右旋。下面详细介绍这些旋转操作。

1. 右旋

如图 7-26 所示，节点下方为平衡因子。从底至顶看，二叉树中首个失衡节点是"节点 3"。我们关注以该失衡节点为根节点的子树，将该节点记为 node，其左子节点记为 child，执行"右旋"操作。完成右旋后，子树恢复平衡，并且仍然保持二叉搜索树的性质。

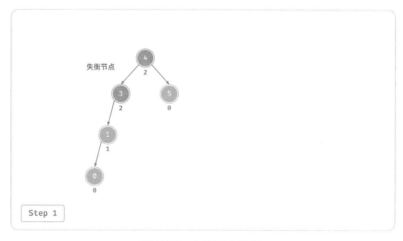

图 7-26　右旋操作步骤

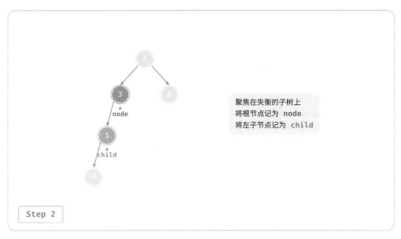

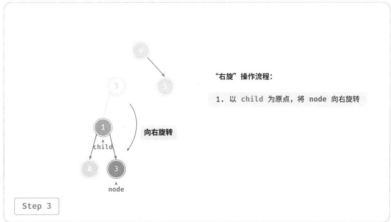

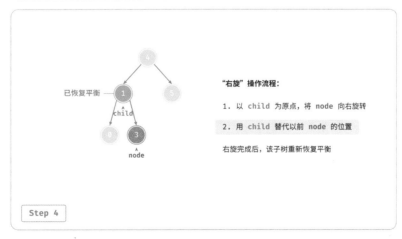

图 7-26 右旋操作步骤（续）

如图 7-27 所示，当节点 child 有右子节点（记为 grand_child ）时，需要在右旋中添加一步：将
grand_child 作为 node 的左子节点。

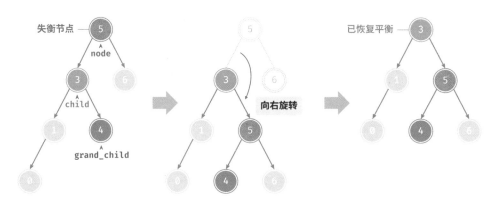

图 7-27　有 grand_child 的右旋操作

"向右旋转"是一种形象化的说法，实际上需要通过修改节点指针来实现，代码如下所示：

```python
# === File: avl_tree.py ===

def right_rotate(self, node: TreeNode | None) -> TreeNode | None:
    """ 右旋操作 """
    child = node.left
    grand_child = child.right
    # 以 child 为原点，将 node 向右旋转
    child.right = node
    node.left = grand_child
    # 更新节点高度
    self.update_height(node)
    self.update_height(child)
    # 返回旋转后子树的根节点
    return child
```

2. 左旋

相应地，如果考虑上述失衡二叉树的"镜像"，则需要执行图 7-28 所示的"左旋"操作。

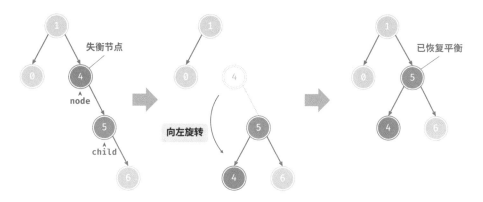

图 7-28　左旋操作

同理，如图 7-29 所示，当节点 child 有左子节点（记为 grand_child）时，需要在左旋中添加一步：将 grand_child 作为 node 的右子节点。

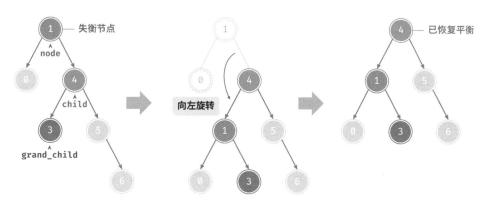

图 7-29　有 grand_child 的左旋操作

可以观察到，**右旋和左旋操作在逻辑上是镜像对称的，它们分别解决的两种失衡情况也是对称的**。基于对称性，我们只需将右旋的实现代码中的所有的 left 替换为 right，将所有的 right 替换为 left，即可得到左旋的实现代码：

```python
# === File: avl_tree.py ===

def left_rotate(self, node: TreeNode | None) -> TreeNode | None:
    """ 左旋操作 """
    child = node.right
    grand_child = child.left
    # 以 child 为原点，将 node 向左旋转
    child.left = node
```

```
node.right = grand_child
# 更新节点高度
self.update_height(node)
self.update_height(child)
# 返回旋转后子树的根节点
return child
```

3. 先左旋后右旋

对于图 7-30 中的失衡节点 3，仅使用左旋或右旋都无法使子树恢复平衡。此时需要先对 child 执行"左旋"，再对 node 执行"右旋"。

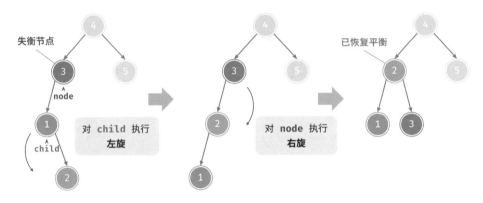

图 7-30 先左旋后右旋

4. 先右旋后左旋

如图 7-31 所示，对于上述失衡二叉树的镜像情况，需要先对 child 执行"右旋"，再对 node 执行"左旋"。

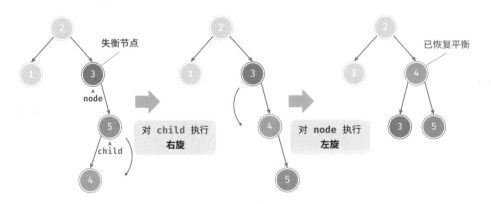

图 7-31 先右旋后左旋

5. 旋转的选择

图 7-32 展示的四种失衡情况与上述案例逐个对应，分别需要采用右旋、左旋、先左旋后右旋、先右旋后左旋的操作。

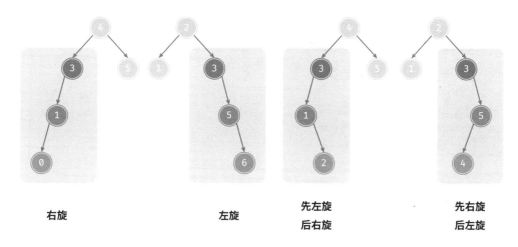

图 7-32 AVL 树的四种旋转情况

如表 7-3 所示，我们通过判断失衡节点的平衡因子以及较高一侧子节点的平衡因子的正负号，来确定失衡节点属于图 7-32 中的哪种情况。

表 7-3 四种旋转情况的选择条件

失衡节点的平衡因子	子节点的平衡因子	应采用的旋转方法
> 1（左偏树）	≥ 0	右旋
> 1（左偏树）	< 0	先左旋后右旋
< −1（右偏树）	≤ 0	左旋
< −1（右偏树）	> 0	先右旋后左旋

为了便于使用，我们将旋转操作封装成一个函数。**有了这个函数，我们就能对各种失衡情况进行旋转，使失衡节点重新恢复平衡**。代码如下所示：

```python
# === File: avl_tree.py ===

def rotate(self, node: TreeNode | None) -> TreeNode | None:
    """ 执行旋转操作，使该子树重新恢复平衡 """
    # 获取节点 node 的平衡因子
    balance_factor = self.balance_factor(node)
    # 左偏树
    if balance_factor > 1:
        if self.balance_factor(node.left) >= 0:
```

```
            # 右旋
            return self.right_rotate(node)
        else:
            # 先左旋后右旋
            node.left = self.left_rotate(node.left)
            return self.right_rotate(node)
    # 右偏树
    elif balance_factor < -1:
        if self.balance_factor(node.right) <= 0:
            # 左旋
            return self.left_rotate(node)
        else:
            # 先右旋后左旋
            node.right = self.right_rotate(node.right)
            return self.left_rotate(node)
    # 平衡树，无须旋转，直接返回
    return node
```

7.5.3　AVL 树常用操作

1. 插入节点

AVL 树的节点插入操作与二叉搜索树在主体上类似。唯一的区别在于，在 AVL 树中插入节点后，从该节点到根节点的路径上可能会出现一系列失衡节点。因此，**我们需要从这个节点开始，自底向上执行旋转操作，使所有失衡节点恢复平衡**。代码如下所示：

```
# === File: avl_tree.py ===

def insert(self, val):
    """ 插入节点 """
    self._root = self.insert_helper(self._root, val)

def insert_helper(self, node: TreeNode | None, val: int) -> TreeNode:
    """ 递归插入节点（辅助方法）"""
    if node is None:
        return TreeNode(val)
    # 1. 查找插入位置并插入节点
    if val < node.val:
        node.left = self.insert_helper(node.left, val)
    elif val > node.val:
        node.right = self.insert_helper(node.right, val)
    else:
        # 重复节点不插入，直接返回
        return node
    # 更新节点高度
    self.update_height(node)
    # 2. 执行旋转操作，使该子树重新恢复平衡
    return self.rotate(node)
```

2. 删除节点

类似地，在二叉搜索树的删除节点方法的基础上，需要从底至顶执行旋转操作，使所有失衡节点恢复平衡。代码如下所示：

```python
# === File: avl_tree.py ===

def remove(self, val: int):
    """删除节点"""
    self._root = self.remove_helper(self._root, val)

def remove_helper(self, node: TreeNode | None, val: int) -> TreeNode | None:
    """递归删除节点（辅助方法）"""
    if node is None:
        return None
    # 1. 查找节点并删除
    if val < node.val:
        node.left = self.remove_helper(node.left, val)
    elif val > node.val:
        node.right = self.remove_helper(node.right, val)
    else:
        if node.left is None or node.right is None:
            child = node.left or node.right
            # 子节点数量 = 0, 直接删除 node 并返回
            if child is None:
                return None
            # 子节点数量 = 1, 直接删除 node
            else:
                node = child
        else:
            # 子节点数量 = 2, 则将中序遍历的下个节点删除, 并用该节点替换当前节点
            temp = node.right
            while temp.left is not None:
                temp = temp.left
            node.right = self.remove_helper(node.right, temp.val)
            node.val = temp.val
    # 更新节点高度
    self.update_height(node)
    # 2. 执行旋转操作, 使该子树重新恢复平衡
    return self.rotate(node)
```

3. 查找节点

AVL 树的节点查找操作与二叉搜索树一致，在此不再赘述。

7.5.4 AVL 树典型应用

- 组织和存储大型数据，适用于高频查找、低频增删的场景。
- 用于构建数据库中的索引系统。

- 红黑树也是一种常见的平衡二叉搜索树。相较于 AVL 树，红黑树的平衡条件更宽松，插入与删除节点所需的旋转操作更少，节点增删操作的平均效率更高。

7.6 小结

1. 重点回顾

- 二叉树是一种非线性数据结构，体现"一分为二"的分治逻辑。每个二叉树节点包含一个值以及两个指针，分别指向其左子节点和右子节点。
- 对于二叉树中的某个节点，其左（右）子节点及其以下形成的树被称为该节点的左（右）子树。
- 二叉树的相关术语包括根节点、叶节点、层、度、边、高度和深度等。
- 二叉树的初始化、节点插入和节点删除操作与链表操作方法类似。
- 常见的二叉树类型有完美二叉树、完全二叉树、完满二叉树和平衡二叉树。完美二叉树是最理想的状态，而链表是退化后的最差状态。
- 二叉树可以用数组表示，方法是将节点值和空位按层序遍历顺序排列，并根据父节点与子节点之间的索引映射关系来实现指针。
- 二叉树的层序遍历是一种广度优先搜索方法，它体现了"一圈一圈向外扩展"的逐层遍历方式，通常通过队列来实现。
- 前序、中序、后序遍历皆属于深度优先搜索，它们体现了"先走到尽头，再回溯继续"的遍历方式，通常使用递归来实现。
- 二叉搜索树是一种高效的元素查找数据结构，其查找、插入和删除操作的时间复杂度均为 $O(\log n)$。当二叉搜索树退化为链表时，各项时间复杂度会劣化至 $O(n)$。
- AVL 树，也称平衡二叉搜索树，它通过旋转操作确保在不断插入和删除节点后树仍然保持平衡。
- AVL 树的旋转操作包括右旋、左旋、先右旋再左旋、先左旋再右旋。在插入或删除节点后，AVL 树会从底向顶执行旋转操作，使树重新恢复平衡。

2. 思考题

Q：对于只有一个节点的二叉树，树的高度和根节点的深度都是 0 吗？

A：是的，因为高度和深度通常定义为"经过的边的数量"。

Q：二叉树中的插入与删除一般由一套操作配合完成，这里的"一套操作"指什么呢？可以理解为资源的子节点的资源释放吗？

A：拿二叉搜索树来举例，删除节点操作要分三种情况处理，其中每种情况都需要进行多个步骤的节点操作。

Q：为什么 DFS 遍历二叉树有前、中、后三种顺序，分别有什么用呢？

A：与顺序和逆序遍历数组类似，前序、中序、后序遍历是三种二叉树遍历方法，我们可以使用它们得到一个特定顺序的遍历结果。例如在二叉搜索树中，由于节点大小满足 **左子节点值 < 根节点值 < 右子节点值**，因此我们只要按照 **左 → 根 → 右** 的优先级遍历树，就可以获得有序的节点序列。

Q：右旋操作是处理失衡节点 node、child、grand_child 之间的关系，那 node 的父节点和 node 原来的连接不需要维护吗？右旋操作后岂不是断掉了？

A：我们需要从递归的视角来看这个问题。右旋操作 `right_rotate(root)` 传入的是子树的根节点，最终 `return child` 返回旋转之后的子树的根节点。子树的根节点和其父节点的连接是在该函数返回后完成的，不属于右旋操作的维护范围。

Q：在 C++ 中，函数被划分到 private 和 public 中，这方面有什么考量吗？为什么要将 `height()` 函数和 `updateHeight()` 函数分别放在 public 和 private 中呢？

A：主要看方法的使用范围，如果方法只在类内部使用，那么就设计为 private。例如，用户单独调用 `updateHeight()` 是没有意义的，它只是插入、删除操作中的一步。而 `height()` 是访问节点高度，类似于 `vector.size()`，因此设置成 public 以便使用。

Q：如何从一组输入数据构建一棵二叉搜索树？根节点的选择是不是很重要？

A：是的，构建树的方法已在二叉搜索树代码中的 `build_tree()` 方法中给出。至于根节点的选择，我们通常会将输入数据排序，然后将中点元素作为根节点，再递归地构建左右子树。这样做可以最大程度保证树的平衡性。

Q：在 Java 中，字符串对比是否一定要用 `equals()` 方法？

A：在 Java 中，对于基本数据类型，`==` 用于对比两个变量的值是否相等。对于引用类型，两种符号的工作原理是不同的。

- `==`：用来比较两个变量是否指向同一个对象，即它们在内存中的位置是否相同。
- `equals()`：用来对比两个对象的值是否相等。

因此，如果要对比值，我们应该使用 `equals()`。然而，通过 `String a = "hi"; String b = "hi";` 初始化的字符串都存储在字符串常量池中，它们指向同一个对象，因此也可以用 `a == b` 来比较两个字符串的内容。

Q：广度优先遍历到最底层之前，队列中的节点数量是 2^h 吗？

A：是的，例如高度 $h = 2$ 的满二叉树，其节点总数 $n = 7$，则底层节点数量 $4 = 2^h = (n + 1) / 2$。

第 8 章　堆

> 堆就像是山岳峰峦，层叠起伏、形态各异。
>
> 座座山峰高低错落，而最高的山峰总是最先映入眼帘。

8.1　堆

堆（heap）是一种满足特定条件的完全二叉树，主要可分为两种类型，如图 8-1 所示。

- 小顶堆（min heap）：任意节点的值 ≤ 其子节点的值。
- 大顶堆（max heap）：任意节点的值 ≥ 其子节点的值。

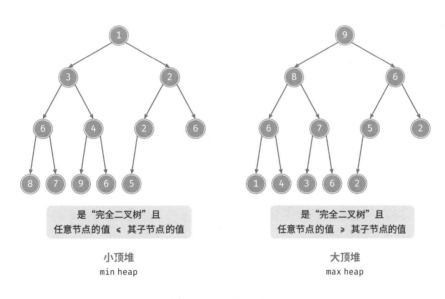

图 8-1　小顶堆与大顶堆

堆作为完全二叉树的一个特例，具有以下特性。

- 最底层节点靠左填充，其他层的节点都被填满。
- 我们将二叉树的根节点称为"堆顶"，将底层最靠右的节点称为"堆底"。

- 对于大顶堆（小顶堆），堆顶元素（根节点）的值是最大（最小）的。

8.1.1　堆的常用操作

需要指出的是，许多编程语言提供的是**优先队列**（priority queue），这是一种抽象的数据结构，定义为具有优先级排序的队列。

实际上，**堆通常用于实现优先队列，大顶堆相当于元素按从大到小的顺序出队的优先队列**。从使用角度来看，我们可以将"优先队列"和"堆"看作等价的数据结构。因此，本书对两者不做特别区分，统一称作"堆"。

堆的常用操作见表 8-1，方法名需要根据编程语言来确定。

表 8-1　堆的操作效率

方 法 名	描　述	时间复杂度
push()	元素入堆	$O(\log n)$
pop()	堆顶元素出堆	$O(\log n)$
peek()	访问堆顶元素（对于大 / 小顶堆分别为最大 / 小值）	$O(1)$
size()	获取堆的元素数量	$O(1)$
isEmpty()	判断堆是否为空	$O(1)$

在实际应用中，我们可以直接使用编程语言提供的堆类（或优先队列类）。

类似于排序算法中的"从小到大排列"和"从大到小排列"，我们可以通过设置一个 **flag** 或修改 **Comparator** 实现"小顶堆"与"大顶堆"之间的转换。代码如下所示：

```python
# === File: heap.py ===

# 初始化小顶堆
min_heap, flag = [], 1
# 初始化大顶堆
max_heap, flag = [], -1

# Python 的 heapq 模块默认实现小顶堆
# 考虑将"元素取负"后再入堆，这样就可以将大小关系颠倒，从而实现大顶堆
# 在本示例中，flag = 1 时对应小顶堆，flag = -1 时对应大顶堆

# 元素入堆
heapq.heappush(max_heap, flag * 1)
heapq.heappush(max_heap, flag * 3)
heapq.heappush(max_heap, flag * 2)
heapq.heappush(max_heap, flag * 5)
heapq.heappush(max_heap, flag * 4)
```

```
# 获取堆顶元素
peek: int = flag * max_heap[0]  # 5

# 堆顶元素出堆
# 出堆元素会形成一个从大到小的序列
val = flag * heapq.heappop(max_heap)  # 5
val = flag * heapq.heappop(max_heap)  # 4
val = flag * heapq.heappop(max_heap)  # 3
val = flag * heapq.heappop(max_heap)  # 2
val = flag * heapq.heappop(max_heap)  # 1

# 获取堆大小
size: int = len(max_heap)

# 判断堆是否为空
is_empty: bool = not max_heap

# 输入列表并建堆
min_heap: list[int] = [1, 3, 2, 5, 4]
heapq.heapify(min_heap)
```

8.1.2　堆的实现

下文实现的是大顶堆。若要将其转换为小顶堆，只需将所有大小逻辑判断取逆（例如，将 ≥ 替换为 ≤）。感兴趣的读者可以自行实现。

1. 堆的存储与表示

第 7 章讲过，完全二叉树非常适合用数组来表示。由于堆正是一种完全二叉树，因此**我们将采用数组来存储堆**。

当使用数组表示二叉树时，元素代表节点值，索引代表节点在二叉树中的位置。**节点指针通过索引映射公式来实现**。

如图 8-2 所示，给定索引 i，其左子节点的索引为 $2i + 1$，右子节点的索引为 $2i + 2$，父节点的索引为 $(i - 1) / 2$（向下整除）。当索引越界时，表示空节点或节点不存在。

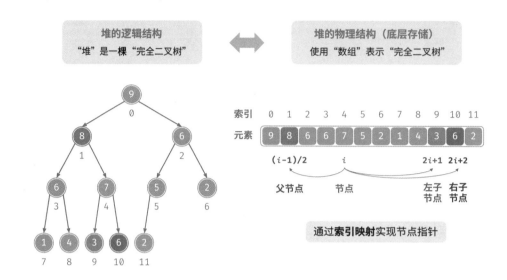

图 8-2　堆的表示与存储

我们可以将索引映射公式封装成函数，方便后续使用：

```python
# === File: my_heap.py ===

def left(self, i: int) -> int:
    """ 获取左子节点的索引 """
    return 2 * i + 1

def right(self, i: int) -> int:
    """ 获取右子节点的索引 """
    return 2 * i + 2

def parent(self, i: int) -> int:
    """ 获取父节点的索引 """
    return (i - 1) // 2  # 向下整除
```

2. 访问堆顶元素

堆顶元素即为二叉树的根节点，也就是列表的首个元素：

```python
# === File: my_heap.py ===

def peek(self) -> int:
    """ 访问堆顶元素 """
    return self.max_heap[0]
```

3. 元素入堆

给定元素 val，我们首先将其添加到堆底。添加之后，由于 val 可能大于堆中其他元素，堆的成立条件可能已被破坏，**因此需要修复从插入节点到根节点的路径上的各个节点**，这个操作被称为**堆化**（heapify）。

考虑从入堆节点开始，**从底至顶执行堆化**。如图 8-3 所示，我们比较插入节点与其父节点的值，如果插入节点更大，则将它们交换。然后继续执行此操作，从底至顶修复堆中的各个节点，直至越过根节点或遇到无须交换的节点时结束。

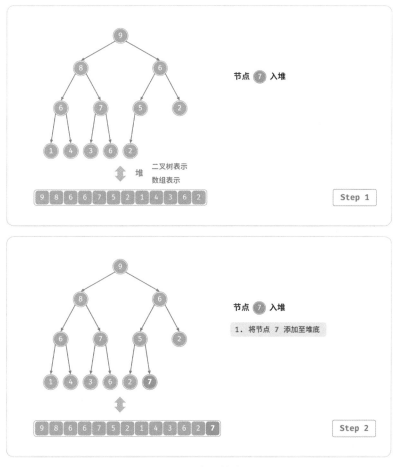

图 8-3　元素入堆步骤

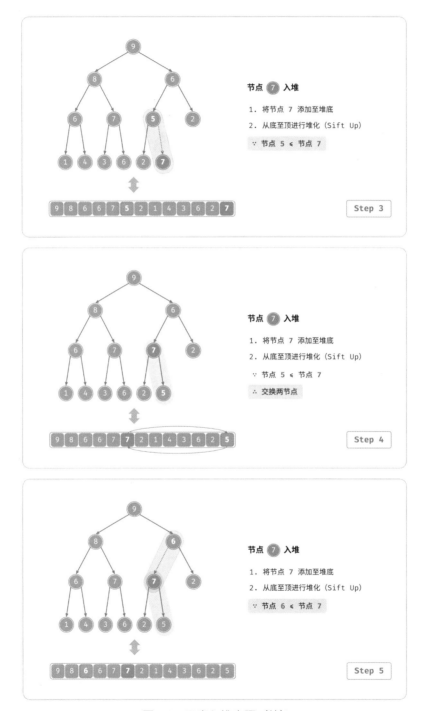

图8-3　元素入堆步骤（续）

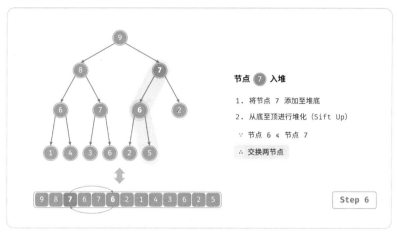

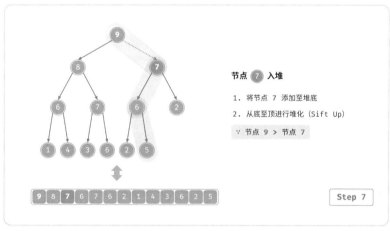

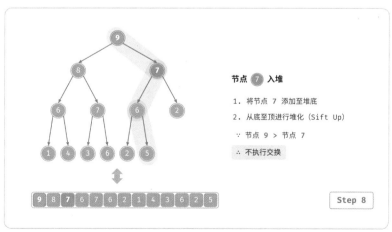

图 8-3　元素入堆步骤（续）

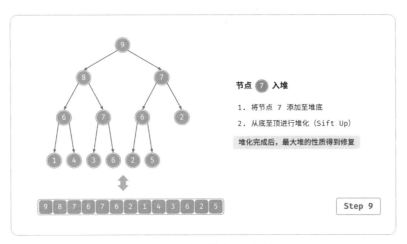

图 8-3　元素入堆步骤（续）

设节点总数为 n，则树的高度为 $O(\log n)$。由此可知，堆化操作的循环轮数最多为 $O(\log n)$，**元素入堆操作的时间复杂度为 $O(\log n)$**。代码如下所示：

```python
# === File: my_heap.py ===

def push(self, val: int):
    """ 元素入堆 """
    # 添加节点
    self.max_heap.append(val)
    # 从底至顶堆化
    self.sift_up(self.size() - 1)

def sift_up(self, i: int):
    """ 从节点 i 开始，从底至顶堆化 """
    while True:
        # 获取节点 i 的父节点
        p = self.parent(i)
        # 当"越过根节点"或"节点无须修复"时，结束堆化
        if p < 0 or self.max_heap[i] <= self.max_heap[p]:
            break
        # 交换两节点
        self.swap(i, p)
        # 循环向上堆化
        i = p
```

4. 堆顶元素出堆

堆顶元素是二叉树的根节点，即列表首元素。如果我们直接从列表中删除首元素，那么二叉树中所有节点的索引都会发生变化，这将使得后续使用堆化进行修复变得困难。为了尽量减少元素索引的变动，我们采用以下操作步骤。

(1) 交换堆顶元素与堆底元素（交换根节点与最右叶节点）。

(2) 交换完成后，将堆底从列表中删除（注意，由于已经交换，因此实际上删除的是原来的堆顶元素）。

(3) 从根节点开始，**从顶至底执行堆化**。

如图 8-4 所示，"**从顶至底堆化**"的操作方向与"**从底至顶堆化**"相反，我们将根节点的值与其两个子节点的值进行比较，将最大的子节点与根节点交换。然后循环执行此操作，直到越过叶节点或遇到无须交换的节点时结束。

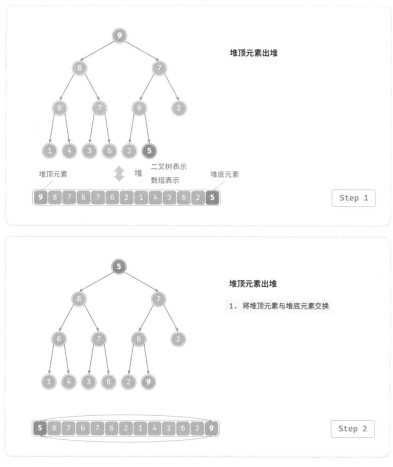

图 8-4　堆顶元素出堆步骤

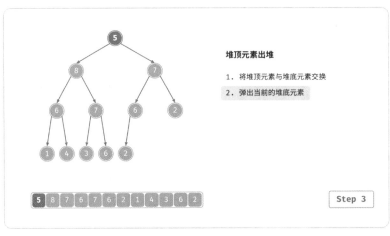

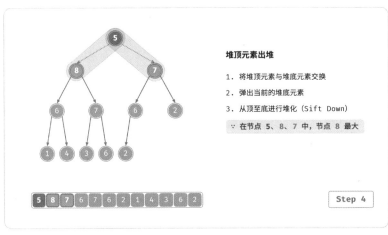

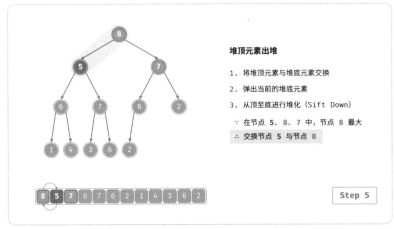

图 8-4 堆顶元素出堆步骤（续）

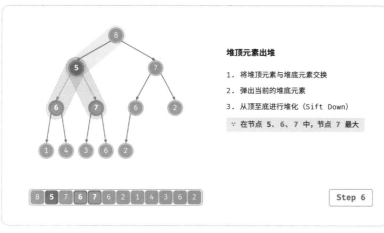

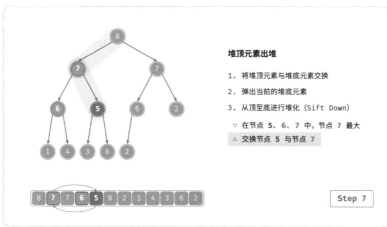

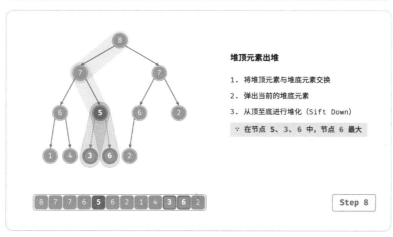

图 8-4　堆顶元素出堆步骤（续）

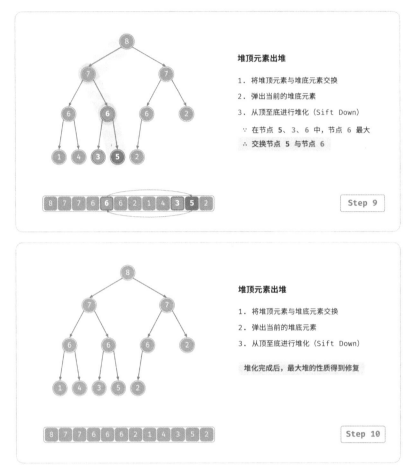

图 8-4　堆顶元素出堆步骤（续）

与元素入堆操作相似，堆顶元素出堆操作的时间复杂度也为 $O(\log n)$。代码如下所示：

```python
# === File: my_heap.py ===

def pop(self) -> int:
    """ 元素出堆 """
    # 判空处理
    if self.is_empty():
        raise IndexError(" 堆为空 ")
    # 交换根节点与最右叶节点（交换首元素与尾元素）
    self.swap(0, self.size() - 1)
    # 删除节点
    val = self.max_heap.pop()
    # 从顶至底堆化
    self.sift_down(0)
```

```
    # 返回堆顶元素
    return val

def sift_down(self, i: int):
    """ 从节点 i 开始，从顶至底堆化 """
    while True:
        # 判断节点 i、l、r 中值最大的节点，记为 ma
        l, r, ma = self.left(i), self.right(i), i
        if l < self.size() and self.max_heap[l] > self.max_heap[ma]:
            ma = l
        if r < self.size() and self.max_heap[r] > self.max_heap[ma]:
            ma = r
        # 若节点 i 最大或索引 l、r 越界，则无须继续堆化，跳出
        if ma == i:
            break
        # 交换两节点
        self.swap(i, ma)
        # 循环向下堆化
        i = ma
```

8.1.3 堆的常见应用

- **优先队列**：堆通常作为实现优先队列的首选数据结构，其入队和出队操作的时间复杂度均为 $O(\log n)$，而建队操作为 $O(n)$，这些操作都非常高效。
- **堆排序**：给定一组数据，我们可以用它们建立一个堆，然后不断地执行元素出堆操作，从而得到有序数据。然而，我们通常会使用一种更优雅的方式实现堆排序，详见 11.7 节。
- **获取最大的 k 个元素**：这是一个经典的算法问题，同时也是一种典型应用，例如选择热度前 10 的新闻作为微博热搜，选取销量前 10 的商品等。

8.2 建堆操作

在某些情况下，我们希望使用一个列表的所有元素来构建一个堆，这个过程被称为"建堆操作"。

8.2.1 借助入堆操作实现

我们首先创建一个空堆，然后遍历列表，依次对每个元素执行"入堆操作"，即先将元素添加至堆的尾部，再对该元素执行"从底至顶"堆化。

每当一个元素入堆，堆的长度就加一。由于节点是从顶到底依次被添加进二叉树的，因此堆是"自上而下"构建的。

设元素数量为 n，每个元素的入堆操作使用 $O(\log n)$ 时间，因此该建堆方法的时间复杂度为 $O(n \log n)$。

8.2.2　通过遍历堆化实现

实际上，我们可以实现一种更为高效的建堆方法，共分为两步。

(1) 将列表所有元素原封不动地添加到堆中，此时堆的性质尚未得到满足。

(2) 倒序遍历堆（层序遍历的倒序），依次对每个非叶节点执行"从顶至底堆化"。

每当堆化一个节点后，以该节点为根节点的子树就形成一个合法的子堆。而由于是倒序遍历，因此堆是"自下而上"构建的。

之所以选择倒序遍历，是因为这样能够保证当前节点之下的子树已经是合法的子堆，这样堆化当前节点才是有效的。

值得说明的是，**由于叶节点没有子节点，因此它们天然就是合法的子堆，无须堆化**。如以下代码所示，最后一个非叶节点是最后一个节点的父节点，我们从它开始倒序遍历并执行堆化：

```python
# === File: my_heap.py ===

def __init__(self, nums: list[int]):
    """ 构造方法，根据输入列表建堆 """
    # 将列表元素原封不动添加进堆
    self.max_heap = nums
    # 堆化除叶节点以外的其他所有节点
    for i in range(self.parent(self.size() - 1), -1, -1):
        self.sift_down(i)
```

8.2.3　复杂度分析

下面，我们来尝试推算第二种建堆方法的时间复杂度。

- 假设完全二叉树的节点数量为 n，则叶节点数量为 $(n + 1) / 2$，其中 / 为向下整除。因此需要堆化的节点数量为 $(n-1) / 2$。

- 在从顶至底堆化的过程中，每个节点最多堆化到叶节点，因此最大迭代次数为二叉树高度 $\log n$。

将上述两者相乘，可得到建堆过程的时间复杂度为 $O(n \log n)$。**但这个估算结果并不准确，因为我们没有考虑到二叉树底层节点数量远多于顶层节点的性质。**

接下来我们来进行更为准确的计算。为了降低计算难度，假设给定一个节点数量为 n、高度为 h 的"完美二叉树"，该假设不会影响计算结果的正确性。

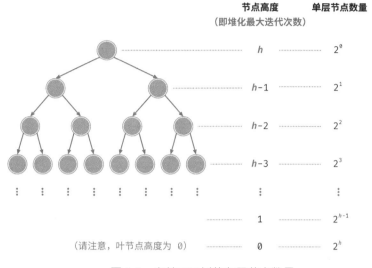

图 8-5 完美二叉树的各层节点数量

如图 8-5 所示，节点"从顶至底堆化"的最大迭代次数等于该节点到叶节点的距离，而该距离正是"节点高度"。因此，我们可以对各层的"节点数量 × 节点高度"求和，**得到所有节点的堆化迭代次数的总和**。

$$T(h) = 2^0 h + 2^1(h-1) + 2^2(h-2) + \cdots + 2^{(h-1)} \times 1$$

化简上式需要借助中学的数列知识，先将 $T(h)$ 乘以 2，得到：

$$T(h) = 2^0 h + 2^1(h-1) + 2^2(h-2) + \cdots + 2^{h-1} \times 1$$
$$2T(h) = 2^1 h + 2^2(h-1) + 2^3(h-2) + \cdots + 2^h \times 1$$

使用错位相减法，用下式 $2T(h)$ 减去上式 $T(h)$，可得：

$$2T(h) - T(h) = T(h) = -2^0 h + 2^1 + 2^2 + \cdots + 2^{h-1} + 2^h$$

观察上式，发现 $T(h)$ 是一个等比数列，可直接使用求和公式，得到时间复杂度为：

$$T(h) = 2\frac{1-2^h}{1-2} - h$$
$$= 2^{h+1} - h - 2$$
$$= O(2^h)$$

进一步，高度为 h 的完美二叉树的节点数量为 $n = 2^{h+1} - 1$，易得复杂度为 $O(2^h) = O(n)$。以上推算表明，**输入列表并建堆的时间复杂度为 $O(n)$，非常高效**。

8.3　Top-k 问题

> ❓ 给定一个长度为 n 的无序数组 nums，请返回数组中最大的 k 个元素。

对于该问题，我们先介绍两种思路比较直接的解法，再介绍效率更高的堆解法。

8.3.1　方法一：遍历选择

我们可以进行图 8-6 所示的 k 轮遍历，分别在每轮中提取第 1、2、…、k 大的元素，时间复杂度为 $O(nk)$。

此方法只适用于 $k \ll n$ 的情况，因为当 k 与 n 比较接近时，其时间复杂度趋向于 $O(n^2)$，非常耗时。

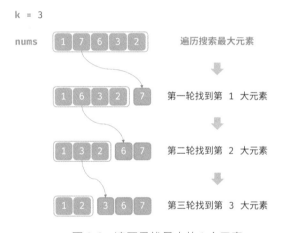

图 8-6　遍历寻找最大的 k 个元素

> ℹ️ 当 $k = n$ 时，我们可以得到完整的有序序列，此时等价于"选择排序"算法。

8.3.2　方法二：排序

如图 8-7 所示，我们可以先对数组 nums 进行排序，再返回最右边的 k 个元素，时间复杂度为 $O(n \log n)$。

显然，该方法"超额"完成任务了，因为我们只需找出最大的 k 个元素即可，而不需要排序其他元素。

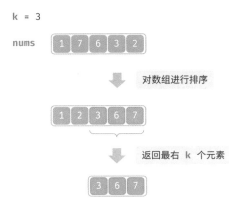

图 8-7　排序寻找最大的 k 个元素

8.3.3　方法三：堆

我们可以基于堆更加高效地解决 Top-k 问题，流程如图 8-8 所示。

(1) 初始化一个小顶堆，其堆顶元素最小。

(2) 先将数组的前 k 个元素依次入堆。

(3) 从第 k + 1 个元素开始，若当前元素大于堆顶元素，则将堆顶元素出堆，并将当前元素入堆。

(4) 遍历完成后，堆中保存的就是最大的 k 个元素。

图 8-8　基于堆寻找最大的 k 个元素

示例代码如下：

```
# === File: top_k.py ===

def top_k_heap(nums: list[int], k: int) -> list[int]:
    """ 基于堆查找数组中最大的 k 个元素 """
    # 初始化小顶堆
    heap = []
    # 将数组的前 k 个元素入堆
    for i in range(k):
        heapq.heappush(heap, nums[i])
```

```
# 从第 k+1 个元素开始，保持堆的长度为 k
for i in range(k, len(nums)):
    # 若当前元素大于堆顶元素，则将堆顶元素出堆、当前元素入堆
    if nums[i] > heap[0]:
        heapq.heappop(heap)
        heapq.heappush(heap, nums[i])
return heap
```

总共执行了 n 轮入堆和出堆，堆的最大长度为 k，因此时间复杂度为 $O(n \log k)$。该方法的效率很高，当 k 较小时，时间复杂度趋向 $O(n)$；当 k 较大时，时间复杂度不会超过 $O(n \log n)$。

另外，该方法适用于动态数据流的使用场景。在不断加入数据时，我们可以持续维护堆内的元素，从而实现最大的 k 个元素的动态更新。

8.4　小结

1. 重点回顾

- 堆是一棵完全二叉树，根据成立条件可分为大顶堆和小顶堆。大（小）顶堆的堆顶元素是最大（小）的。
- 优先队列的定义是具有出队优先级的队列，通常使用堆来实现。
- 堆的常用操作及其对应的时间复杂度包括：元素入堆 $O(\log n)$、堆顶元素出堆 $O(\log n)$ 和访问堆顶元素 $O(1)$ 等。
- 完全二叉树非常适合用数组表示，因此我们通常使用数组来存储堆。
- 堆化操作用于维护堆的性质，在入堆和出堆操作中都会用到。
- 输入 n 个元素并建堆的时间复杂度可以优化至 $O(n)$，非常高效。
- Top-k 是一个经典算法问题，可以使用堆数据结构高效解决，时间复杂度为 $O(n \log k)$。

2. 思考题

Q：数据结构的"堆"与内存管理的"堆"是同一个概念吗？

A： 两者不是同一个概念，只是碰巧都叫"堆"。计算机系统内存中的堆是动态内存分配的一部分，程序在运行时可以使用它来存储数据。程序可以请求一定量的堆内存，用于存储如对象和数组等复杂结构。当这些数据不再需要时，程序需要释放这些内存，以防止内存泄漏。相较于栈内存，堆内存的管理和使用需要更谨慎，使用不当可能会导致内存泄漏和野指针等问题。

第 9 章 图

> 在生命旅途中，我们就像是一个个节点，被无数看不见的边相连。
>
> 每一次的相识与相离，都在这张巨大的网络图中留下独特的印记。

9.1 图

图（graph）是一种非线性数据结构，由顶点（vertex）和边（edge）组成。我们可以将图 G 抽象地表示为一组顶点 V 和一组边 E 的集合。以下示例展示了一个包含 5 个顶点和 7 条边的图。

$$V = \{1,2,3,4,5\}$$
$$E = \{(1,2),(1,3),(1,5),(2,3),(2,4),(2,5),(4,5)\}$$
$$G = \{V,E\}$$

如果将顶点看作节点，将边看作连接各个节点的引用（指针），我们就可以将图看作一种从链表拓展而来的数据结构。如图 9-1 所示，**相较于线性关系（链表）和分治关系（树），网络关系（图）的自由度更高**，因而更为复杂。

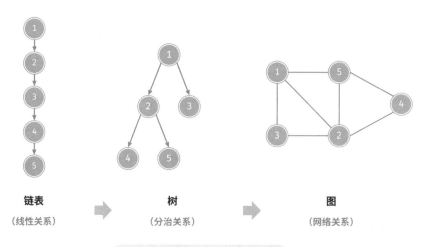

图 9-1　链表、树、图之间的关系

9.1.1 图的常见类型与术语

根据边是否具有方向，可分为**无向图**（undirected graph）和**有向图**（directed graph），如图 9-2 所示。

- 在无向图中，边表示两顶点之间的"双向"连接关系，例如微信或 QQ 中的"好友关系"。
- 在有向图中，边具有方向性，即 $A \rightarrow B$ 和 $A \leftarrow B$ 两个方向的边是相互独立的，例如微博或抖音上的"关注"与"被关注"关系。

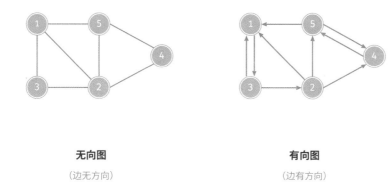

无向图

（边无方向）

有向图

（边有方向）

图 9-2　有向图与无向图

根据所有顶点是否连通，可分为**连通图**（connected graph）和**非连通图**（disconnected graph），如图 9-3 所示。

- 对于连通图，从某个顶点出发，可以到达其余任意顶点。
- 对于非连通图，从某个顶点出发，至少有一个顶点无法到达。

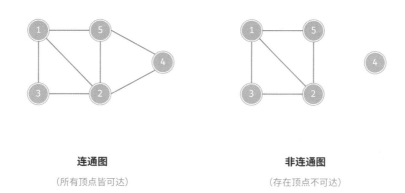

连通图

（所有顶点皆可达）

非连通图

（存在顶点不可达）

图 9-3　连通图与非连通图

我们还可以为边添加"权重"变量，从而得到如图 9-4 所示的**有权图**（weighted graph）。例如在《王者荣耀》等手游中，系统会根据共同游戏时间来计算玩家之间的"亲密度"，这种亲密度网络就可以用有权图来表示。

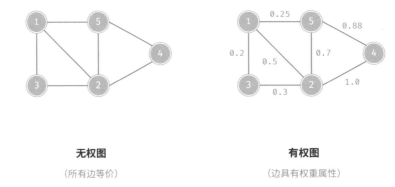

无权图

（所有边等价）

有权图

（边具有权重属性）

图 9-4　有权图与无权图

图数据结构包含以下常用术语。

- **邻接**（adjacency）：当两顶点之间存在边相连时，称这两顶点"邻接"。在图 9-4 中，顶点 1 的邻接顶点为顶点 2、3、5。
- **路径**（path）：从顶点 A 到顶点 B 经过的边构成的序列被称为从 A 到 B 的"路径"。在图 9-4 中，边序列 1-5-2-4 是顶点 1 到顶点 4 的一条路径。
- **度**（degree）：一个顶点拥有的边数。对于有向图，**入度**（in-degree）表示有多少条边指向该顶点，**出度**（out-degree）表示有多少条边从该顶点指出。

9.1.2　图的表示

图的常用表示方式包括"邻接矩阵"和"邻接表"。以下使用无向图进行举例。

1. 邻接矩阵

设图的顶点数量为 n，**邻接矩阵**（adjacency matrix）使用一个 $n \times n$ 大小的矩阵来表示图，每一行（列）代表一个顶点，矩阵元素代表边，用 1 或 0 表示两个顶点之间是否存在边。

如图 9-5 所示，设邻接矩阵为 M、顶点列表为 V，那么矩阵元素 $M[i, j] = 1$ 表示顶点 $V[i]$ 到顶点 $V[j]$ 之间存在边，反之 $M[i, j] = 0$ 表示两顶点之间无边。

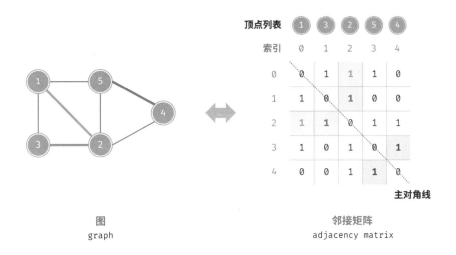

图 9-5　图的邻接矩阵表示

邻接矩阵具有以下特性。

- 顶点不能与自身相连，因此邻接矩阵主对角线元素没有意义。
- 对于无向图，两个方向的边等价，此时邻接矩阵关于主对角线对称。
- 将邻接矩阵的元素从 1 和 0 替换为权重，则可表示有权图。

使用邻接矩阵表示图时，我们可以直接访问矩阵元素以获取边，因此增删查改操作的效率很高，时间复杂度均为 $O(1)$。然而，矩阵的空间复杂度为 $O(n^2)$，内存占用较多。

2. 邻接表

邻接表（adjacency list）使用 n 个链表来表示图，链表节点表示顶点。第 i 个链表对应顶点 i，其中存储了该顶点的所有邻接顶点（与该顶点相连的顶点）。图 9-6 展示了一个使用邻接表存储的图的示例。

邻接表仅存储实际存在的边，而边的总数通常远小于 n^2，因此它更加节省空间。然而，在邻接表中需要通过遍历链表来查找边，因此其时间效率不如邻接矩阵。

观察图 9-6，**邻接表结构与哈希表中的"链式地址"非常相似，因此我们也可以采用类似的方法来优化效率**。比如当链表较长时，可以将链表转化为 AVL 树或红黑树，从而将时间效率从 $O(n)$ 优化至 $O(\log n)$；还可以把链表转换为哈希表，从而将时间复杂度降至 $O(1)$。

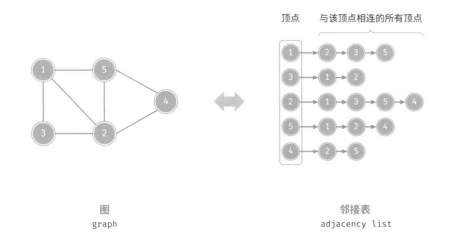

图
graph

邻接表
adjacency list

图 9-6　图的邻接表表示

9.1.3　图的常见应用

如表 9-1 所示，许多现实系统可以用图来建模，相应的问题也可以约化为图计算问题。

表 9-1　现实生活中常见的图

	顶　点	边	图计算问题
社交网络	用户	好友关系	潜在好友推荐
地铁线路	站点	站点间的连通性	最短路线推荐
太阳系	星体	星体间的万有引力作用	行星轨道计算

9.2　图的基础操作

图的基础操作可分为对"边"的操作和对"顶点"的操作。在"邻接矩阵"和"邻接表"两种表示方法下，实现方式有所不同。

9.2.1　基于邻接矩阵的实现

给定一个顶点数量为 n 的无向图，则各种操作的实现方式如图 9-7 所示。

- **添加或删除边**：直接在邻接矩阵中修改指定的边即可，使用 $O(1)$ 时间。而由于是无向图，因此需要同时更新两个方向的边。
- **添加顶点**：在邻接矩阵的尾部添加一行一列，并全部填 0 即可，使用 $O(n)$ 时间。
- **删除顶点**：在邻接矩阵中删除一行一列。当删除首行首列时达到最差情况，需要将 $(n-1)^2$ 个元素"向左上移动"，从而使用 $O(n^2)$ 时间。
- **初始化**：传入 n 个顶点，初始化长度为 n 的顶点列表 vertices，使用 $O(n)$ 时间；初始化 $n\times n$ 大小的邻接矩阵 adjMat，使用 $O(n^2)$ 时间。

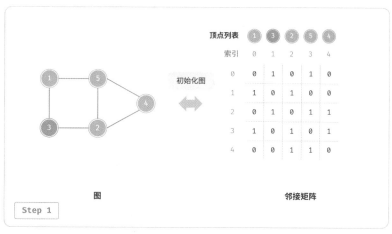

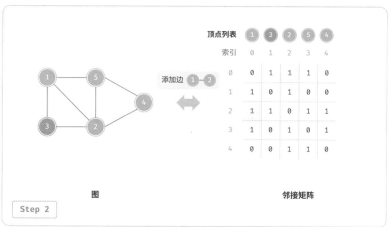

图 9-7　邻接矩阵的初始化、增删边、增删顶点

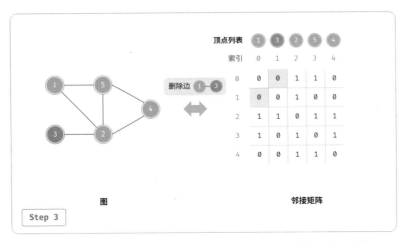

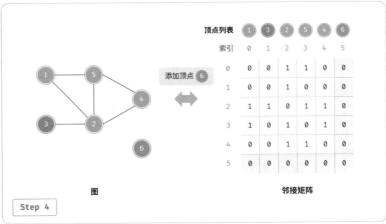

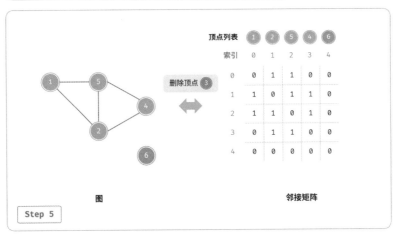

图 9-7　邻接矩阵的初始化、增删边、增删顶点（续）

以下是基于邻接矩阵表示图的实现代码：

```python
# === File: graph_adjacency_matrix.py ===

class GraphAdjMat:
    """ 基于邻接矩阵实现的无向图类 """

    def __init__(self, vertices: list[int], edges: list[list[int]]):
        """ 构造方法 """
        # 顶点列表，元素代表"顶点值"，索引代表"顶点索引"
        self.vertices: list[int] = []
        # 邻接矩阵，行列索引对应"顶点索引"
        self.adj_mat: list[list[int]] = []
        # 添加顶点
        for val in vertices:
            self.add_vertex(val)
        # 添加边
        # 请注意，edges 元素代表顶点索引，即对应 vertices 元素索引
        for e in edges:
            self.add_edge(e[0], e[1])

    def size(self) -> int:
        """ 获取顶点数量 """
        return len(self.vertices)

    def add_vertex(self, val: int):
        """ 添加顶点 """
        n = self.size()
        # 向顶点列表中添加新顶点的值
        self.vertices.append(val)
        # 在邻接矩阵中添加一行
        new_row = [0] * n
        self.adj_mat.append(new_row)
        # 在邻接矩阵中添加一列
        for row in self.adj_mat:
            row.append(0)

    def remove_vertex(self, index: int):
        """ 删除顶点 """
        if index >= self.size():
            raise IndexError()
        # 在顶点列表中移除索引 index 的顶点
        self.vertices.pop(index)
        # 在邻接矩阵中删除索引 index 的行
        self.adj_mat.pop(index)
        # 在邻接矩阵中删除索引 index 的列
        for row in self.adj_mat:
            row.pop(index)
```

191

```python
def add_edge(self, i: int, j: int):
    """ 添加边 """
    # 参数 i, j 对应 vertices 元素索引
    # 索引越界与相等处理
    if i < 0 or j < 0 or i >= self.size() or j >= self.size() or i == j:
        raise IndexError()
    # 在无向图中，邻接矩阵关于主对角线对称，即满足 (i, j) == (j, i)
    self.adj_mat[i][j] = 1
    self.adj_mat[j][i] = 1

def remove_edge(self, i: int, j: int):
    """ 删除边 """
    # 参数 i, j 对应 vertices 元素索引
    # 索引越界与相等处理
    if i < 0 or j < 0 or i >= self.size() or j >= self.size() or i == j:
        raise IndexError()
    self.adj_mat[i][j] = 0
    self.adj_mat[j][i] = 0

def print(self):
    """ 打印邻接矩阵 """
    print(" 顶点列表 =", self.vertices)
    print(" 邻接矩阵 =")
    print_matrix(self.adj_mat)
```

9.2.2　基于邻接表的实现

设无向图的顶点总数为 n、边总数为 m，则可根据图 9-8 所示的方法实现各种操作。

- **添加边**：在顶点对应链表的末尾添加边即可，使用 $O(1)$ 时间。因为是无向图，所以需要同时添加两个方向的边。

- **删除边**：在顶点对应链表中查找并删除指定边，使用 $O(m)$ 时间。在无向图中，需要同时删除两个方向的边。

- **添加顶点**：在邻接表中添加一个链表，并将新增顶点作为链表头节点，使用 $O(1)$ 时间。

- **删除顶点**：需遍历整个邻接表，删除包含指定顶点的所有边，使用 $O(n + m)$ 时间。

- **初始化**：在邻接表中创建 n 个顶点和 $2m$ 条边，使用 $O(n + m)$ 时间。

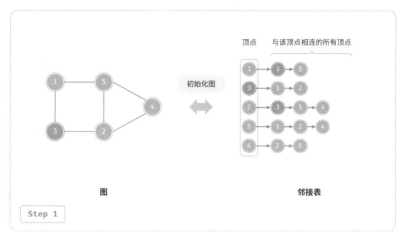

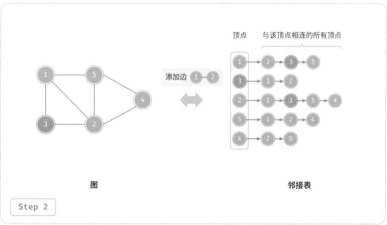

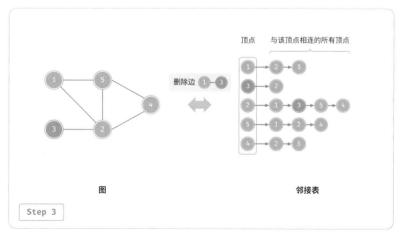

图 9-8 邻接表的初始化、增删边、增删顶点

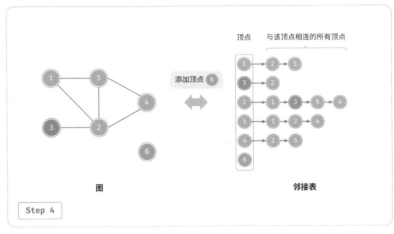

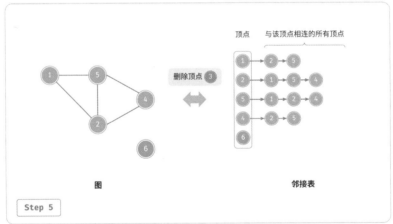

图 9-8　邻接表的初始化、增删边、增删顶点（续）

以下是邻接表的代码实现。对比图 9-8，实际代码有以下不同。

- 为了方便添加与删除顶点，以及简化代码，我们使用列表（动态数组）来代替链表。
- 使用哈希表来存储邻接表，`key` 为顶点实例，`value` 为该顶点的邻接顶点列表（链表）。

另外，我们在邻接表中使用 `Vertex` 类来表示顶点，这样做的原因是：如果与邻接矩阵一样，用列表索引来区分不同顶点，那么假设要删除索引为 i 的顶点，则需遍历整个邻接表，将所有大于 i 的索引全部减 1，效率很低。而如果每个顶点都是唯一的 `Vertex` 实例，删除某一顶点之后就无须改动其他顶点了。

```python
# === File: graph_adjacency_list.py ===

class GraphAdjList:
    """ 基于邻接表实现的无向图类 """

    def __init__(self, edges: list[list[Vertex]]):
        """ 构造方法 """
        # 邻接表, key: 顶点, value: 该顶点的所有邻接顶点
        self.adj_list = dict[Vertex, list[Vertex]]()
        # 添加所有顶点和边
        for edge in edges:
            self.add_vertex(edge[0])
            self.add_vertex(edge[1])
            self.add_edge(edge[0], edge[1])

    def size(self) -> int:
        """ 获取顶点数量 """
        return len(self.adj_list)

    def add_edge(self, vet1: Vertex, vet2: Vertex):
        """ 添加边 """
        if vet1 not in self.adj_list or vet2 not in self.adj_list or vet1 == vet2:
            raise ValueError()
        # 添加边 vet1 - vet2
        self.adj_list[vet1].append(vet2)
        self.adj_list[vet2].append(vet1)

    def remove_edge(self, vet1: Vertex, vet2: Vertex):
        """ 删除边 """
        if vet1 not in self.adj_list or vet2 not in self.adj_list or vet1 == vet2:
            raise ValueError()
        # 删除边 vet1 - vet2
        self.adj_list[vet1].remove(vet2)
        self.adj_list[vet2].remove(vet1)

    def add_vertex(self, vet: Vertex):
        """ 添加顶点 """
        if vet in self.adj_list:
            return
        # 在邻接表中添加一个新链表
        self.adj_list[vet] = []

    def remove_vertex(self, vet: Vertex):
        """ 删除顶点 """
        if vet not in self.adj_list:
            raise ValueError()
        # 在邻接表中删除顶点 vet 对应的链表
        self.adj_list.pop(vet)
        # 遍历其他顶点的链表, 删除所有包含 vet 的边
        for vertex in self.adj_list:
            if vet in self.adj_list[vertex]:
                self.adj_list[vertex].remove(vet)
```

```
def print(self):
    """ 打印邻接表 """
    print(" 邻接表 =")
    for vertex in self.adj_list:
        tmp = [v.val for v in self.adj_list[vertex]]
        print(f"{vertex.val}: {tmp},")
```

9.2.3　效率对比

设图中共有 n 个顶点和 m 条边，表 9-2 对比了邻接矩阵和邻接表的时间效率和空间效率。

表 9-2　邻接矩阵与邻接表对比

	邻接矩阵	邻接表（链表）	邻接表（哈希表）
判断是否邻接	$O(1)$	$O(m)$	$O(1)$
添加边	$O(1)$	$O(1)$	$O(1)$
删除边	$O(1)$	$O(m)$	$O(1)$
添加顶点	$O(n)$	$O(1)$	$O(1)$
删除顶点	$O(n^2)$	$O(n + m)$	$O(n)$
内存空间占用	$O(n^2)$	$O(n + m)$	$O(n + m)$

观察表 9-2，似乎邻接表（哈希表）的时间效率与空间效率最优。但实际上，在邻接矩阵中操作边的效率更高，只需一次数组访问或赋值操作即可。综合来看，邻接矩阵体现了"以空间换时间"的原则，而邻接表体现了"以时间换空间"的原则。

9.3　图的遍历

树代表的是"一对多"的关系，而图则具有更高的自由度，可以表示任意的"多对多"关系。因此，我们可以把树看作图的一种特例。显然，**树的遍历操作也是图的遍历操作的一种特例**。

图和树都需要应用搜索算法来实现遍历操作。图的遍历方式也可分为两种：**广度优先遍历**和**深度优先遍历**。

9.3.1　广度优先遍历

广度优先遍历是一种由近及远的遍历方式，从某个节点出发，始终优先访问距离最近的顶点，并一层层向外扩张。如图 9-9 所示，从左上角顶点出发，首先遍历该顶点的所有邻接顶点，然后遍历下一个顶点的所有邻接顶点，以此类推，直至所有顶点访问完毕。

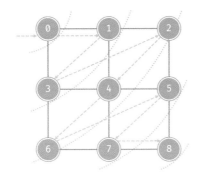

图的广度优先遍历

以顶点 ⓪ 为起始，
由近及远、层层扩张地访问顶点

遍历序列为

0, 1, 3, 2, 4, 6, 5, 7, 8

图 9-9　图的广度优先遍历

1. 算法实现

BFS 通常借助队列来实现，代码如下所示。队列具有"先入先出"的性质，这与 BFS 的"由近及远"的思想异曲同工。

(1) 将遍历起始顶点 **startVet** 加入队列，并开启循环。

(2) 在循环的每轮迭代中，弹出队首顶点并记录访问，然后将该顶点的所有邻接顶点加入到队列尾部。

(3) 循环步骤 (2)，直到所有顶点被访问完毕后结束。

为了防止重复遍历顶点，我们需要借助一个哈希表 **visited** 来记录哪些节点已被访问。

```python
# === File: graph_bfs.py ===

def graph_bfs(graph: GraphAdjList, start_vet: Vertex) -> list[Vertex]:
    """ 广度优先遍历 """
    # 使用邻接表来表示图，以便获取指定顶点的所有邻接顶点
    # 顶点遍历序列
    res = []
    # 哈希表，用于记录已被访问过的顶点
    visited = set[Vertex]([start_vet])
    # 队列用于实现 BFS
    que = deque[Vertex]([start_vet])
    # 以顶点 vet 为起点，循环直至访问完所有顶点
    while len(que) > 0:
        vet = que.popleft()  # 队首顶点出队
        res.append(vet)  # 记录访问顶点
        # 遍历该顶点的所有邻接顶点
        for adj_vet in graph.adj_list[vet]:
            if adj_vet in visited:
                continue  # 跳过已被访问的顶点
            que.append(adj_vet)  # 只入队未访问的顶点
            visited.add(adj_vet)  # 标记该顶点已被访问
    # 返回顶点遍历序列
    return res
```

代码相对抽象，建议对照图 9-10 来加深理解。

图 9-10　图的广度优先遍历步骤

> ⓘ 广度优先遍历的序列是否唯一？
>
> 不唯一。广度优先遍历只要求按"由近及远"的顺序遍历，而多个相同距离的顶点的遍历顺序允许被任意打乱。以图 9-10 为例，顶点 1、3 的访问顺序可以交换，顶点 2、4、6 的访问顺序也可以任意交换。

2. 复杂度分析

时间复杂度：所有顶点都会入队并出队一次，使用 $O(|V|)$ 时间；在遍历邻接顶点的过程中，由于是无向图，因此所有边都会被访问 2 次，使用 $O(2|E|)$ 时间；总体使用 $O(|V|+|E|)$ 时间。

空间复杂度：列表 res，哈希表 visited，队列 que 中的顶点数量最多为 $|V|$，使用 $O(|V|)$ 空间。

9.3.2　深度优先遍历

深度优先遍历是一种优先走到底、无路可走再回头的遍历方式。如图 9-11 所示，从左上角顶点出发，访问当前顶点的某个邻接顶点，直到走到尽头时返回，再继续走到尽头并返回，以此类推，直至所有顶点遍历完成。

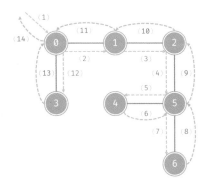

图的深度优先遍历

以顶点 0 为起始，
走到头才返回，再走到头才返回，
以此类推 …… 直至完成遍历

遍历序列为

`0, 1, 2, 5, 4, 6, 3`

图 9-11　图的深度优先遍历

1. 算法实现

这种"走到尽头再返回"的算法范式通常基于递归来实现。与广度优先遍历类似，在深度优先遍历中，我们也需要借助一个哈希表 visited 来记录已被访问的顶点，以避免重复访问顶点。

```python
# === File: graph_dfs.py ===

def dfs(graph: GraphAdjList, visited: set[Vertex], res: list[Vertex], vet: Vertex):
    """ 深度优先遍历辅助函数 """
    res.append(vet)  # 记录访问顶点
    visited.add(vet)  # 标记该顶点已被访问
    # 遍历该顶点的所有邻接顶点
    for adjVet in graph.adj_list[vet]:
        if adjVet in visited:
            continue  # 跳过已被访问的顶点
        # 递归访问邻接顶点
        dfs(graph, visited, res, adjVet)

def graph_dfs(graph: GraphAdjList, start_vet: Vertex) -> list[Vertex]:
    """ 深度优先遍历 """
    # 使用邻接表来表示图，以便获取指定顶点的所有邻接顶点
    # 顶点遍历序列
    res = []
    # 哈希表，用于记录已被访问的顶点
    visited = set[Vertex]()
    dfs(graph, visited, res, start_vet)
    return res
```

深度优先遍历的算法流程如图 9-12 所示。

- **直虚线代表向下递推**，表示开启了一个新的递归方法来访问新顶点。
- **曲虚线代表向上回溯**，表示此递归方法已经返回，回溯到了开启此方法的位置。

为了加深理解，建议将图 9-12 与代码结合起来，在脑中模拟（或者用笔画下来）整个 DFS 过程，包括每个递归方法何时开启、何时返回。

图 9-12　图的深度优先遍历步骤

> ⓘ 深度优先遍历的序列是否唯一？
>
> 　　与广度优先遍历类似，深度优先遍历序列的顺序也不是唯一的。给定某顶点，先往哪个方向探索都可以，即邻接顶点的顺序可以任意打乱，都是深度优先遍历。
>
> 　　以树的遍历为例，"根 → 左 → 右""左 → 根 → 右""左 → 右 → 根"分别对应前序、中序、后序遍历，它们展示了三种遍历优先级，然而这三者都属于深度优先遍历。

2. 复杂度分析

时间复杂度：所有顶点都会被访问 1 次，使用 $O(|V|)$ 时间；所有边都会被访问 2 次，使用 $O(2|E|)$ 时间；总体使用 $O(|V|+|E|)$ 时间。

空间复杂度：列表 res，哈希表 visited 顶点数量最多为 $|V|$，递归深度最大为 $|V|$，因此使用 $O(|V|)$ 空间。

9.4　小结

1. 重点回顾

- 图由顶点和边组成，可以表示为一组顶点和一组边构成的集合。
- 相较于线性关系（链表）和分治关系（树），网络关系（图）具有更高的自由度，因而更为复杂。
- 有向图的边具有方向性，连通图中的任意顶点均可达，有权图的每条边都包含权重变量。
- 邻接矩阵利用矩阵来表示图，每一行（列）代表一个顶点，矩阵元素代表边，用 1 或 0 表示两个顶点之间有边或无边。邻接矩阵在增删查改操作上效率很高，但空间占用较多。
- 邻接表使用多个链表来表示图，第 i 个链表对应顶点 i，其中存储了该顶点的所有邻接顶点。邻接表相对于邻接矩阵更加节省空间，但由于需要遍历链表来查找边，因此时间效率较低。
- 当邻接表中的链表过长时，可以将其转换为红黑树或哈希表，从而提升查询效率。
- 从算法思想的角度分析，邻接矩阵体现了"以空间换时间"，邻接表体现了"以时间换空间"。
- 图可用于建模各类现实系统，如社交网络、地铁线路等。
- 树是图的一种特例，树的遍历也是图的遍历的一种特例。
- 图的广度优先遍历是一种由近及远、层层扩张的搜索方式，通常借助队列实现。
- 图的深度优先遍历是一种优先走到底、无路可走时再回溯的搜索方式，常基于递归来实现。

2. 思考题

Q：路径的定义是顶点序列还是边序列？

A：维基百科上不同语言版本的定义不一致：英文版是"路径是一个边序列"，而中文版是"路径是一个顶点序列"。以下是英文版原文：In graph theory, a path in a graph is a finite or infinite sequence of edges which joins a sequence of vertices. 在本文中，路径被视为一个边序列，而不是一个顶点序列。这是因为两个顶点之间可能存在多条边连接，此时每条边都对应一条路径。

Q：非连通图中是否会有无法遍历到的点？

A： 在非连通图中，从某个顶点出发，至少有一个顶点无法到达。遍历非连通图需要设置多个起点，以遍历到图的所有连通分量。

Q：在邻接表中，"与该顶点相连的所有顶点"的顶点顺序是否有要求？

A： 可以是任意顺序。但在实际应用中，可能需要按照指定规则来排序，比如按照顶点添加的次序，或者按照顶点值大小的顺序等，这样有助于快速查找"带有某种极值"的顶点。

第 10 章　搜索

> 搜索是一场未知的冒险，我们或许需要走遍神秘空间的每个角落，
> 又或许可以快速锁定目标。
>
> 在这场寻觅之旅中，每一次探索都可能得到一个未曾料想的答案。

10.1　二分查找

二分查找（binary search）是一种基于分治策略的高效搜索算法。它利用数据的有序性，每轮缩小一半搜索范围，直至找到目标元素或搜索区间为空为止。

> ❓ 给定一个长度为 n 的数组 nums ，元素按从小到大的顺序排列且不重复。请查找并返回元素 target 在该数组中的索引。若数组不包含该元素，则返回 -1。示例如图 10-1 所示。

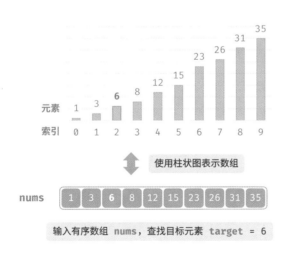

图 10-1　二分查找示例数据

如图 10-2 所示，我们先初始化指针 $i = 0$ 和 $j = n-1$，分别指向数组首元素和尾元素，代表搜索区间 $[0, n-1]$。请注意，中括号表示闭区间，其包含边界值本身。

接下来，循环执行以下两步。

(1) 计算中点索引 $m = \lfloor (i + j) / 2 \rfloor$，其中 $\lfloor \ \rfloor$ 表示向下取整操作。

(2) 判断 nums[m] 和 target 的大小关系，分为以下三种情况。

　　　a. 当 nums[m] < target 时，说明 target 在区间 $[m + 1, j]$ 中，因此执行 $i = m + 1$。

　　　b. 当 nums[m] > target 时，说明 target 在区间 $[i, m-1]$ 中，因此执行 $j = m-1$。

　　　c. 当 nums[m] = target 时，说明找到 target，因此返回索引 m。

若数组不包含目标元素，搜索区间最终会缩小为空。此时返回 -1。

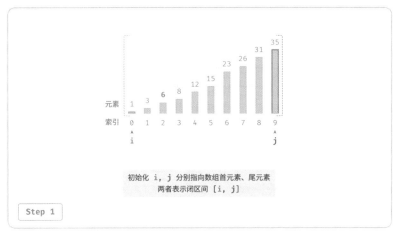

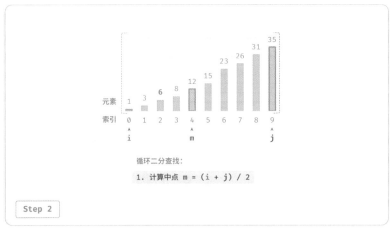

图 10-2　二分查找流程

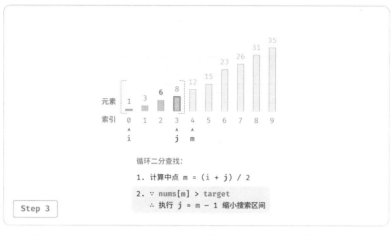

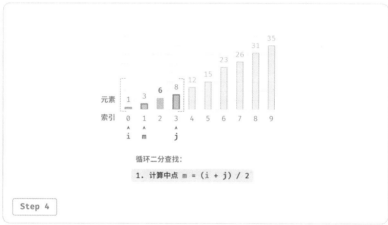

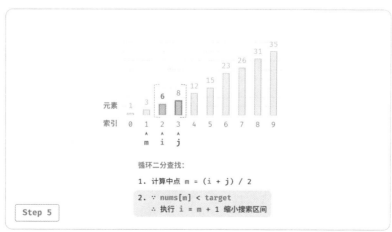

图 10-2 二分查找流程（续）

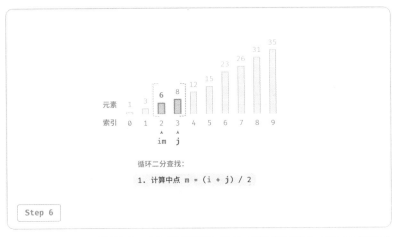

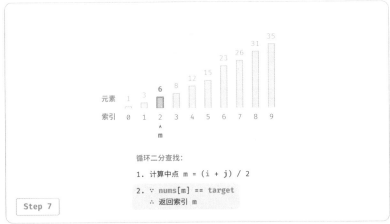

图 10-2　二分查找流程（续）

值得注意的是，由于 i 和 j 都是 int 类型，**因此 $i+j$ 可能会超出 int 类型的取值范围**。为了避免大数越界，我们通常采用公式 $m=\lfloor i+(j-i)/2 \rfloor$ 来计算中点。

代码如下所示：

```python
# === File: binary_search.py ===

def binary_search(nums: list[int], target: int) -> int:
    """二分查找（双闭区间）"""
    # 初始化双闭区间 [0, n-1] ，即 i, j 分别指向数组首元素、尾元素
    i, j = 0, len(nums) - 1
    # 循环，当搜索区间为空时跳出（当 i > j 时为空）
    while i <= j:
```

```
# 理论上 Python 的数字可以无限大（取决于内存大小），无须考虑大数越界问题
m = (i + j) // 2  # 计算中点索引 m
if nums[m] < target:
    i = m + 1  # 此情况说明 target 在区间 [m+1, j] 中
elif nums[m] > target:
    j = m - 1  # 此情况说明 target 在区间 [i, m-1] 中
else:
    return m  # 找到目标元素，返回其索引
return -1  # 未找到目标元素，返回 -1
```

时间复杂度为 $O(\log n)$：在二分循环中，区间每轮缩小一半，因此循环次数为 $\log_2 n$。

空间复杂度为 $O(1)$：指针 i 和 j 使用常数大小空间。

10.1.1 区间表示方法

除了上述双闭区间外，常见的区间表示还有"左闭右开"区间，定义为 $[0, n)$，即左边界包含自身，右边界不包含自身。在该表示下，区间 $[i, j)$ 在 $i = j$ 时为空。

我们可以基于该表示实现具有相同功能的二分查找算法：

```
# === File: binary_search.py ===

def binary_search_lcro(nums: list[int], target: int) -> int:
    """二分查找（左闭右开区间）"""
    # 初始化左闭右开区间 [0, n)，即 i, j 分别指向数组首元素、尾元素 +1
    i, j = 0, len(nums)
    # 循环，当搜索区间为空时跳出（当 i = j 时为空）
    while i < j:
        m = (i + j) // 2  # 计算中点索引 m
        if nums[m] < target:
            i = m + 1  # 此情况说明 target 在区间 [m+1, j) 中
        elif nums[m] > target:
            j = m  # 此情况说明 target 在区间 [i, m) 中
        else:
            return m  # 找到目标元素，返回其索引
    return -1  # 未找到目标元素，返回 -1
```

如图 10-3 所示，在两种区间表示下，二分查找算法的初始化、循环条件和缩小区间操作皆有所不同。

由于"双闭区间"表示中的左右边界都被定义为闭区间，因此通过指针 i 和指针 j 缩小区间的操作也是对称的。这样更不容易出错，**因此一般建议采用"双闭区间"的写法**。

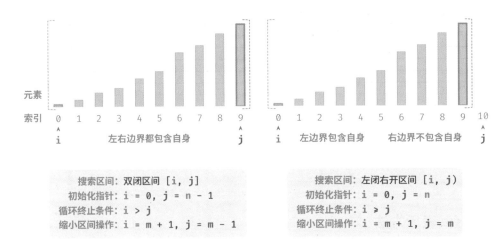

图 10-3　两种区间定义

10.1.2　优点与局限性

二分查找在时间和空间方面都有较好的性能。

- 二分查找的时间效率高。在大数据量下，对数阶的时间复杂度具有显著优势。例如，当数据大小 $n = 2^{20}$ 时，线性查找需要 $2^{20} = 1{,}048{,}576$ 轮循环，而二分查找仅需 $\log_2 2^{20} = 20$ 轮循环。
- 二分查找无须额外空间。相较于需要借助额外空间的搜索算法（例如哈希查找），二分查找更加节省空间。

然而，二分查找并非适用于所有情况，主要有以下原因。

- 二分查找仅适用于有序数据。若输入数据无序，为了使用二分查找而专门进行排序，得不偿失。因为排序算法的时间复杂度通常为 $O(n \log n)$，比线性查找和二分查找都更高。对于频繁插入元素的场景，为保持数组有序性，需要将元素插入到特定位置，时间复杂度为 $O(n)$，也是非常昂贵的。
- 二分查找仅适用于数组。二分查找需要跳跃式（非连续地）访问元素，而在链表中执行跳跃式访问的效率较低，因此不适合应用在链表或基于链表实现的数据结构。
- 小数据量下，线性查找性能更佳。在线性查找中，每轮只需 1 次判断操作；而在二分查找中，需要 1 次加法、1 次除法、1 ~ 3 次判断操作、1 次加法（减法），共 4 ~ 6 个单元操作；因此，当数据量 n 较小时，线性查找反而比二分查找更快。

10.2　二分查找插入点

二分查找不仅可用于搜索目标元素，还可用于解决许多变种问题，比如搜索目标元素的插入位置。

10.2.1　无重复元素的情况

> ❓ 给定一个长度为 n 的有序数组 nums 和一个元素 target，数组不存在重复元素。现将 target 插入数组 nums 中，并保持其有序性。若数组中已存在元素 target，则插入到其左方。请返回插入后 target 在数组中的索引。示例如图 10-4 所示。

图 10-4　二分查找插入点示例数据

如果想复用上一节的二分查找代码，则需要回答以下两个问题。

问题一：当数组中包含 target 时，插入点的索引是否是该元素的索引？

题目要求将 target 插入到相等元素的左边，这意味着新插入的 target 替换了原来 target 的位置。也就是说，**当数组包含 target 时，插入点的索引就是该 target 的索引**。

问题二：当数组中不存在 target 时，插入点是哪个元素的索引？

进一步思考二分查找过程：当 nums[m] < target 时 i 移动，这意味着指针 i 在向大于等于 target 的元素靠近。同理，指针 j 始终在向小于等于 target 的元素靠近。

因此二分结束时一定有：i 指向首个大于 target 的元素，j 指向首个小于 target 的元素。**易得当数组不包含 target 时，插入索引为 i**。代码如下所示：

```
# === File: binary_search_insertion.py ===

def binary_search_insertion_simple(nums: list[int], target: int) -> int:
    """二分查找插入点（无重复元素）"""
    i, j = 0, len(nums) - 1  # 初始化双闭区间 [0, n-1]
    while i <= j:
        m = (i + j) // 2  # 计算中点索引 m
        if nums[m] < target:
            i = m + 1  # target 在区间 [m+1, j] 中
        elif nums[m] > target:
            j = m - 1  # target 在区间 [i, m-1] 中
        else:
            return m  # 找到 target, 返回插入点 m
    # 未找到 target, 返回插入点 i
    return i
```

10.2.2　存在重复元素的情况

> ❓　在上一题的基础上，规定数组可能包含重复元素，其余不变。

假设数组中存在多个 target，则普通二分查找只能返回其中一个 target 的索引，**而无法确定该元素的左边和右边还有多少 target**。

题目要求将目标元素插入到最左边，**所以我们需要查找数组中最左一个 target 的索引**。初步考虑通过图 10-5 所示的步骤实现。

(1) 执行二分查找，得到任意一个 target 的索引，记为 k。

(2) 从索引 k 开始，向左进行线性遍历，当找到最左边的 target 时返回。

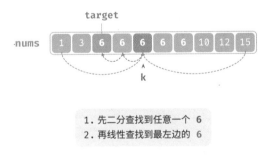

图 10-5　线性查找重复元素的插入点

此方法虽然可用，但其包含线性查找，因此时间复杂度为 $O(n)$。当数组中存在很多重复的 target 时，该方法效率很低。

现考虑拓展二分查找代码。如图 10-6 所示，整体流程保持不变，每轮先计算中点索引 m，再判断 target 和 nums[m] 的大小关系，分为以下几种情况。

- 当 nums[m] < target 或 nums[m] > target 时，说明还没有找到 target，因此采用普通二分查找的缩小区间操作，**从而使指针 i 和 j 向 target 靠近。**
- 当 nums[m] == target 时，说明小于 target 的元素在区间 $[i, m-1]$ 中，因此采用 $j = m-1$ 来缩小区间，**从而使指针 j 向小于 target 的元素靠近。**

循环完成后，i 指向最左边的 target，j 指向首个小于 target 的元素，**因此索引 i 就是插入点。**

图 10-6　二分查找重复元素的插入点的步骤

观察以下代码，判断分支 nums[m] > target 和 nums[m] == target 的操作相同，因此两者可以合并。

即便如此，我们仍然可以将判断条件保持展开，因为其逻辑更加清晰、可读性更好。

```python
# === File: binary_search_insertion.py ===

def binary_search_insertion(nums: list[int], target: int) -> int:
    """二分查找插入点（存在重复元素）"""
    i, j = 0, len(nums) - 1  # 初始化双闭区间 [0, n-1]
    while i <= j:
        m = (i + j) // 2  # 计算中点索引 m
        if nums[m] < target:
            i = m + 1  # target 在区间 [m+1, j] 中
        elif nums[m] > target:
            j = m - 1  # target 在区间 [i, m-1] 中
        else:
            j = m - 1  # 首个小于 target 的元素在区间 [i, m-1] 中
    # 返回插入点 i
    return i
```

> ⓘ 本节的代码都是"双闭区间"写法。有兴趣的读者可以自行实现"左闭右开"写法。

总的来看，二分查找无非就是给指针 i 和 j 分别设定搜索目标，目标可能是一个具体的元素（例如 target），也可能是一个元素范围（例如小于 target 的元素）。

在不断的循环二分中，指针 i 和 j 都逐渐逼近预先设定的目标。最终，它们或是成功找到答案，或是越过边界后停止。

10.3　二分查找边界

10.3.1　查找左边界

> ❓ 给定一个长度为 n 的有序数组 nums，其中可能包含重复元素。请返回数组中最左一个元素 target 的索引。若数组中不包含该元素，则返回 -1。

回忆二分查找插入点的方法，搜索完成后 i 指向最左一个 target，**因此查找插入点本质上是在查找最左一个 target 的索引**。

考虑通过查找插入点的函数实现查找左边界。请注意，数组中可能不包含 target，这种情况可能导致以下两种结果。

- 插入点的索引 i 越界。
- 元素 nums[i] 与 target 不相等。

当遇到以上两种情况时，直接返回 -1 即可。代码如下所示：

```python
# === File: binary_search_edge.py ===

def binary_search_left_edge(nums: list[int], target: int) -> int:
    """二分查找最左一个 target"""
    # 等价于查找 target 的插入点
    i = binary_search_insertion(nums, target)
    # 未找到 target, 返回 -1
    if i == len(nums) or nums[i] != target:
        return -1
    # 找到 target, 返回索引 i
    return i
```

10.3.2　查找右边界

那么如何查找最右一个 target 呢？最直接的方式是修改代码，替换在 nums[m] == target 情况下的指针收缩操作。代码在此省略，有兴趣的读者可以自行实现。

下面我们介绍两种更加取巧的方法。

1. 复用查找左边界

实际上，我们可以利用查找最左元素的函数来查找最右元素，具体方法为：**将查找最右一个 target 转化为查找最左一个 target + 1**。

如图 10-7 所示，查找完成后，指针 i 指向最左一个 target + 1（如果存在），而 j 指向最右一个 target，**因此返回 j 即可**。

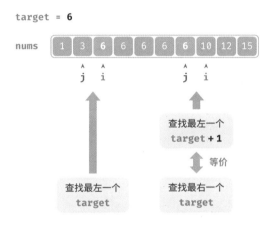

图 10-7　将查找右边界转化为查找左边界

请注意，返回的插入点是 i，因此需要将其减 1，从而获得 j：

```
# === File: binary_search_edge.py ===

def binary_search_right_edge(nums: list[int], target: int) -> int:
    """二分查找最右一个 target"""
    # 转化为查找最左一个 target + 1
    i = binary_search_insertion(nums, target + 1)
    # j 指向最右一个 target, i 指向首个大于 target 的元素
    j = i - 1
    # 未找到 target, 返回 -1
    if j == -1 or nums[j] != target:
        return -1
    # 找到 target, 返回索引 j
    return j
```

2. 转化为查找元素

我们知道，当数组不包含 target 时，最终 i 和 j 会分别指向首个大于、小于 target 的元素。

因此，如图 10-8 所示，我们可以构造一个数组中不存在的元素，用于查找左右边界。

- 查找最左一个 target ：可以转化为查找 target - 0.5，并返回指针 *i*。
- 查找最右一个 target ：可以转化为查找 target + 0.5，并返回指针 *j*。

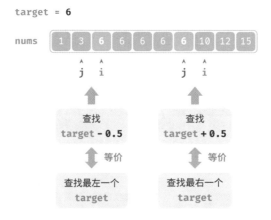

图 10-8　将查找边界转化为查找元素

代码在此省略，以下两点值得注意。

- 给定数组不包含小数，这意味着我们无须关心如何处理相等的情况。
- 因为该方法引入了小数，所以需要将函数中的变量 target 改为浮点数类型（Python 无须改动）。

10.4　哈希优化策略

在算法题中，**我们常通过将线性查找替换为哈希查找来降低算法的时间复杂度**。我们借助一个算法题来加深理解。

> ❓ 给定一个整数数组 nums 和一个目标元素 target ，请在数组中搜索"和"为 target 的两个元素，并返回它们的数组索引。返回任意一个解即可。

10.4.1　线性查找：以时间换空间

考虑直接遍历所有可能的组合。如图 10-9 所示，我们开启一个两层循环，在每轮中判断两个整数的和是否为 target，若是，则返回它们的索引。

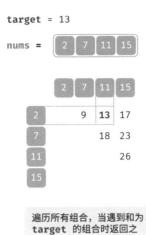

图 10-9　线性查找求解两数之和

代码如下所示：

```
# === File: two_sum.py ===

def two_sum_brute_force(nums: list[int], target: int) -> list[int]:
    """ 方法一：暴力枚举 """
    # 两层循环，时间复杂度为 O(n^2)
    for i in range(len(nums) - 1):
        for j in range(i + 1, len(nums)):
            if nums[i] + nums[j] == target:
                return [i, j]
    return []
```

此方法的时间复杂度为 $O(n^2)$，空间复杂度为 $O(1)$，在大数据量下非常耗时。

10.4.2　哈希查找：以空间换时间

考虑借助一个哈希表，键值对分别为数组元素和元素索引。循环遍历数组，每轮执行图 10-10 所示的步骤。

(1) 判断数字 target - nums[i] 是否在哈希表中，若是，则直接返回这两个元素的索引。

(2) 将键值对 nums[i] 和索引 i 添加进哈希表。

215

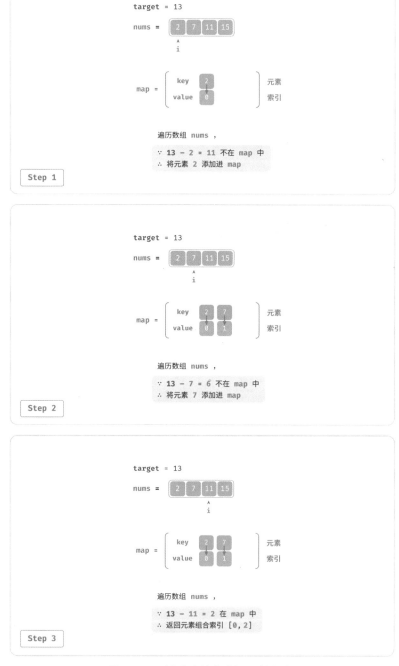

图 10-10　辅助哈希表求解两数之和

实现代码如下所示，仅需单层循环即可：

```python
# === File: two_sum.py ===

def two_sum_hash_table(nums: list[int], target: int) -> list[int]:
    """ 方法二：辅助哈希表 """
    # 辅助哈希表，空间复杂度为 O(n)
    dic = {}
    # 单层循环，时间复杂度为 O(n)
    for i in range(len(nums)):
        if target - nums[i] in dic:
            return [dic[target - nums[i]], i]
        dic[nums[i]] = i
    return []
```

此方法通过哈希查找将时间复杂度从 $O(n^2)$ 降至 $O(n)$，大幅提升运行效率。

由于需要维护一个额外的哈希表，因此空间复杂度为 $O(n)$。**尽管如此，该方法的整体时空效率更为均衡，因此它是本题的最优解法。**

10.5　重识搜索算法

搜索算法（searching algorithm）用于在数据结构（例如数组、链表、树或图）中搜索一个或一组满足特定条件的元素。

搜索算法可根据实现思路分为以下两类。

- **通过遍历数据结构来定位目标元素**，例如数组、链表、树和图的遍历等。
- **利用数据组织结构或数据包含的先验信息，实现高效元素查找**，例如二分查找、哈希查找和二叉搜索树查找等。

不难发现，这些知识点都已在前面的章节中介绍过，因此搜索算法对于我们来说并不陌生。在本节中，我们将从更加系统的视角切入，重新审视搜索算法。

10.5.1　暴力搜索

暴力搜索通过遍历数据结构的每个元素来定位目标元素。

- "线性搜索"适用于数组和链表等线性数据结构。它从数据结构的一端开始，逐个访问元素，直到找到目标元素或到达另一端仍没有找到目标元素为止。
- "广度优先搜索"和"深度优先搜索"是图和树的两种遍历策略。广度优先搜索从初始节点开始逐层搜索，由近及远地访问各个节点。深度优先搜索从初始节点开始，沿着一条路径走到头，再回溯并尝试其他路径，直到遍历完整个数据结构。

暴力搜索的优点是简单且通用性好，**无须对数据做预处理和借助额外的数据结构。**

然而，**此类算法的时间复杂度为** $O(n)$，其中 n 为元素数量，因此在数据量较大的情况下性能较差。

10.5.2　自适应搜索

自适应搜索利用数据的特有属性（例如有序性）来优化搜索过程，从而更高效地定位目标元素。

- "二分查找"利用数据的有序性实现高效查找，仅适用于数组。
- "哈希查找"利用哈希表将搜索数据和目标数据建立为键值对映射，从而实现查询操作。
- "树查找"在特定的树结构（例如二叉搜索树）中，基于比较节点值来快速排除节点，从而定位目标元素。

此类算法的优点是效率高，**时间复杂度可达到** $O(\log n)$ **甚至** $O(1)$。

然而，**使用这些算法往往需要对数据进行预处理。**例如，二分查找需要预先对数组进行排序，哈希查找和树查找都需要借助额外的数据结构，维护这些数据结构也需要额外的时间和空间开销。

> ⓘ　自适应搜索算法常被称为查找算法，**主要用于在特定数据结构中快速检索目标元素。**

10.5.3　搜索方法选取

给定大小为 n 的一组数据，我们可以使用线性搜索、二分查找、树查找、哈希查找等多种方法从中搜索目标元素。各个方法的工作原理如图 10-11 所示。

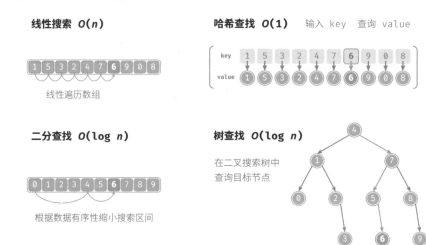

图 10-11　多种搜索策略

上述几种方法的操作效率与特性如表 10-1 所示。

表 10-1　查找算法效率对比

	线性搜索	二分查找	树　查　找	哈希查找
查找元素	$O(n)$	$O(\log n)$	$O(\log n)$	$O(1)$
插入元素	$O(1)$	$O(n)$	$O(\log n)$	$O(1)$
删除元素	$O(n)$	$O(n)$	$O(\log n)$	$O(1)$
额外空间	$O(1)$	$O(1)$	$O(n)$	$O(n)$
数据预处理	/	排序 $O(n \log n)$	建树 $O(n \log n)$	建哈希表 $O(n)$
数据是否有序	无序	有序	有序	无序

搜索算法的选择还取决于数据体量、搜索性能要求、数据查询与更新频率等。

线性搜索

- 通用性较好，无须任何数据预处理操作。假如我们仅需查询一次数据，那么其他三种方法的数据预处理的时间比线性搜索的时间还要更长。
- 适用于体量较小的数据，此情况下时间复杂度对效率影响较小。
- 适用于数据更新频率较高的场景，因为该方法不需要对数据进行任何额外维护。

二分查找

- 适用于大数据量的情况，效率表现稳定，最差时间复杂度为 $O(\log n)$。
- 数据量不能过大，因为存储数组需要连续的内存空间。
- 不适用于高频增删数据的场景，因为维护有序数组的开销较大。

哈希查找

- 适合对查询性能要求很高的场景，平均时间复杂度为 $O(1)$。
- 不适合需要有序数据或范围查找的场景，因为哈希表无法维护数据的有序性。
- 对哈希函数和哈希冲突处理策略的依赖性较高，具有较大的性能劣化风险。
- 不适合数据量过大的情况，因为哈希表需要额外空间来最大程度地减少冲突，从而提供良好的查询性能。

树查找

- 适用于海量数据，因为树节点在内存中是分散存储的。
- 适合需要维护有序数据或范围查找的场景。
- 在持续增删节点的过程中，二叉搜索树可能产生倾斜，时间复杂度劣化至 $O(n)$。
- 若使用 AVL 树或红黑树，则各项操作可在 $O(\log n)$ 效率下稳定运行，但维护树平衡的操作会增加额外的开销。

10.6　小结

- 二分查找依赖数据的有序性,通过循环逐步缩减一半搜索区间来进行查找。它要求输入数据有序,且仅适用于数组或基于数组实现的数据结构。
- 暴力搜索通过遍历数据结构来定位数据。线性搜索适用于数组和链表,广度优先搜索和深度优先搜索适用于图和树。此类算法通用性好,无须对数据进行预处理,但时间复杂度 $O(n)$ 较高。
- 哈希查找、树查找和二分查找属于高效搜索方法,可在特定数据结构中快速定位目标元素。此类算法效率高,时间复杂度可达 $O(\log n)$ 甚至 $O(1)$,但通常需要借助额外数据结构。
- 实际中,我们需要对数据体量、搜索性能要求、数据查询和更新频率等因素进行具体分析,从而选择合适的搜索方法。
- 线性搜索适用于小型或频繁更新的数据;二分查找适用于大型、排序的数据;哈希查找适用于对查询效率要求较高且无须范围查询的数据;树查找适用于需要维护顺序和支持范围查询的大型动态数据。
- 用哈希查找替换线性查找是一种常用的优化运行时间的策略,可将时间复杂度从 $O(n)$ 降至 $O(1)$。

排序

第 11 章　排序

> 排序犹如一把将混乱变为秩序的魔法钥匙，使我们能以更高效的
> 方式理解与处理数据。
>
> 无论是简单的升序，还是复杂的分类排列，排序都向我们展示了
> 数据的和谐美感。

11.1　排序算法

排序算法（sorting algorithm）用于对一组数据按照特定顺序进行排列。排序算法有着广泛的应用，因为有序数据通常能够被更高效地查找、分析和处理。

如图 11-1 所示，排序算法中的数据类型可以是整数、浮点数、字符或字符串等。排序的判断规则可根据需求设定，如数字大小、字符 ASCII 码顺序或自定义规则。

按照数字大小排序整数

按照字典序排序字符串

按照自定义规则排序字符串

图 11-1　数据类型和判断规则示例

11.1.1　评价维度

运行效率：我们期望排序算法的时间复杂度尽量低，且总体操作数量较少（时间复杂度中的常数项

变小）。对于大数据量的情况，运行效率显得尤为重要。

就地性：顾名思义，**原地排序**通过在原数组上直接操作实现排序，无须借助额外的辅助数组，从而节省内存。通常情况下，原地排序的数据搬运操作较少，运行速度也更快。

稳定性：**稳定排序**在完成排序后，相等元素在数组中的相对顺序不发生改变。

稳定排序是多级排序场景的必要条件。假设我们有一个存储学生信息的表格，第 1 列和第 2 列分别是姓名和年龄。在这种情况下，**非稳定排序**可能导致输入数据的有序性丧失：

```
# 输入数据是按照姓名排序好的
# (name, age)
  ('A', 19)
  ('B', 18)
  ('C', 21)
  ('D', 19)
  ('E', 23)

# 假设使用非稳定排序算法按年龄排序列表，
# 结果中 ('D', 19) 和 ('A', 19) 的相对位置改变，
# 输入数据按姓名排序的性质丢失
  ('B', 18)
  ('D', 19)
  ('A', 19)
  ('C', 21)
  ('E', 23)
```

自适应性：**自适应排序**的时间复杂度会受输入数据的影响，即最佳时间复杂度、最差时间复杂度、平均时间复杂度并不完全相等。

自适应性需要根据具体情况来评估。如果最差时间复杂度差于平均时间复杂度，说明排序算法在某些数据下性能可能劣化，因此被视为负面属性；而如果最佳时间复杂度优于平均时间复杂度，则被视为正面属性。

是否基于比较：**基于比较的排序**依赖比较运算符（ < 、 = 、 > ）来判断元素的相对顺序，从而排序整个数组，理论最优时间复杂度为 $O(n \log n)$。而**非比较排序**不使用比较运算符，时间复杂度可达 $O(n)$，但其通用性相对较差。

11.1.2　理想排序算法

运行快、原地、稳定、正向自适应、通用性好。显然，迄今为止尚未发现兼具以上所有特性的排序算法。因此，在选择排序算法时，需要根据具体的数据特点和问题需求来决定。

接下来，我们将共同学习各种排序算法，并基于上述评价维度对各个排序算法的优缺点进行分析。

11.2 选择排序

选择排序（selection sort）的工作原理非常简单：开启一个循环，每轮从未排序区间选择最小的元素，将其放到已排序区间的末尾。

设数组的长度为 n，选择排序的算法流程如图 11-2 所示。

(1) 初始状态下，所有元素未排序，即未排序（索引）区间为 $[0, n-1]$。

(2) 选取区间 $[0, n-1]$ 中的最小元素，将其与索引 0 处的元素交换。完成后，数组前 1 个元素已排序。

(3) 选取区间 $[1, n-1]$ 中的最小元素，将其与索引 1 处的元素交换。完成后，数组前 2 个元素已排序。

(4) 以此类推。经过 $n-1$ 轮选择与交换后，数组前 $n-1$ 个元素已排序。

(5) 仅剩的一个元素必定是最大元素，无须排序，因此数组排序完成。

图 11-2　选择排序步骤

图 11-2 选择排序步骤（续）

图 11-2　选择排序步骤（续）

图 11-2 选择排序步骤（续）

在代码中，我们用 k 来记录未排序区间内的最小元素：

```python
# === File: selection_sort.py ===

def selection_sort(nums: list[int]):
    """ 选择排序 """
    n = len(nums)
    # 外循环：未排序区间为 [i, n-1]
    for i in range(n - 1):
        # 内循环：找到未排序区间内的最小元素
        k = i
        for j in range(i + 1, n):
            if nums[j] < nums[k]:
                k = j  # 记录最小元素的索引
        # 将该最小元素与未排序区间的首个元素交换
        nums[i], nums[k] = nums[k], nums[i]
```

算法特性

- **时间复杂度为 $O(n^2)$、非自适应排序**：外循环共 $n-1$ 轮，第一轮的未排序区间长度为 n，最后一轮的未排序区间长度为 2，即各轮外循环分别包含 n、$n-1$、$\cdots$、3、2 轮内循环，求和为 $\dfrac{(n-1)(n+2)}{2}$。
- **空间复杂度为 $O(1)$、原地排序**：指针 i 和 j 使用常数大小的额外空间。
- **非稳定排序**：如图 11-3 所示，元素 nums[i] 有可能被交换至与其相等的元素的右边，导致两者的相对顺序发生改变。

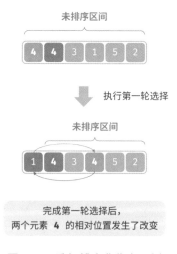

图 11-3　选择排序非稳定示例

11.3 冒泡排序

冒泡排序（bubble sort）通过连续地比较与交换相邻元素实现排序。这个过程就像气泡从底部升到顶部一样，因此得名冒泡排序。

如图 11-4 所示，冒泡过程可以利用元素交换操作来模拟：从数组最左端开始向右遍历，依次比较相邻元素大小，如果"左元素 > 右元素"就交换二者。遍历完成后，最大的元素会被移动到数组的最右端。

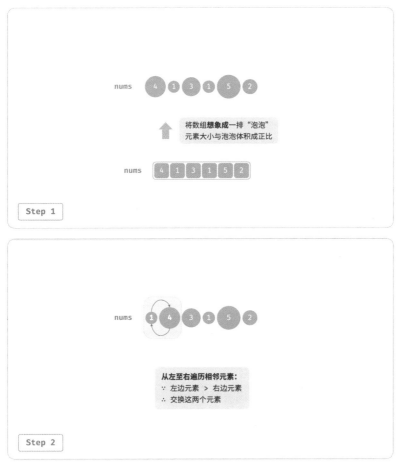

图 11-4　利用元素交换操作模拟冒泡

图 11-4　利用元素交换操作模拟冒泡（续）

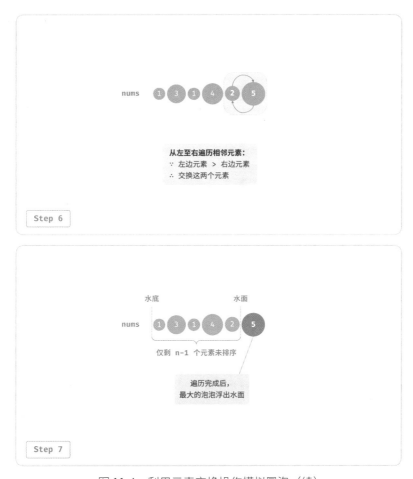

图 11-4 利用元素交换操作模拟冒泡（续）

11.3.1 算法流程

设数组的长度为 n，冒泡排序的步骤如图 11-5 所示。

(1) 首先，对 n 个元素执行"冒泡"，**将数组的最大元素交换至正确位置**。

(2) 接下来，对剩余 $n-1$ 个元素执行"冒泡"，**将第二大元素交换至正确位置**。

(3) 以此类推，经过 $n-1$ 轮"冒泡"后，**前 $n-1$ 大的元素都被交换至正确位置**。

(4) 仅剩的一个元素必定是最小元素，无须排序，因此数组排序完成。

图 11-5　冒泡排序流程

示例代码如下：

```
# === File: bubble_sort.py ===

def bubble_sort(nums: list[int]):
    """ 冒泡排序 """
    n = len(nums)
    # 外循环：未排序区间为 [0, i]
    for i in range(n - 1, 0, -1):
        # 内循环：将未排序区间 [0, i] 中的最大元素交换至该区间的最右端
        for j in range(i):
            if nums[j] > nums[j + 1]:
                # 交换 nums[j] 与 nums[j + 1]
                nums[j], nums[j + 1] = nums[j + 1], nums[j]
```

11.3.2　效率优化

我们发现，如果某轮"冒泡"中没有执行任何交换操作，说明数组已经完成排序，可直接返回结果。因此，可以增加一个标志位 flag 来监测这种情况，一旦出现就立即返回。

经过优化，冒泡排序的最差时间复杂度和平均时间复杂度仍为 $O(n^2)$；但当输入数组完全有序时，可达到最佳时间复杂度 $O(n)$：

```
# === File: bubble_sort.py ===

def bubble_sort_with_flag(nums: list[int]):
    """ 冒泡排序（标志优化）"""
```

```
n = len(nums)
# 外循环：未排序区间为 [0, i]
for i in range(n - 1, 0, -1):
    flag = False  # 初始化标志位
    # 内循环：将未排序区间 [0, i] 中的最大元素交换至该区间的最右端
    for j in range(i):
        if nums[j] > nums[j + 1]:
            # 交换 nums[j] 与 nums[j + 1]
            nums[j], nums[j + 1] = nums[j + 1], nums[j]
            flag = True  # 记录交换元素
    if not flag:
        break  # 此轮"冒泡"未交换任何元素，直接跳出
```

11.3.3 算法特性

- **时间复杂度为 $O(n^2)$、自适应排序**：各轮"冒泡"遍历的数组长度依次为 $n-1$、$n-2$、$\cdots$、2、1，总和为 $(n-1)n/2$。在引入 **flag** 优化后，最佳时间复杂度可达到 $O(n)$。
- **空间复杂度为 $O(1)$、原地排序**：指针 i 和 j 使用常数大小的额外空间。
- **稳定排序**：由于在"冒泡"中遇到相等元素不交换。

11.4 插入排序

插入排序（insertion sort）是一种简单的排序算法，它的工作原理与手动整理一副牌的过程非常相似。

具体来说，我们在未排序区间选择一个基准元素，将该元素与其左侧已排序区间的元素逐一比较大小，并将该元素插入到正确的位置。

图 11-6 展示了数组插入元素的操作流程。设基准元素为 base，我们需要将从目标索引到 base 之间的所有元素向右移动一位，然后将 base 赋值给目标索引。

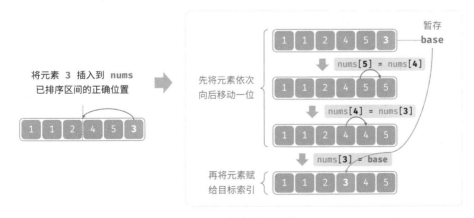

图 11-6　单次插入操作

11.4.1　算法流程

插入排序的整体流程如图 11-7 所示。

(1) 初始状态下，数组的第 1 个元素已完成排序。

(2) 选取数组的第 2 个元素作为 base，将其插入到正确位置后，**数组的前 2 个元素已排序**。

(3) 选取第 3 个元素作为 base，将其插入到正确位置后，**数组的前 3 个元素已排序**。

(4) 以此类推，在最后一轮中，选取最后一个元素作为 base，将其插入到正确位置后，**所有元素均已排序**。

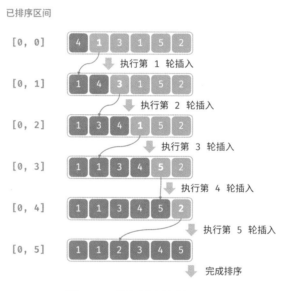

图 11-7　插入排序流程

示例代码如下：

```python
# === File: insertion_sort.py ===

def insertion_sort(nums: list[int]):
    """ 插入排序 """
    # 外循环：已排序区间为 [0, i-1]
    for i in range(1, len(nums)):
        base = nums[i]
        j = i - 1
        # 内循环：将 base 插入到已排序区间 [0, i-1] 中的正确位置
        while j >= 0 and nums[j] > base:
            nums[j + 1] = nums[j]  # 将 nums[j] 向右移动一位
            j -= 1
        nums[j + 1] = base  # 将 base 赋值到正确位置
```

11.4.2　算法特性

- **时间复杂度为 $O(n^2)$、自适应排序**：在最差情况下，每次插入操作分别需要循环 $n-1$、$n-2$、$\cdots$、2、1 次，求和得到 $(n-1)n/2$，因此时间复杂度为 $O(n^2)$。在遇到有序数据时，插入操作会提前终止。当输入数组完全有序时，插入排序达到最佳时间复杂度 $O(n)$。
- **空间复杂度为 $O(1)$、原地排序**：指针 i 和 j 使用常数大小的额外空间。
- **稳定排序**：在插入操作过程中，我们会将元素插入到相等元素的右侧，不会改变它们的顺序。

11.4.3　插入排序的优势

插入排序的时间复杂度为 $O(n^2)$，而我们即将学习的快速排序的时间复杂度为 $O(n \log n)$。尽管插入排序的时间复杂度更高，**但在数据量较小的情况下，插入排序通常更快**。

这个结论与线性查找和二分查找的适用情况的结论类似。快速排序这类 $O(n \log n)$ 的算法属于基于分治策略的排序算法，往往包含更多单元计算操作。而在数据量较小时，n^2 和 $n \log n$ 的数值比较接近，复杂度不占主导地位，每轮中的单元操作数量起到决定性作用。

实际上，许多编程语言（例如 Java）的内置排序函数采用了插入排序，大致思路为：对于长数组，采用基于分治策略的排序算法，例如快速排序；对于短数组，直接使用插入排序。

虽然冒泡排序、选择排序和插入排序的时间复杂度都为 $O(n^2)$，但在实际情况中，**插入排序的使用频率显著高于冒泡排序和选择排序**，主要有以下原因。

- 冒泡排序基于元素交换实现，需要借助一个临时变量，共涉及 3 个单元操作；插入排序基于元素赋值实现，仅需 1 个单元操作。因此，**冒泡排序的计算开销通常比插入排序更高**。
- 选择排序在任何情况下的时间复杂度都为 $O(n^2)$。**如果给定一组部分有序的数据，插入排序通常比选择排序效率更高**。
- 选择排序不稳定，无法应用于多级排序。

11.5　快速排序

快速排序（quick sort）是一种基于分治策略的排序算法，运行高效，应用广泛。

快速排序的核心操作是"哨兵划分"，其目标是：选择数组中的某个元素作为"基准数"，将所有小于基准数的元素移到其左侧，而大于基准数的元素移到其右侧。具体来说，哨兵划分的流程如图 11-8 所示。

(1) 选取数组最左端元素作为基准数，初始化两个指针 `i` 和 `j` 分别指向数组的两端。
(2) 设置一个循环，在每轮中使用 `i`（`j`）分别寻找第一个比基准数大（小）的元素，然后交换这两个元素。

(3) 循环执行步骤 (2)，直到 i 和 j 相遇时停止，最后将基准数交换至两个子数组的分界线。

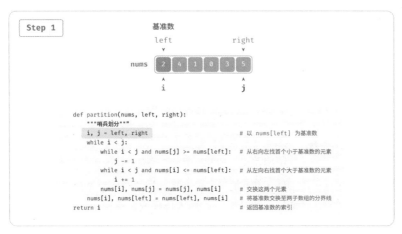

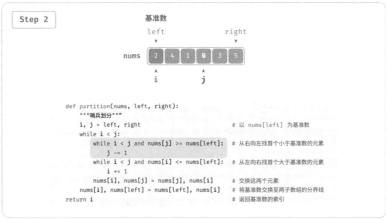

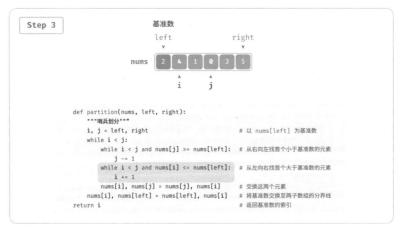

图 11-8 哨兵划分步骤

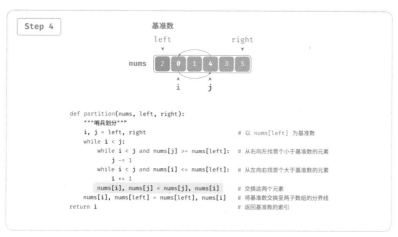

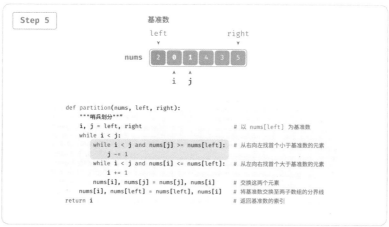

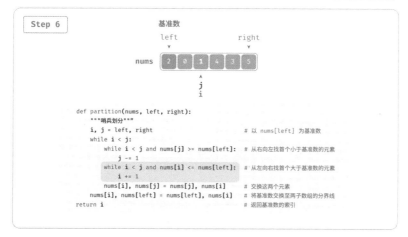

图 11-8 哨兵划分步骤（续）

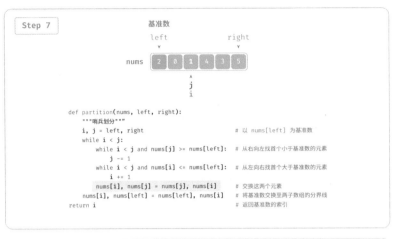

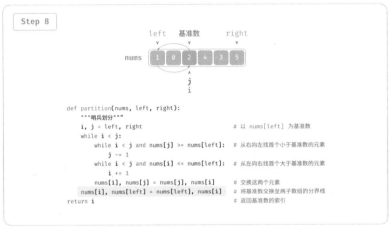

图 11-8 哨兵划分步骤（续）

哨兵划分完成后，原数组被划分成三部分：左子数组、基准数、右子数组，且满足"左子数组任意元素 ≤ 基准数 ≤ 右子数组任意元素"。因此，我们接下来只需对这两个子数组进行排序。

> ❗ 快速排序的分治策略
>
> 哨兵划分的实质是将一个较长数组的排序问题简化为两个较短数组的排序问题。

```python
# === File: quick_sort.py ===

def partition(self, nums: list[int], left: int, right: int) -> int:
    """哨兵划分"""
    # 以 nums[left] 为基准数
    i, j = left, right
    while i < j:
        while i < j and nums[j] >= nums[left]:
            j -= 1  # 从右向左找首个小于基准数的元素
        while i < j and nums[i] <= nums[left]:
            i += 1  # 从左向右找首个大于基准数的元素
        # 元素交换
        nums[i], nums[j] = nums[j], nums[i]
    # 将基准数交换至两子数组的分界线
    nums[i], nums[left] = nums[left], nums[i]
    return i  # 返回基准数的索引
```

11.5.1　算法流程

快速排序的整体流程如图 11-9 所示。

(1) 首先，对原数组执行一次"哨兵划分"，得到未排序的左子数组和右子数组。

(2) 然后，对左子数组和右子数组分别递归执行"哨兵划分"。

(3) 持续递归，直至子数组长度为 1 时终止，从而完成整个数组的排序。

```python
# === File: quick_sort.py ===

def quick_sort(self, nums: list[int], left: int, right: int):
    """快速排序"""
    # 子数组长度为 1 时终止递归
    if left >= right:
        return
    # 哨兵划分
    pivot = self.partition(nums, left, right)
    # 递归左子数组、右子数组
    self.quick_sort(nums, left, pivot - 1)
    self.quick_sort(nums, pivot + 1, right)
```

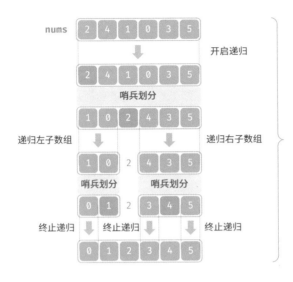

图 11-9　快速排序流程

11.5.2　算法特性

- **时间复杂度为 $O(n \log n)$、自适应排序**：在平均情况下，哨兵划分的递归层数为 $\log n$，每层中的总循环数为 n，总体使用 $O(n \log n)$ 时间。在最差情况下，每轮哨兵划分操作都将长度为 n 的数组划分为长度为 0 和 $n-1$ 的两个子数组，此时递归层数达到 n，每层中的循环数为 n，总体使用 $O(n^2)$ 时间。
- **空间复杂度为 $O(n)$、原地排序**：在输入数组完全倒序的情况下，达到最差递归深度 n，使用 $O(n)$ 栈帧空间。排序操作是在原数组上进行的，未借助额外数组。
- **非稳定排序**：在哨兵划分的最后一步，基准数可能会被交换至相等元素的右侧。

11.5.3　快速排序为什么快

从名称上就能看出，快速排序在效率方面应该具有一定的优势。尽管快速排序的平均时间复杂度与"归并排序"和"堆排序"相同，但通常快速排序的效率更高，主要有以下原因。

- **出现最差情况的概率很低**：虽然快速排序的最差时间复杂度为 $O(n^2)$，没有归并排序稳定，但在绝大多数情况下，快速排序能在 $O(n \log n)$ 的时间复杂度下运行。
- **缓存使用效率高**：在执行哨兵划分操作时，系统可将整个子数组加载到缓存，因此访问元素的效率较高。而像"堆排序"这类算法需要跳跃式访问元素，从而缺乏这一特性。

- **复杂度的常数系数小**：在上述三种算法中，快速排序的比较、赋值、交换等操作的总数量最少。这与"插入排序"比"冒泡排序"更快的原因类似。

11.5.4　基准数优化

快速排序在某些输入下的时间效率可能降低。举一个极端例子，假设输入数组是完全倒序的，由于我们选择最左端元素作为基准数，那么在哨兵划分完成后，基准数被交换至数组最右端，导致左子数组长度为 $n-1$、右子数组长度为 0。如此递归下去，每轮哨兵划分后都有一个子数组的长度为 0，分治策略失效，快速排序退化为"冒泡排序"的近似形式。

为了尽量避免这种情况发生，**我们可以优化哨兵划分中的基准数的选取策略**。例如，我们可以随机选取一个元素作为基准数。然而，如果运气不佳，每次都选到不理想的基准数，效率仍然不尽如人意。

需要注意的是，编程语言通常生成的是"伪随机数"。如果我们针对伪随机数序列构建一个特定的测试样例，那么快速排序的效率仍然可能劣化。

为了进一步改进，我们可以在数组中选取三个候选元素（通常为数组的首、尾、中点元素），**并将这三个候选元素的中位数作为基准数**。这样一来，基准数"既不太小也不太大"的概率将大幅提升。当然，我们还可以选取更多候选元素，以进一步提高算法的稳健性。采用这种方法后，时间复杂度劣化至 $O(n^2)$ 的概率大大降低。

示例代码如下：

```python
# === File: quick_sort.py ===

def median_three(self, nums: list[int], left: int, mid: int, right: int) -> int:
    """ 选取三个候选元素的中位数 """
    l, m, r = nums[left], nums[mid], nums[right]
    if (l <= m <= r) or (r <= m <= l):
        return mid  # m 在 l 和 r 之间
    if (m <= l <= r) or (r <= l <= m):
        return left  # l 在 m 和 r 之间
    return right

def partition(self, nums: list[int], left: int, right: int) -> int:
    """ 哨兵划分（三数取中值）"""
    # 以 nums[left] 为基准数
    med = self.median_three(nums, left, (left + right) // 2, right)
    # 将中位数交换至数组最左端
    nums[left], nums[med] = nums[med], nums[left]
    # 以 nums[left] 为基准数
    i, j = left, right
```

```
while i < j:
    while i < j and nums[j] >= nums[left]:
        j -= 1  # 从右向左找首个小于基准数的元素
    while i < j and nums[i] <= nums[left]:
        i += 1  # 从左向右找首个大于基准数的元素
    # 元素交换
    nums[i], nums[j] = nums[j], nums[i]
# 将基准数交换至两子数组的分界线
nums[i], nums[left] = nums[left], nums[i]
return i  # 返回基准数的索引
```

11.5.5 尾递归优化

在某些输入下，快速排序可能占用空间较多。以完全有序的输入数组为例，设递归中的子数组长度为 m，每轮哨兵划分操作都将产生长度为 0 的左子数组和长度为 $m-1$ 的右子数组，这意味着每一层递归调用减少的问题规模非常小（只减少一个元素），递归树的高度会达到 $n-1$，此时需要占用 $O(n)$ 大小的栈帧空间。

为了防止栈帧空间的累积，我们可以在每轮哨兵排序完成后，比较两个子数组的长度，**仅对较短的子数组进行递归**。由于较短子数组的长度不会超过 $n/2$，因此这种方法能确保递归深度不超过 $\log n$，从而将最差空间复杂度优化至 $O(\log n)$。代码如下所示：

```
# === File: quick_sort.py ===

def quick_sort(self, nums: list[int], left: int, right: int):
    """快速排序（尾递归优化）"""
    # 子数组长度为 1 时终止
    while left < right:
        # 哨兵划分操作
        pivot = self.partition(nums, left, right)
        # 对两个子数组中较短的那个执行快速排序
        if pivot - left < right - pivot:
            self.quick_sort(nums, left, pivot - 1)  # 递归排序左子数组
            left = pivot + 1  # 剩余未排序区间为 [pivot + 1, right]
        else:
            self.quick_sort(nums, pivot + 1, right)  # 递归排序右子数组
            right = pivot - 1  # 剩余未排序区间为 [left, pivot - 1]
```

11.6 归并排序

归并排序（merge sort）是一种基于分治策略的排序算法，包含图 11-10 所示的"划分"和"合并"阶段。

(1) **划分阶段**：通过递归不断地将数组从中点处分开，将长数组的排序问题转换为短数组的排序问题。

(2) **合并阶段**：当子数组长度为 1 时终止划分，开始合并，持续地将左右两个较短的有序数组合并为一个较长的有序数组，直至结束。

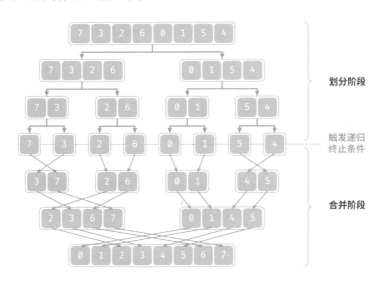

图 11-10　归并排序的划分与合并阶段

11.6.1　算法流程

如图 11-11 所示，"划分阶段"从顶至底递归地将数组从中点切分为两个子数组。

(1) 计算数组中点 mid，递归划分左子数组（区间 [left, mid]）和右子数组（区间 [mid + 1, right]）。

(2) 递归执行步骤 (1)，直至子数组区间长度为 1 时终止。

"合并阶段"从底至顶地将左子数组和右子数组合并为一个有序数组。需要注意的是，从长度为 1 的子数组开始合并，合并阶段中的每个子数组都是有序的。

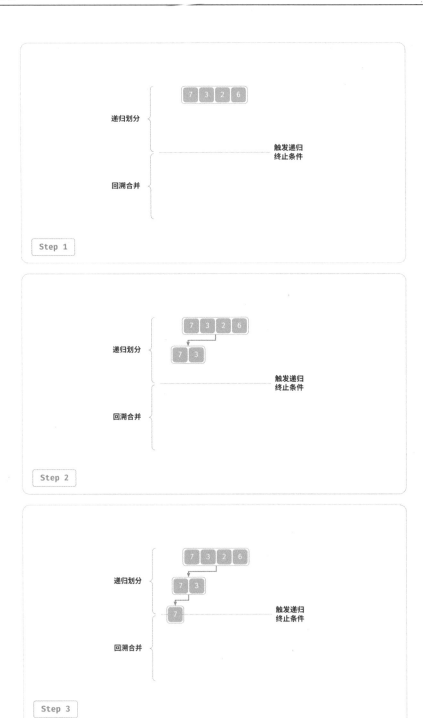

图 11-11 归并排序步骤

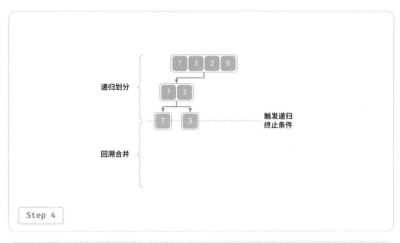

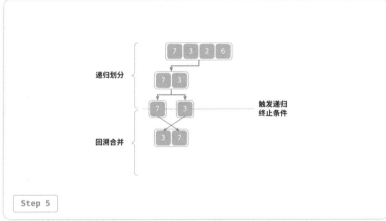

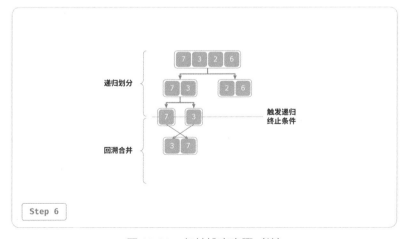

图 11-11 归并排序步骤（续）

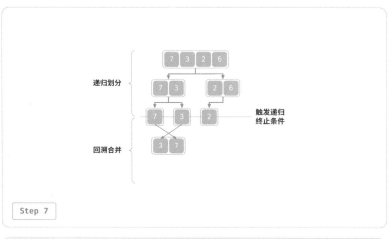

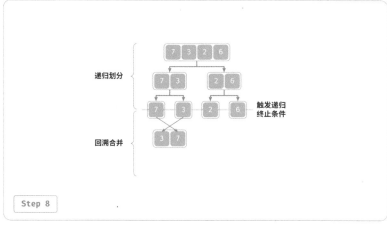

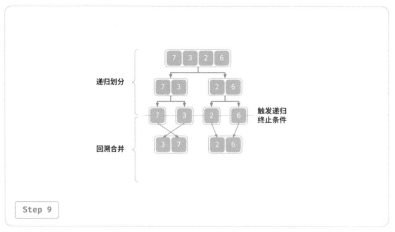

图 11-11　归并排序步骤（续）

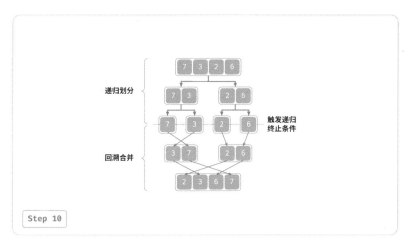

图 11-11 归并排序步骤（续）

观察发现，归并排序与二叉树后序遍历的递归顺序是一致的。

- **后序遍历**：先递归左子树，再递归右子树，最后处理根节点。
- **归并排序**：先递归左子数组，再递归右子数组，最后处理合并。

归并排序的实现如以下代码所示。请注意，nums 的待合并区间为 [left, right]，而 tmp 对应区间为 [0, right - left]：

```python
# === File: merge_sort.py ===

def merge(nums: list[int], left: int, mid: int, right: int):
    """ 合并左子数组和右子数组 """
    # 左子数组区间为 [left, mid], 右子数组区间为 [mid+1, right]
    # 创建一个临时数组 tmp, 用于存放合并后的结果
    tmp = [0] * (right - left + 1)
    # 初始化左子数组和右子数组的起始索引
    i, j, k = left, mid + 1, 0
    # 当左右子数组都还有元素时, 进行比较并将较小的元素复制到临时数组中
    while i <= mid and j <= right:
        if nums[i] <= nums[j]:
            tmp[k] = nums[i]
            i += 1
        else:
            tmp[k] = nums[j]
            j += 1
        k += 1
    # 将左子数组和右子数组的剩余元素复制到临时数组中
    while i <= mid:
        tmp[k] = nums[i]
        i += 1
        k += 1
```

```
    while j <= right:
        tmp[k] = nums[j]
        j += 1
        k += 1
    # 将临时数组 tmp 中的元素复制回原数组 nums 的对应区间
    for k in range(0, len(tmp)):
        nums[left + k] = tmp[k]

def merge_sort(nums: list[int], left: int, right: int):
    """ 归并排序 """
    # 终止条件
    if left >= right:
        return  # 当子数组长度为 1 时终止递归
    # 划分阶段
    mid = (left + right) // 2  # 计算中点
    merge_sort(nums, left, mid)  # 递归左子数组
    merge_sort(nums, mid + 1, right)  # 递归右子数组
    # 合并阶段
    merge(nums, left, mid, right)
```

11.6.2　算法特性

- **时间复杂度为 $O(n \log n)$、非自适应排序**：划分产生高度为 $\log n$ 的递归树，每层合并的总操作数量为 n，因此总体时间复杂度为 $O(n \log n)$。
- **空间复杂度为 $O(n)$、非原地排序**：递归深度为 $\log n$，使用 $O(\log n)$ 大小的栈帧空间。合并操作需要借助辅助数组实现，使用 $O(n)$ 大小的额外空间。
- **稳定排序**：在合并过程中，相等元素的次序保持不变。

11.6.3　链表排序

对于链表，归并排序相较于其他排序算法具有显著优势，**可以将链表排序任务的空间复杂度优化至** $O(1)$。

(1) **划分阶段**：可以使用"迭代"替代"递归"来实现链表划分工作，从而省去递归使用的栈帧空间。

(2) **合并阶段**：在链表中，节点增删操作仅需改变引用（指针）即可实现，因此合并阶段（将两个短有序链表合并为一个长有序链表）无须创建额外链表。

具体实现细节比较复杂，有兴趣的读者可以查阅相关资料进行学习。

11.7 堆排序

> ℹ 阅读本节前，请确保已学完第 8 章。

堆排序（heap sort）是一种基于堆数据结构实现的高效排序算法。我们可以利用已经学过的"建堆操作"和"元素出堆操作"实现堆排序。

(1) 输入数组并建立小顶堆，此时最小元素位于堆顶。

(2) 不断执行出堆操作，依次记录出堆元素，即可得到从小到大排序的序列。

以上方法虽然可行，但需要借助一个额外数组来保存弹出的元素，比较浪费空间。在实际中，我们通常使用一种更加优雅的实现方式。

11.7.1 算法流程

设数组的长度为 n，堆排序的流程如图 11-12 所示。

(1) 输入数组并建立大顶堆。完成后，最大元素位于堆顶。

(2) 将堆顶元素（第一个元素）与堆底元素（最后一个元素）交换。完成交换后，堆的长度减 1，已排序元素数量加 1。

(3) 从堆顶元素开始，从顶到底执行堆化操作（sift down）。完成堆化后，堆的性质得到修复。

(4) 循环执行第 (2) 步和第 (3) 步。循环 $n-1$ 轮后，即可完成数组排序。

> ℹ 实际上，元素出堆操作中也包含第 (2) 步和第 (3) 步，只是多了一个弹出元素的步骤。

图 11-12 堆排序步骤

在代码实现中，我们使用了与第 8 章相同的从顶至底堆化 `sift_down()` 函数。值得注意的是，由于堆的长度会随着提取最大元素而减小，因此我们需要给 `sift_down()` 函数添加一个长度参数 n，用于指定堆的当前有效长度。代码如下所示：

```python
# === File: heap_sort.py ===

def sift_down(nums: list[int], n: int, i: int):
    """堆的长度为 n, 从节点 i 开始, 从顶至底堆化"""
    while True:
        # 判断节点 i, l, r 中值最大的节点, 记为 ma
        l = 2 * i + 1
        r = 2 * i + 2
        ma = i
        if l < n and nums[l] > nums[ma]:
            ma = l
        if r < n and nums[r] > nums[ma]:
            ma = r
        # 若节点 i 最大或索引 l, r 越界, 则无须继续堆化, 跳出
        if ma == i:
            break
        # 交换两节点
        nums[i], nums[ma] = nums[ma], nums[i]
        # 循环向下堆化
        i = ma

def heap_sort(nums: list[int]):
    """堆排序"""
    # 建堆操作: 堆化除叶节点以外的其他所有节点
    for i in range(len(nums) // 2 - 1, -1, -1):
        sift_down(nums, len(nums), i)
    # 从堆中提取最大元素, 循环 n-1 轮
    for i in range(len(nums) - 1, 0, -1):
        # 交换根节点与最右叶节点（交换首元素与尾元素）
        nums[0], nums[i] = nums[i], nums[0]
        # 以根节点为起点, 从顶至底进行堆化
        sift_down(nums, i, 0)
```

11.7.2　算法特性

- **时间复杂度为 $O(n \log n)$、非自适应排序**：建堆操作使用 $O(n)$ 时间。从堆中提取最大元素的时间复杂度为 $O(\log n)$，共循环 $n-1$ 轮。
- **空间复杂度为 $O(1)$、原地排序**：几个指针变量使用 $O(1)$ 空间。元素交换和堆化操作都是在原数组上进行的。
- **非稳定排序**：在交换堆顶元素和堆底元素时，相等元素的相对位置可能发生变化。

11.8　桶排序

前述几种排序算法都属于"基于比较的排序算法"，它们通过比较元素间的大小来实现排序。此类排序算法的时间复杂度无法超越 $O(n \log n)$。接下来，我们将探讨几种"非比较排序算法"，它们的时

间复杂度可以达到线性阶。

桶排序（bucket sort）是分治策略的一个典型应用。它通过设置一些具有大小顺序的桶，每个桶对应一个数据范围，将数据平均分配到各个桶中；然后，在每个桶内部分别执行排序；最终按照桶的顺序将所有数据合并。

11.8.1 算法流程

考虑一个长度为 n 的数组，其元素是范围 $[0, 1)$ 内的浮点数。桶排序的流程如图 11-13 所示。

(1) 初始化 k 个桶，将 n 个元素分配到 k 个桶中。
(2) 对每个桶分别执行排序（这里采用编程语言的内置排序函数）。
(3) 按照桶从小到大的顺序合并结果。

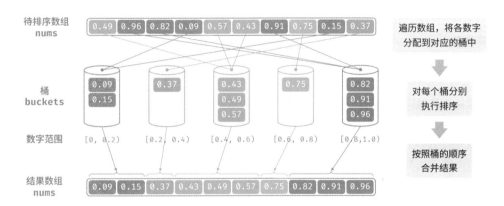

图 11-13　桶排序算法流程

代码如下所示：

```python
# === File: bucket_sort.py ===

def bucket_sort(nums: list[float]):
    """ 桶排序 """
    # 初始化 k = n / 2 个桶，预期向每个桶分配 2 个元素
    k = len(nums) // 2
    buckets = [[] for _ in range(k)]
    # 1. 将数组元素分配到各个桶中
    for num in nums:
        # 输入数据范围为 [0, 1)，使用 num * k 映射到索引范围 [0, k - 1]
        i = int(num * k)
        # 将 num 添加进桶 i
        buckets[i].append(num)
```

```
# 2. 对各个桶执行排序
for bucket in buckets:
    # 使用内置排序函数，也可以替换成其他排序算法
    bucket.sort()
# 3. 遍历桶合并结果
i = 0
for bucket in buckets:
    for num in bucket:
        nums[i] = num
        i += 1
```

11.8.2　算法特性

桶排序适用于处理体量很大的数据。例如，输入数据包含 100 万个元素，由于空间限制，系统内存无法一次性加载所有数据。此时，可以将数据分成 1000 个桶，然后分别对每个桶进行排序，最后将结果合并。

- **时间复杂度为 $O(n+k)$**：假设元素在各个桶内平均分布，那么每个桶内的元素数量为 $\dfrac{n}{k}$。假设排序单个桶使用 $O\left(\dfrac{n}{k}\log\dfrac{n}{k}\right)$ 时间，则排序所有桶使用 $O\left(n\log\dfrac{n}{k}\right)$ 时间。**当桶数量 k 比较大时，时间复杂度则趋向于 $O(n)$**。合并结果时需要遍历所有桶和元素，花费 $O(n+k)$ 时间。
- **自适应排序**：在最差情况下，所有数据被分配到一个桶中，且排序该桶使用 $O(n^2)$ 时间。
- **空间复杂度为 $O(n+k)$、非原地排序**：需要借助 k 个桶和总共 n 个元素的额外空间。
- 桶排序是否稳定取决于排序桶内元素的算法是否稳定。

11.8.3　如何实现平均分配

桶排序的时间复杂度理论上可以达到 $O(n)$，**关键在于将元素均匀分配到各个桶中**，因为实际数据往往不是均匀分布的。例如，我们想要将淘宝上的所有商品按价格范围平均分配到 10 个桶中，但商品价格分布不均，低于 100 元的非常多，高于 1000 元的非常少。若将价格区间平均划分为 10 个，各个桶中的商品数量差距会非常大。

为实现平均分配，我们可以先设定一条大致的分界线，将数据粗略地分到 3 个桶中。**分配完毕后，再将商品较多的桶继续划分为 3 个桶，直至所有桶中的元素数量大致相等**。

如图 11-14 所示，这种方法本质上是创建一棵递归树，目标是让叶节点的值尽可能平均。当然，不一定要每轮将数据划分为 3 个桶，具体划分方式可根据数据特点灵活选择。

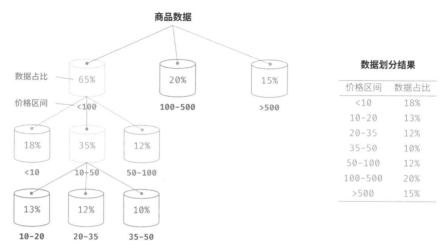

图 11-14 递归划分桶

如果我们提前知道商品价格的概率分布，**则可以根据数据概率分布设置每个桶的价格分界线**。值得注意的是，数据分布并不一定需要特意统计，也可以根据数据特点采用某种概率模型进行近似。

如图 11-15 所示，我们假设商品价格服从正态分布，这样就可以合理地设定价格区间，从而将商品平均分配到各个桶中。

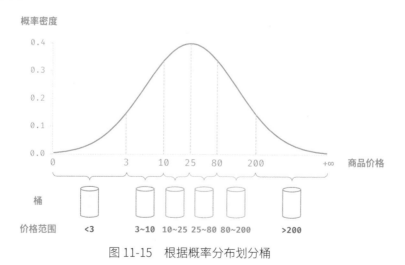

图 11-15 根据概率分布划分桶

11.9 计数排序

计数排序（counting sort）通过统计元素数量来实现排序，通常应用于整数数组。

11.9.1　简单实现

先来看一个简单的例子。给定一个长度为 n 的数组 nums，其中的元素都是"非负整数"，计数排序的整体流程如图 11-16 所示。

(1) 遍历数组，找出其中的最大数字，记为 m，然后创建一个长度为 $m + 1$ 的辅助数组 counter。

(2) **借助 counter 统计 nums 中各数字的出现次数**，其中 counter[num] 对应数字 num 的出现次数。统计方法很简单，只需遍历 nums（设当前数字为 num），每轮将 counter[num] 增加 1 即可。

(3) **由于 counter 的各个索引天然有序，因此相当于所有数字已经排序好了。** 接下来，我们遍历 counter，根据各数字出现次数从小到大的顺序填入 nums 即可。

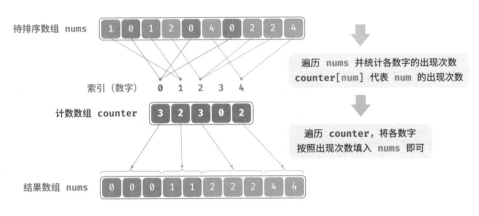

图 11-16　计数排序流程

代码如下所示：

```python
# === File: counting_sort.py ===
def counting_sort_naive(nums: list[int]):
    """ 计数排序 """
    # 简单实现，无法用于排序对象
    # 1. 统计数组最大元素 m
    m = 0
    for num in nums:
        m = max(m, num)
    # 2. 统计各数字的出现次数
    # counter[num] 代表 num 的出现次数
    counter = [0] * (m + 1)
    for num in nums:
        counter[num] += 1
    # 3. 遍历 counter，将各元素填入原数组 nums
    i = 0
    for num in range(m + 1):
```

```
for _ in range(counter[num]):
    nums[i] = num
    i += 1
```

> ⓘ 计数排序与桶排序的联系
>
> 从桶排序的角度看，我们可以将计数排序中的计数数组 counter 的每个索引视为一个桶，将统计数量的过程看作将各个元素分配到对应的桶中。本质上，计数排序是桶排序在整型数据下的一个特例。

11.9.2 完整实现

细心的读者可能发现了，**如果输入数据是对象，上述步骤** (3) **就失效了**。假设输入数据是商品对象，我们想按照商品价格（类的成员变量）对商品进行排序，而上述算法只能给出价格的排序结果。

那么如何才能得到原数据的排序结果呢？我们首先计算 counter 的"前缀和"。顾名思义，索引 i 处的前缀和 prefix[i] 等于数组前 i 个元素之和：

$$\text{prefix}[i] = \sum_{j=0}^{i} \text{counter}[j]$$

前缀和具有明确的意义，prefix[num] - 1 代表元素 num 在结果数组 res 中最后一次出现的索引。这个信息非常关键，因为它告诉我们各个元素应该出现在结果数组的哪个位置。接下来，我们倒序遍历原数组 nums 的每个元素 num，在每轮迭代中执行以下两步。

(1) 将 num 填入数组 res 的索引 prefix[num] - 1 处。
(2) 令前缀和 prefix[num] 减小 1，从而得到下次放置 num 的索引。

遍历完成后，数组 res 中就是排序好的结果，最后使用 res 覆盖原数组 nums 即可。图 11-17 展示了完整的计数排序流程。

图 11-17　计数排序步骤

计数排序的实现代码如下所示：

```python
# === File: counting_sort.py ===

def counting_sort(nums: list[int]):
    """计数排序"""
    # 完整实现，可排序对象，并且是稳定排序
    # 1. 统计数组最大元素 m
    m = max(nums)
    # 2. 统计各数字的出现次数
    # counter[num] 代表 num 的出现次数
    counter = [0] * (m + 1)
    for num in nums:
        counter[num] += 1
    # 3. 求 counter 的前缀和，将"出现次数"转换为"尾索引"
    # 即 counter[num]-1 是 num 在 res 中最后一次出现的索引
    for i in range(m):
        counter[i + 1] += counter[i]
    # 4. 倒序遍历 nums，将各元素填入结果数组 res
    # 初始化数组 res 用于记录结果
    n = len(nums)
    res = [0] * n
    for i in range(n - 1, -1, -1):
        num = nums[i]
        res[counter[num] - 1] = num  # 将 num 放置到对应索引处
        counter[num] -= 1  # 令前缀和自减 1，得到下次放置 num 的索引
    # 使用结果数组 res 覆盖原数组 nums
    for i in range(n):
        nums[i] = res[i]
```

11.9.3　算法特性

- **时间复杂度为** $O(n + m)$：涉及遍历 nums 和遍历 counter，都使用线性时间。一般情况下 $n \gg m$，时间复杂度趋于 $O(n)$。
- **空间复杂度为** $O(n + m)$、**非原地排序**：借助了长度分别为 n 和 m 的数组 res 和 counter。
- **稳定排序**：由于向 res 中填充元素的顺序是"从右向左"的，因此倒序遍历 nums 可以避免改变相等元素之间的相对位置，从而实现稳定排序。实际上，正序遍历 nums 也可以得到正确的排序结果，但结果是非稳定的。

11.9.4　局限性

看到这里，你也许会觉得计数排序非常巧妙，仅通过统计数量就可以实现高效的排序。然而，使用计数排序的前置条件相对较为严格。

计数排序只适用于非负整数。若想将其用于其他类型的数据，需要确保这些数据可以转换为非负整

数，并且在转换过程中不能改变各个元素之间的相对大小关系。例如，对于包含负数的整数数组，可以先给所有数字加上一个常数，将全部数字转化为正数，排序完成后再转换回去。

计数排序适用于数据量大但数据范围较小的情况。比如，在上述示例中 m 不能太大，否则会占用过多空间。而当 $n \ll m$ 时，计数排序使用 $O(m)$ 时间，可能比 $O(n \log n)$ 的排序算法还要慢。

11.10 基数排序

上一节介绍了计数排序，它适用于数据量 n 较大但数据范围 m 较小的情况。假设我们需要对 $n = 10^6$ 个学号进行排序，而学号是一个 8 位数字，这意味着数据范围 $m = 10^8$ 非常大，使用计数排序需要分配大量内存空间，而基数排序可以避免这种情况。

基数排序（radix sort）的核心思想与计数排序一致，也通过统计个数来实现排序。在此基础上，基数排序利用数字各位之间的递进关系，依次对每一位进行排序，从而得到最终的排序结果。

11.10.1 算法流程

以学号数据为例，假设数字的最低位是第 1 位，最高位是第 8 位，基数排序的流程如图 11-18 所示。

(1) 初始化位数 $k = 1$。

(2) 对学号的第 k 位执行"计数排序"。完成后，数据会根据第 k 位从小到大排序。

(3) 将 k 增加 1，然后返回步骤 (2) 继续迭代，直到所有位都排序完成后结束。

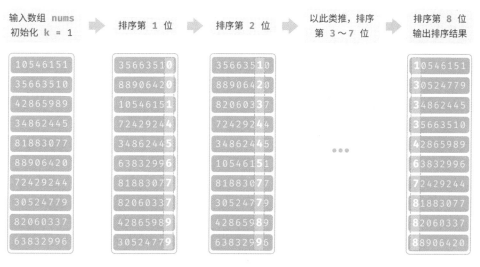

图 11-18 基数排序算法流程

下面剖析代码实现。对于一个 d 进制的数字 x，要获取其第 k 位 x_k，可以使用以下计算公式：

$$x_k = \left\lfloor \frac{x}{d^{k-1}} \right\rfloor \bmod d$$

其中 $\lfloor a \rfloor$ 表示对浮点数 a 向下取整，而 $\bmod d$ 表示对 d 取模（取余）。对于学号数据，$d = 10$ 且 $k \in [1, 8]$。

此外，我们需要小幅改动计数排序代码，使之可以根据数字的第 k 位进行排序：

```python
# === File: radix_sort.py ===

def digit(num: int, exp: int) -> int:
    """ 获取元素 num 的第 k 位, 其中 exp = 10^(k-1)"""
    # 传入 exp 而非 k 可以避免在此重复执行昂贵的次方计算
    return (num // exp) % 10

def counting_sort_digit(nums: list[int], exp: int):
    """ 计数排序（根据 nums 第 k 位排序）"""
    # 十进制的位范围为 0~9, 因此需要长度为 10 的桶数组
    counter = [0] * 10
    n = len(nums)
    # 统计 0~9 各数字的出现次数
    for i in range(n):
        d = digit(nums[i], exp)  # 获取 nums[i] 第 k 位, 记为 d
        counter[d] += 1  # 统计数字 d 的出现次数
    # 求前缀和, 将 "出现个数" 转换为 "数组索引"
    for i in range(1, 10):
        counter[i] += counter[i - 1]
    # 倒序遍历, 根据桶内统计结果, 将各元素填入 res
    res = [0] * n
    for i in range(n - 1, -1, -1):
        d = digit(nums[i], exp)
        j = counter[d] - 1  # 获取 d 在数组中的索引 j
        res[j] = nums[i]  # 将当前元素填入索引 j
        counter[d] -= 1  # 将 d 的数量减 1
    # 使用结果覆盖原数组 nums
    for i in range(n):
        nums[i] = res[i]

def radix_sort(nums: list[int]):
    """ 基数排序 """
    # 获取数组的最大元素, 用于判断最大位数
    m = max(nums)
    # 按照从低位到高位的顺序遍历
    exp = 1
    while exp <= m:
        # 对数组元素的第 k 位执行计数排序
        # k = 1 -> exp = 1
        # k = 2 -> exp = 10
```

```
# 即 exp = 10^(k-1)
counting_sort_digit(nums, exp)
exp *= 10
```

> ℹ️ 为什么从最低位开始排序？
>
> 在连续的排序轮次中，后一轮排序会覆盖前一轮排序的结果。举例来说，如果第一轮排序结果 $a<b$，而第二轮排序结果 $a>b$，那么第二轮的结果将取代第一轮的结果。由于数字的高位优先级高于低位，因此应该先排序低位再排序高位。

11.10.2 算法特性

相较于计数排序，基数排序适用于数值范围较大的情况，**但前提是数据必须可以表示为固定位数的格式，且位数不能过大**。例如，浮点数不适合使用基数排序，因为其位数 k 过大，可能导致时间复杂度 $O(nk) \gg O(n^2)$。

- **时间复杂度为** $O(nk)$：设数据量为 n、数据为 d 进制、最大位数为 k，则对某一位执行计数排序使用 $O(n+d)$ 时间，排序所有 k 位使用 $O((n+d)k)$ 时间。通常情况下，d 和 k 都相对较小，时间复杂度趋向 $O(n)$。
- **空间复杂度为** $O(n+d)$、**非原地排序**：与计数排序相同，基数排序需要借助长度为 n 和 d 的数组 res 和 counter。
- **稳定排序**：当计数排序稳定时，基数排序也稳定；当计数排序不稳定时，基数排序无法保证得到正确的排序结果。

11.11 小结

1. 重点回顾

- 冒泡排序通过交换相邻元素来实现排序。通过添加一个标志位来实现提前返回，我们可以将冒泡排序的最佳时间复杂度优化到 $O(n)$。
- 插入排序每轮将未排序区间内的元素插入到已排序区间的正确位置，从而完成排序。虽然插入排序的时间复杂度为 $O(n^2)$，但由于单元操作相对较少，因此在小数据量的排序任务中非常受欢迎。
- 快速排序基于哨兵划分操作实现排序。在哨兵划分中，有可能每次都选取到最差的基准数，导致时间复杂度劣化至 $O(n^2)$。引入中位数基准数或随机基准数可以降低这种劣化的概率。尾递归方法可以有效地减少递归深度，将空间复杂度优化到 $O(\log n)$。
- 归并排序包括划分和合并两个阶段，典型地体现了分治策略。在归并排序中，排序数组需要创建辅助数组，空间复杂度为 $O(n)$；然而排序链表的空间复杂度可以优化至 $O(1)$。

- 桶排序包含三个步骤：数据分桶、桶内排序和合并结果。它同样体现了分治策略，适用于数据体量很大的情况。桶排序的关键在于对数据进行平均分配。
- 计数排序是桶排序的一个特例，它通过统计数据出现的次数来实现排序。计数排序适用于数据量大但数据范围有限的情况，并且要求数据能够转换为正整数。
- 基数排序通过逐位排序来实现数据排序，要求数据能够表示为固定位数的数字。
- 总的来说，我们希望找到一种排序算法，具有高效率、稳定、原地以及正向自适应性等优点。然而，正如其他数据结构和算法一样，没有一种排序算法能够同时满足所有这些条件。在实际应用中，我们需要根据数据的特性来选择合适的排序算法。
- 图 11-19 对比了主流排序算法的效率、稳定性、就地性和自适应性等。

| | | 时间复杂度 | | 空间复杂度 | 稳定性 | 就地性 | 自适应性 | 基于比较 |
		最佳	平均	最差	最差				
遍历排序 $O(n^2)$	选择排序	$O(n^2)$	$O(n^2)$	$O(n^2)$	$O(1)$	非稳定	原地	非自适应	比较
	冒泡排序	$O(n)$	$O(n^2)$	$O(n^2)$	$O(1)$	稳定	原地	自适应	比较
	插入排序	$O(n)$	$O(n)$	$O(n^2)$	$O(1)$	稳定	原地	自适应	比较
分治排序 $O(n \log n)$	快速排序	$O(n \log n)$	$O(n \log n)$	$O(n^2)$	$O(\log n)$	非稳定	原地	自适应	比较
	归并排序	$O(n \log n)$	$O(n \log n)$	$O(n \log n)$	$O(n)$	稳定	非原地	非自适应	比较
	堆排序	$O(n \log n)$	$O(n \log n)$	$O(n \log n)$	$O(1)$	非稳定	原地	非自适应	比较
线性排序 $O(n)$	桶排序	$O(n + k)$	$O(n + k)$	$O(n^2)$	$O(n + k)$	稳定	非原地	自适应	非比较
	计数排序	$O(n + m)$	$O(n + m)$	$O(n + m)$	$O(n + m)$	稳定	非原地	非自适应	非比较
	基数排序	$O(n k)$	$O(n k)$	$O(n k)$	$O(n + b)$	稳定	非原地	非自适应	非比较

差	中	优

n 为数据量大小
桶排序中，k 为桶数量
计数排序中，m 为数据范围
基数排序中，k 为最大位数，数据为 b 进制

图 11-19　排序算法对比

2. 思考题

Q：排序算法稳定性在什么情况下是必需的？

A：在现实中，我们有可能基于对象的某个属性进行排序。例如，学生有姓名和身高两个属性，我们希望实现一个多级排序：先按照姓名进行排序，得到 (A, 180) (B, 185) (C, 170) (D, 170)；再对身高进行排序。由于排序算法不稳定，因此可能得到 (D, 170) (C, 170) (A, 180) (B, 185)。

可以发现，学生 D 和 C 的位置发生了交换，姓名的有序性被破坏了，而这是我们不希望看到的。

Q：哨兵划分中"从右往左查找"与"从左往右查找"的顺序可以交换吗？

A：不行，当我们以最左端元素为基准数时，必须先"从右往左查找"再"从左往右查找"。这个结

论有些反直觉，我们来剖析一下原因。

哨兵划分 partition() 的最后一步是交换 nums[left] 和 nums[i]。完成交换后，基准数左边的元素都 <= 基准数，**这就要求最后一步交换前 nums[left] >= nums[i] 必须成立**。假设我们先"从左往右查找"，那么如果找不到比基准数更大的元素，**则会在 i == j 时跳出循环，此时可能 nums[j] == nums[i] > nums[left]**。也就是说，此时最后一步交换操作会把一个比基准数更大的元素交换至数组最左端，导致哨兵划分失败。

举个例子，给定数组 [0, 0, 0, 0, 1]，如果先"从左向右查找"，哨兵划分后数组为 [1, 0, 0, 0, 0]，这个结果是不正确的。

再深入思考一下，如果我们选择 nums[right] 为基准数，那么正好反过来，必须先"从左往右查找"。

Q：关于尾递归优化，为什么选短的数组能保证递归深度不超过 $\log n$？

A：递归深度就是当前未返回的递归方法的数量。每轮哨兵划分我们将原数组划分为两个子数组。在尾递归优化后，向下递归的子数组长度最大为原数组长度的一半。假设最差情况，一直为一半长度，那么最终的递归深度就是 $\log n$。

回顾原始的快速排序，我们有可能会连续地递归长度较大的数组，最差情况下为 n、$n-1$、$\cdots$、2、1，递归深度为 n。尾递归优化可以避免这种情况出现。

Q：当数组中所有元素都相等时，快速排序的时间复杂度是 $O(n^2)$ 吗？该如何处理这种退化情况？

A：是的。对于这种情况，可以考虑通过哨兵划分将数组划分为三个部分：小于、等于、大于基准数。仅向下递归小于和大于的两部分。在该方法下，输入元素全部相等的数组，仅一轮哨兵划分即可完成排序。

Q：桶排序的最差时间复杂度为什么是 $O(n^2)$？

A：最差情况下，所有元素被分至同一个桶中。如果我们采用一个 $O(n^2)$ 算法来排序这些元素，则时间复杂度为 $O(n^2)$。

第 12 章　分治

难题被逐层拆解，每一次的拆解都使它变得更为简单。

分而治之揭示了一个重要的事实：从简单做起，一切都不再复杂。

12.1　分治算法

分治（divide and conquer），全称分而治之，是一种非常重要且常见的算法策略。分治通常基于递归实现，包括"分"和"治"两个步骤。

(1) **分（划分阶段）**：递归地将原问题分解为两个或多个子问题，直至到达最小子问题时终止。
(2) **治（合并阶段）**：从已知解的最小子问题开始，从底至顶地将子问题的解进行合并，从而构建出原问题的解。

如图 12-1 所示，"归并排序"是分治策略的典型应用之一。

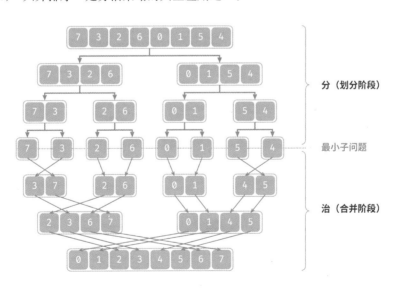

图 12-1　归并排序的分治策略

(1) **分**：递归地将原数组（原问题）划分为两个子数组（子问题），直到子数组只剩一个元素（最小子问题）。
(2) **治**：从底至顶地将有序的子数组（子问题的解）进行合并，从而得到有序的原数组（原问题的解）。

12.1.1 如何判断分治问题

一个问题是否适合使用分治解决，通常可以参考以下几个判断依据。

(1) **问题可以分解**：原问题可以分解成规模更小、类似的子问题，以及能够以相同方式递归地进行划分。
(2) **子问题是独立的**：子问题之间没有重叠，互不依赖，可以独立解决。
(3) **子问题的解可以合并**：原问题的解通过合并子问题的解得来。

显然，归并排序满足以上三个判断依据。

(1) **问题可以分解**：递归地将数组（原问题）划分为两个子数组（子问题）。
(2) **子问题是独立的**：每个子数组都可以独立地进行排序（子问题可以独立进行求解）。
(3) **子问题的解可以合并**：两个有序子数组（子问题的解）可以合并为一个有序数组（原问题的解）。

12.1.2 通过分治提升效率

分治不仅可以有效地解决算法问题，往往还可以提升算法效率。在排序算法中，快速排序、归并排序、堆排序相较于选择、冒泡、插入排序更快，就是因为它们应用了分治策略。

那么，我们不禁发问：**为什么分治可以提升算法效率，其底层逻辑是什么**？换句话说，将大问题分解为多个子问题、解决子问题、将子问题的解合并为原问题的解，这几步的效率为什么比直接解决原问题的效率更高？这个问题可以从操作数量和并行计算两方面来讨论。

1. 操作数量优化

以"冒泡排序"为例，其处理一个长度为 n 的数组需要 $O(n^2)$ 时间。假设我们按照图 12-2 所示的方式，将数组从中点处分为两个子数组，则划分需要 $O(n)$ 时间，排序每个子数组需要 $O\left((n/2)^2\right)$ 时间，合并两个子数组需要 $O(n)$ 时间，总体时间复杂度为：

$$O\left(n+\left(\frac{n}{2}\right)^2 \times 2+n\right)=O\left(\frac{n^2}{2}+2n\right)$$

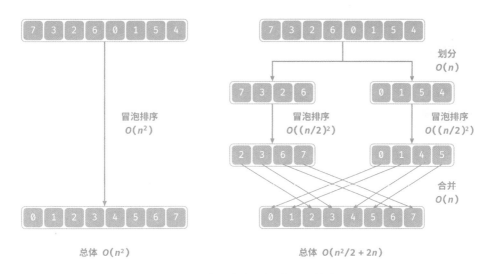

图 12-2　划分数组前后的冒泡排序

接下来，我们计算以下不等式，其左边和右边分别为划分前和划分后的操作总数：

$$n^2 > \frac{n^2}{2} + 2n$$

$$n^2 - \frac{n^2}{2} - 2n > 0$$

$$n(n-4) > 0$$

这意味着当 $n > 4$ 时，划分后的操作数量更少，排序效率应该更高。请注意，划分后的时间复杂度仍然是平方阶 $O(n^2)$，只是复杂度中的常数项变小了。

进一步想，**如果我们把子数组不断地再从中点处划分为两个子数组**，直至子数组只剩一个元素时停止划分呢？这种思路实际上就是"归并排序"，时间复杂度为 $O(n \log n)$。

再思考，**如果我们多设置几个划分点**，将原数组平均划分为 k 个子数组呢？这种情况与"桶排序"非常类似，它非常适合排序海量数据，理论上时间复杂度可以达到 $O(n + k)$。

2. 并行计算优化

我们知道，分治生成的子问题是相互独立的，**因此通常可以并行解决**。也就是说，分治不仅可以降低算法的时间复杂度，**还有利于操作系统的并行优化**。

并行优化在多核或多处理器的环境中尤其有效，因为系统可以同时处理多个子问题，更加充分地利用计算资源，从而显著减少总体的运行时间。

比如在图 12-3 所示的"桶排序"中，我们将海量的数据平均分配到各个桶中，则可将所有桶的排序任务分散到各个计算单元，完成后再合并结果。

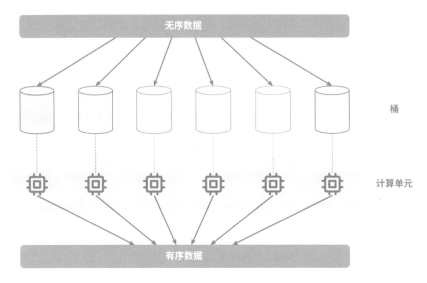

图 12-3　桶排序的并行计算

12.1.3　分治常见应用

一方面，分治可以用来解决许多经典算法问题。

- **寻找最近点对**：该算法首先将点集分成两部分，然后分别找出两部分中的最近点对，最后找出跨越两部分的最近点对。
- **大整数乘法**：例如 Karatsuba 算法，它将大整数乘法分解为几个较小的整数的乘法和加法。
- **矩阵乘法**：例如 Strassen 算法，它将大矩阵乘法分解为多个小矩阵的乘法和加法。
- **汉诺塔问题**：汉诺塔问题可以通过递归解决，这是典型的分治策略应用。
- **求解逆序对**：在一个序列中，如果前面的数字大于后面的数字，那么这两个数字构成一个逆序对。求解逆序对问题可以利用分治的思想，借助归并排序进行求解。

另一方面，分治在算法和数据结构的设计中应用得非常广泛。

- **二分查找**：二分查找是将有序数组从中点索引处分为两部分，然后根据目标值与中间元素值比较结果，决定排除哪一半区间，并在剩余区间执行相同的二分操作。
- **归并排序**：12.1 节开头已介绍，不再赘述。
- **快速排序**：快速排序是选取一个基准值，然后把数组分为两个子数组，一个子数组的元素比基准值小，另一子数组的元素比基准值大，再对这两部分进行相同的划分操作，直至子数组只剩下一个元素。

- **桶排序**：桶排序的基本思想是将数据分散到多个桶，然后对每个桶内的元素进行排序，最后将各个桶的元素依次取出，从而得到一个有序数组。
- **树**：例如二叉搜索树、AVL 树、红黑树、B 树、B+ 树等，它们的查找、插入和删除等操作都可以视为分治策略的应用。
- **堆**：堆是一种特殊的完全二叉树，其各种操作，如插入、删除和堆化，实际上都隐含了分治的思想。
- **哈希表**：虽然哈希表并不直接应用分治，但某些哈希冲突解决方案间接应用了分治策略，例如，链式地址中的长链表会被转化为红黑树，以提升查询效率。

可以看出，**分治是一种"润物细无声"的算法思想**，隐含在各种算法与数据结构之中。

12.2　分治搜索策略

我们已经学过，搜索算法分为两大类。

- **暴力搜索**：它通过遍历数据结构实现，时间复杂度为 $O(n)$。
- **自适应搜索**：它利用特有的数据组织形式或先验信息，时间复杂度可达到 $O(\log n)$ 甚至 $O(1)$。

实际上，**时间复杂度为 $O(\log n)$ 的搜索算法通常是基于分治策略实现的**，例如二分查找和树。

- 二分查找的每一步都将问题（在数组中搜索目标元素）分解为一个小问题（在数组的一半中搜索目标元素），这个过程一直持续到数组为空或找到目标元素为止。
- 树是分治思想的代表，在二叉搜索树、AVL 树、堆等数据结构中，各种操作的时间复杂度皆为 $O(\log n)$。

二分查找的分治策略如下所示。

- **问题可以分解**：二分查找递归地将原问题（在数组中进行查找）分解为子问题（在数组的一半中进行查找），这是通过比较中间元素和目标元素来实现的。
- **子问题是独立的**：在二分查找中，每轮只处理一个子问题，它不受其他子问题的影响。
- **子问题的解无须合并**：二分查找旨在查找一个特定元素，因此不需要将子问题的解进行合并。当子问题得到解决时，原问题也会同时得到解决。

分治能够提升搜索效率，本质上是因为暴力搜索每轮只能排除一个选项，**而分治搜索每轮可以排除一半选项**。

基于分治实现二分查找

在之前的章节中，二分查找是基于递推（迭代）实现的。现在我们基于分治（递归）来实现它。

> 给定一个长度为 n 的有序数组 nums ，其中所有元素都是唯一的，请查找元素 target 。

从分治角度，我们将搜索区间 $[i, j]$ 对应的子问题记为 $f(i, j)$。

以原问题 $f(0, n-1)$ 为起始点，通过以下步骤进行二分查找。

(1) 计算搜索区间 $[i, j]$ 的中点 m，根据它排除一半搜索区间。

(2) 递归求解规模减小一半的子问题，可能为 $f(i, m-1)$ 或 $f(m + 1, j)$。

(3) 循环第 (1) 步和第 (2) 步，直至找到 target 或区间为空时返回。

图 12-4 展示了在数组中二分查找元素 6 的分治过程。

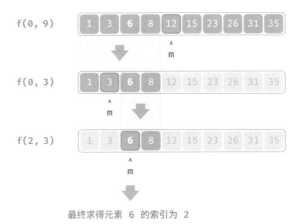

最终求得元素 6 的索引为 2

图 12-4　二分查找的分治过程

在实现代码中，我们声明一个递归函数 dfs() 来求解问题 $f(i, j)$：

```python
# === File: binary_search_recur.py ===

def dfs(nums: list[int], target: int, i: int, j: int) -> int:
    """二分查找：问题 f(i, j)"""
    # 若区间为空，代表无目标元素，则返回 -1
    if i > j:
        return -1
    # 计算中点索引 m
    m = (i + j) // 2
    if nums[m] < target:
        # 递归子问题 f(m+1, j)
        return dfs(nums, target, m + 1, j)
    elif nums[m] > target:
        # 递归子问题 f(i, m-1)
        return dfs(nums, target, i, m - 1)
```

```
        else:
            # 找到目标元素，返回其索引
            return m

def binary_search(nums: list[int], target: int) -> int:
    """ 二分查找 """
    n = len(nums)
    # 求解问题 f(0, n-1)
    return dfs(nums, target, 0, n - 1)
```

12.3　构建二叉树问题

> ❓ 给定一棵二叉树的前序遍历 preorder 和中序遍历 inorder ，请从中构建二叉树，返回二叉树的根节点。假设二叉树中没有值重复的节点（如图 12-5 所示）。

图 12-5　构建二叉树的示例数据

1. 判断是否为分治问题

原问题定义为从 preorder 和 inorder 构建二叉树，是一个典型的分治问题。

- **问题可以分解**：从分治的角度切入，我们可以将原问题划分为两个子问题：构建左子树、构建右子树，加上一步操作：初始化根节点。而对于每棵子树（子问题），我们仍然可以复用以上划分方法，将其划分为更小的子树（子问题），直至达到最小子问题（空子树）时终止。
- **子问题是独立的**：左子树和右子树是相互独立的，它们之间没有交集。在构建左子树时，我们只需关注中序遍历和前序遍历中与左子树对应的部分。右子树同理。
- **子问题的解可以合并**：一旦得到了左子树和右子树（子问题的解），我们就可以将它们链接到根节点上，得到原问题的解。

2. 如何划分子树

根据以上分析，这道题可以使用分治来求解，**但如何通过前序遍历 preorder 和中序遍历 inorder 来划分左子树和右子树呢**？

根据定义，preorder 和 inorder 都可以划分为三个部分。

- 前序遍历：[**根节点** | **左子树** | **右子树**]，例如图 12-5 的树对应 [3 | 9 | 2 1 7]。
- 中序遍历：[**左子树** | **根节点** | **右子树**]，例如图 12-5 的树对应 [9 | 3 | 1 2 7]。

以图 12-5 中的数据为例，我们可以通过图 12-6 所示的步骤得到划分结果。

(1) 前序遍历的首元素 3 是根节点的值。

(2) 查找根节点 3 在 inorder 中的索引，利用该索引可将 inorder 划分为 [9 | 3 | 1 2 7]。

(3) 根据 inorder 的划分结果，易得左子树和右子树的节点数量分别为 1 和 3，从而可将 preorder 划分为 [3 | 9 | 2 1 7]。

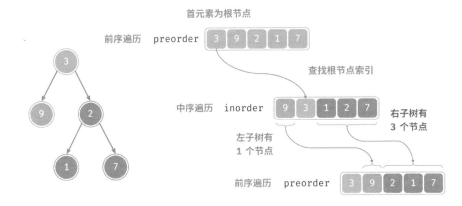

图 12-6　在前序遍历和中序遍历中划分子树

3. 基于变量描述子树区间

根据以上划分方法，**我们已经得到根节点、左子树、右子树在 preorder 和 inorder 中的索引区间**。而为了描述这些索引区间，我们需要借助几个指针变量。

- 将当前树的根节点在 preorder 中的索引记为 i。
- 将当前树的根节点在 inorder 中的索引记为 m。
- 将当前树在 inorder 中的索引区间记为 $[l, r]$。

如表 12-1 所示，通过以上变量即可表示根节点在 preorder 中的索引，以及子树在 inorder 中的索引区间。

表 12-1　根节点和子树在前序遍历和中序遍历中的索引

	根节点在 preorder 中的索引	子树在 inorder 中的索引区间
当前树	i	$[l, r]$
左子树	$i + 1$	$[l, m-1]$
右子树	$i + 1 + (m-l)$	$[m + 1, r]$

请注意，右子树根节点索引中的 $(m-l)$ 的含义是"左子树的节点数量"，建议结合图 12-7 理解。

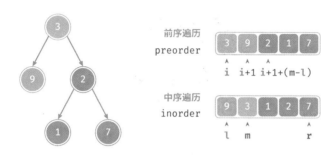

图 12-7　根节点和左右子树的索引区间表示

4. 代码实现

为了提升查询 m 的效率，我们借助一个哈希表 **hmap** 来存储数组 **inorder** 中元素到索引的映射：

```python
# === File: build_tree.py ===

def dfs(
    preorder: list[int],
    inorder_map: dict[int, int],
    i: int,
    l: int,
    r: int,
) -> TreeNode | None:
    """构建二叉树：分治"""
    # 子树区间为空时终止
    if r - l < 0:
        return None
    # 初始化根节点
    root = TreeNode(preorder[i])
    # 查询 m，从而划分左右子树
    m = inorder_map[preorder[i]]
    # 子问题：构建左子树
    root.left = dfs(preorder, inorder_map, i + 1, l, m - 1)
    # 子问题：构建右子树
    root.right = dfs(preorder, inorder_map, i + 1 + m - l, m + 1, r)
    # 返回根节点
    return root
```

```python
def build_tree(preorder: list[int], inorder: list[int]) -> TreeNode | None:
    """构建二叉树"""
    # 初始化哈希表，存储 inorder 元素到索引的映射
    inorder_map = {val: i for i, val in enumerate(inorder)}
    root = dfs(preorder, inorder_map, 0, 0, len(inorder) - 1)
    return root
```

图 12-8 展示了构建二叉树的递归过程，各个节点是在向下"递"的过程中建立的，而各条边（引用）是在向上"归"的过程中建立的。

图 12-8　构建二叉树的递归过程

每个递归函数内的前序遍历 **preorder** 和中序遍历 **inorder** 的划分结果如图 12-9 所示。

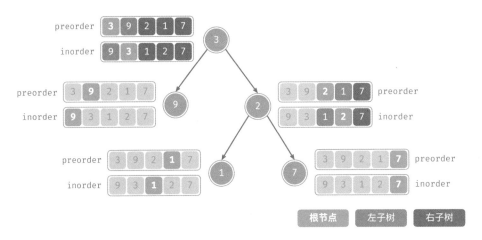

图 12-9　每个递归函数中的划分结果

设树的节点数量为 n，初始化每一个节点（执行一个递归函数 **dfs()**）使用 $O(1)$ 时间。**因此总体时间复杂度为 $O(n)$。**

哈希表存储 **inorder** 元素到索引的映射，空间复杂度为 $O(n)$。在最差情况下，即二叉树退化为链表时，递归深度达到 n，使用 $O(n)$ 的栈帧空间。**因此总体空间复杂度为 $O(n)$。**

12.4 汉诺塔问题

在归并排序和构建二叉树中，我们都是将原问题分解为两个规模为原问题一半的子问题。然而对于汉诺塔问题，我们采用不同的分解策略。

> ❓ 给定三根柱子，记为 A、B 和 C。起始状态下，柱子 A 上套着 n 个圆盘，它们从上到下按照从小到大的顺序排列。我们的任务是要把这 n 个圆盘移到柱子 C 上，并保持它们的原有顺序不变（如图 12-10 所示）。在移动圆盘的过程中，需要遵守以下规则。
>
> (1) 圆盘只能从一根柱子顶部拿出，从另一根柱子顶部放入。
> (2) 每次只能移动一个圆盘。
> (3) 小圆盘必须时刻位于大圆盘之上。

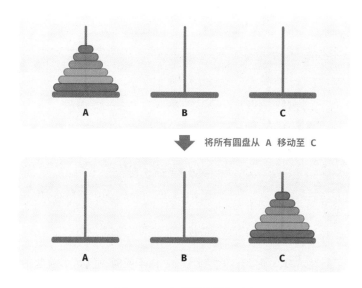

图 12-10　汉诺塔问题示例

我们将规模为 i 的汉诺塔问题记作 $f(i)$。 例如 $f(3)$ 代表将 3 个圆盘从 A 移动至 C 的汉诺塔问题。

1.考虑基本情况

如图 12-11 所示，对于问题 $f(1)$，即当只有一个圆盘时，我们将它直接从 A 移动至 C 即可。

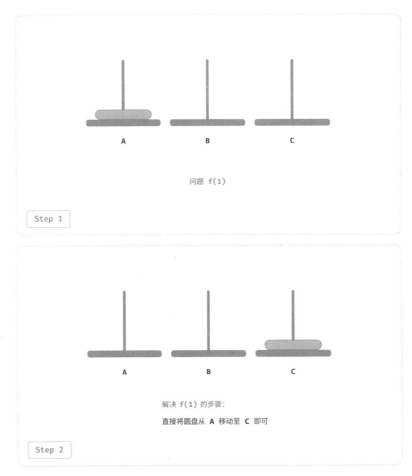

图 12-11　规模为 1 的问题的解

如图 12-12 所示，对于问题 $f(2)$，即当有两个圆盘时，**由于要时刻满足小圆盘在大圆盘之上，因此需要借助 B 来完成移动。**

(1) 先将上面的小圆盘从 A 移至 B。

(2) 再将大圆盘从 A 移至 C。

(3) 最后将小圆盘从 B 移至 C。

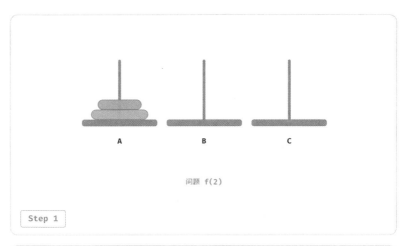

问题 f(2)

Step 1

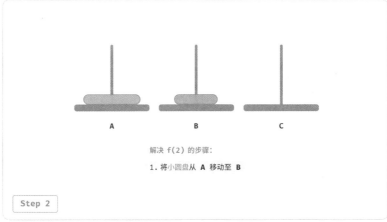

解决 f(2) 的步骤:

1. 将小圆盘从 A 移动至 B

Step 2

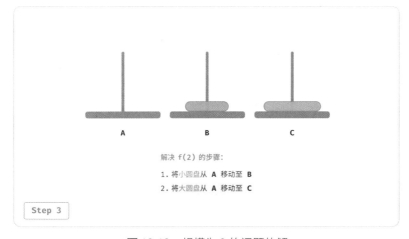

解决 f(2) 的步骤:

1. 将小圆盘从 A 移动至 B
2. 将大圆盘从 A 移动至 C

Step 3

图 12-12　规模为 2 的问题的解

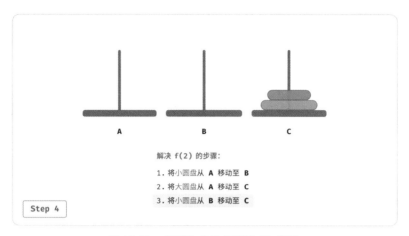

图 12-12　规模为 2 的问题的解（续）

解决问题 $f(2)$ 的过程可总结为：**将两个圆盘借助 B 从 A 移至 C**。其中，C 称为目标柱，B 称为缓冲柱。

2. 子问题分解

对于问题 $f(3)$，即当有三个圆盘时，情况变得稍微复杂了一些。

因为已知 $f(1)$ 和 $f(2)$ 的解，所以我们可从分治角度思考，**将 A 顶部的两个圆盘看作一个整体**，执行图 12-13 所示的步骤。这样三个圆盘就被顺利地从 A 移至 C 了。

(1) 令 B 为目标柱、C 为缓冲柱，将两个圆盘从 A 移至 B。

(2) 将 A 中剩余的一个圆盘从 A 直接移至 C。

(3) 令 C 为目标柱、A 为缓冲柱，将两个圆盘从 B 移至 C。

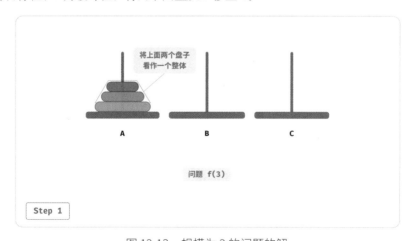

图 12-13　规模为 3 的问题的解

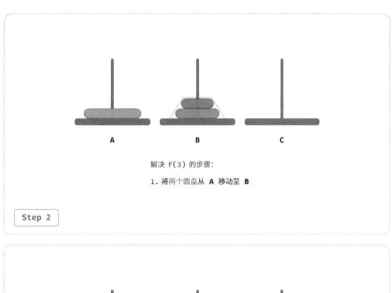

解决 f(3) 的步骤：

1. 将两个圆盘从 **A** 移动至 **B**

Step 2

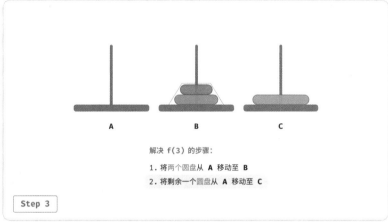

解决 f(3) 的步骤：

1. 将两个圆盘从 **A** 移动至 **B**
2. **将剩余一个圆盘从 A 移动至 C**

Step 3

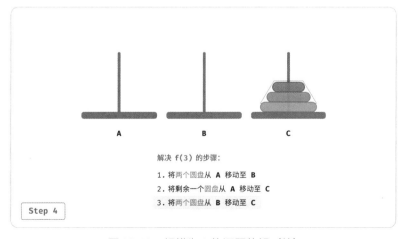

解决 f(3) 的步骤：

1. 将两个圆盘从 **A** 移动至 **B**
2. 将剩余一个圆盘从 **A** 移动至 **C**
3. **将两个圆盘从 B 移动至 C**

Step 4

图 12-13 规模为 3 的问题的解（续）

从本质上看，**我们将问题** $f(3)$ **划分为两个子问题** $f(2)$ **和一个子问题** $f(1)$。按顺序解决这三个子问题之后，原问题随之得到解决。这说明子问题是独立的，而且解可以合并。

至此，我们可总结出图 12-14 所示的解决汉诺塔问题的分治策略：将原问题 $f(n)$ 划分为两个子问题 $f(n{-}1)$ 和一个子问题 $f(1)$，并按照以下顺序解决这三个子问题。

(1) 将 $n{-}1$ 个圆盘借助 C 从 A 移至 B。
(2) 将剩余 1 个圆盘从 A 直接移至 C。
(3) 将 $n{-}1$ 个圆盘借助 A 从 B 移至 C。

对于这两个子问题 $f(n{-}1)$，**可以通过相同的方式进行递归划分**，直至达到最小子问题 $f(1)$。而 $f(1)$ 的解是已知的，只需一次移动操作即可。

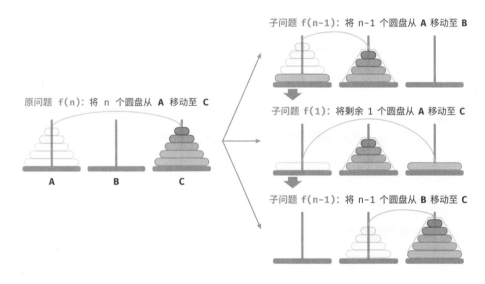

图 12-14　解决汉诺塔问题的分治策略

3. 代码实现

在代码中，我们声明一个递归函数 dfs(i, src, buf, tar)，它的作用是将柱 src 顶部的 i 个圆盘借助缓冲柱 buf 移动至目标柱 tar：

```python
# === File: hanota.py ===

def move(src: list[int], tar: list[int]):
    """ 移动一个圆盘 """
    # 从 src 顶部拿出一个圆盘
    pan = src.pop()
```

```
    # 将圆盘放入 tar 顶部
    tar.append(pan)

def dfs(i: int, src: list[int], buf: list[int], tar: list[int]):
    """ 求解汉诺塔问题 f(i)"""
    # 若 src 只剩下一个圆盘，则直接将其移到 tar
    if i == 1:
        move(src, tar)
        return
    # 子问题 f(i-1)：将 src 顶部 i-1 个圆盘借助 tar 移到 buf
    dfs(i - 1, src, tar, buf)
    # 子问题 f(1)：将 src 剩余一个圆盘移到 tar
    move(src, tar)
    # 子问题 f(i-1)：将 buf 顶部 i-1 个圆盘借助 src 移到 tar
    dfs(i - 1, buf, src, tar)

def solve_hanota(A: list[int], B: list[int], C: list[int]):
    """ 求解汉诺塔问题 """
    n = len(A)
    # 将 A 顶部 n 个圆盘借助 B 移到 C
    dfs(n, A, B, C)
```

如图 12-15 所示，汉诺塔问题形成一棵高度为 n 的递归树，每个节点代表一个子问题，对应一个开启的 dfs() 函数，**因此时间复杂度为 $O(2^n)$，空间复杂度为 $O(n)$**。

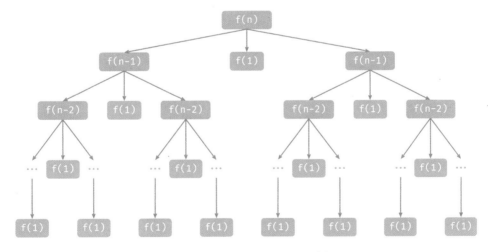

图 12-15　汉诺塔问题的递归树

> ⓘ 汉诺塔问题源自一个古老的传说。在古印度的一个寺庙里，僧侣们有三根高大的钻石柱子，以及 64 个大小不一的金圆盘。僧侣们不断地移动圆盘，他们相信在最后一个圆盘被正确放置的那一刻，这个世界就会结束。
>
> 然而，即使僧侣们每秒钟移动一次，总共需要大约 $2^{64} \approx 1.84 \times 10^{19}$ 秒，合约 5850 亿年，远远超过了现在对宇宙年龄的估计。所以，倘若这个传说是真的，我们应该不需要担心世界末日的到来。

12.5　小结

- 分治是一种常见的算法设计策略，包括分（划分）和治（合并）两个阶段，通常基于递归实现。
- 判断是否是分治算法问题的依据包括：问题能否分解、子问题是否独立、子问题能否合并。
- 归并排序是分治策略的典型应用，其递归地将数组划分为等长的两个子数组，直到只剩一个元素时开始逐层合并，从而完成排序。
- 引入分治策略往往可以提升算法效率。一方面，分治策略减少了操作数量；另一方面，分治后有利于系统的并行优化。
- 分治既可以解决许多算法问题，也广泛应用于数据结构与算法设计中，处处可见其身影。
- 相较于暴力搜索，自适应搜索效率更高。时间复杂度为 $O(\log n)$ 的搜索算法通常是基于分治策略实现的。
- 二分查找是分治策略的另一个典型应用，它不包含将子问题的解进行合并的步骤。我们可以通过递归分治实现二分查找。
- 在构建二叉树的问题中，构建树（原问题）可以划分为构建左子树和右子树（子问题），这可以通过划分前序遍历和中序遍历的索引区间来实现。
- 在汉诺塔问题中，一个规模为 n 的问题可以划分为两个规模为 $n-1$ 的子问题和一个规模为 1 的子问题。按顺序解决这三个子问题后，原问题随之得到解决。

回溯

第 13 章 回溯

> 我们如同迷宫中的探索者，在前进的道路上可能会遇到困难。
>
> 回溯的力量让我们能够重新开始，不断尝试，最终找到通往光明
> 的出口。

13.1 回溯算法

回溯算法（backtracking algorithm）是一种通过穷举来解决问题的方法，它的核心思想是从一个初始状态出发，暴力搜索所有可能的解决方案，当遇到正确的解则将其记录，直到找到解或者尝试了所有可能的选择都无法找到解为止。

回溯算法通常采用"深度优先搜索"来遍历解空间。在第 7 章中，我们提到前序、中序和后序遍历都属于深度优先搜索。接下来，我们利用前序遍历构造一个回溯问题，逐步了解回溯算法的工作原理。

> ❓ 例题一
>
> 给定一棵二叉树，搜索并记录所有值为 7 的节点，请返回节点列表。

对于此题，我们前序遍历这棵树，并判断当前节点的值是否为 7，若是，则将该节点的值加入结果列表 res 之中。相关过程实现如图 13-1 和以下代码所示：

```python
# === File: preorder_traversal_i_compact.py ===

def pre_order(root: TreeNode):
    """前序遍历：例题一"""
    if root is None:
        return
    if root.val == 7:
        # 记录解
        res.append(root)
    pre_order(root.left)
    pre_order(root.right)
```

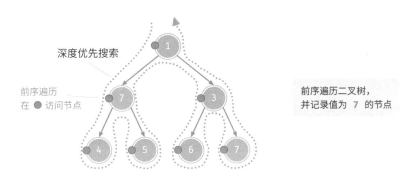

图 13-1　在前序遍历中搜索节点

13.1.1　尝试与回退

之所以称之为回溯算法，是因为该算法在搜索解空间时会采用"尝试"与"回退"的策略。 当算法在搜索过程中遇到某个状态无法继续前进或无法得到满足条件的解时，它会撤销上一步的选择，退回到之前的状态，并尝试其他可能的选择。

对于例题一，访问每个节点都代表一次"尝试"，而越过叶节点或返回父节点的 return 则表示"回退"。

值得说明的是，**回退并不仅仅包括函数返回**。为解释这一点，我们对例题一稍作拓展。

> ❓ 例题二
>
> 在二叉树中搜索所有值为 7 的节点，**请返回根节点到这些节点的路径。**

在例题一代码的基础上，我们需要借助一个列表 path 记录访问过的节点路径。当访问到值为 7 的节点时，则复制 path 并添加进结果列表 res。遍历完成后，res 中保存的就是所有的解。代码如下所示：

```
# === File: preorder_traversal_ii_compact.py ===

def pre_order(root: TreeNode):
    """ 前序遍历：例题二 """
    if root is None:
        return
    # 尝试
    path.append(root)
    if root.val == 7:
        # 记录解
        res.append(list(path))
```

```
pre_order(root.left)
pre_order(root.right)
# 回退
path.pop()
```

在每次"尝试"中，我们通过将当前节点添加进 path 来记录路径；而在"回退"前，我们需要将该节点从 path 中弹出，**以恢复本次尝试之前的状态**。

观察图 13-2 所示的过程，**我们可以将尝试和回退理解为"前进"与"撤销"**，两个操作互为逆向。

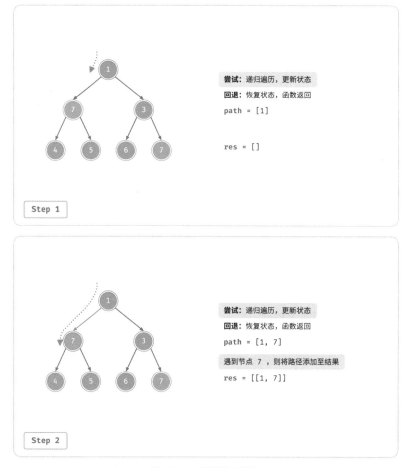

图 13-2　尝试与回退

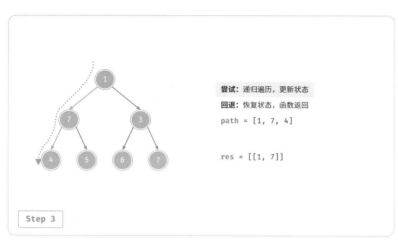

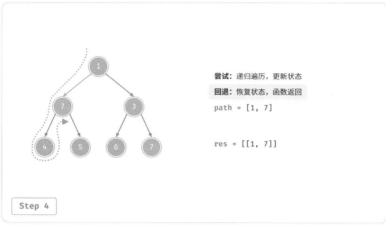

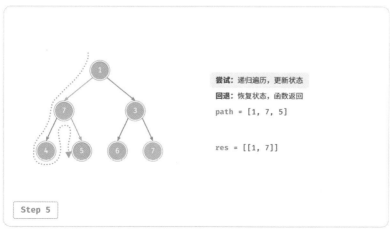

图 13-2　尝试与回退（续）

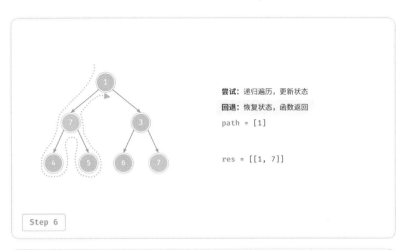

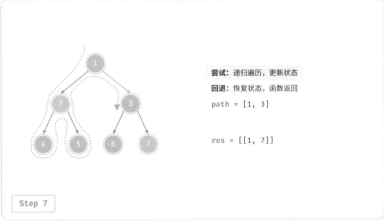

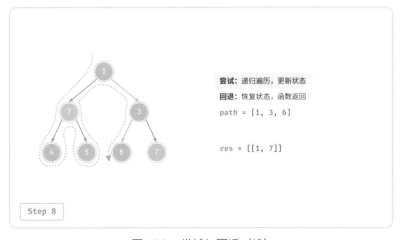

图 13-2　尝试与回退（续）

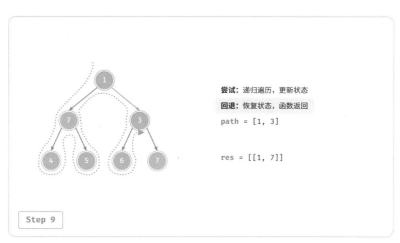

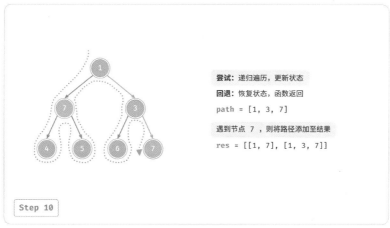

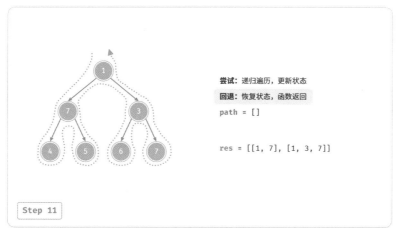

图 13-2 尝试与回退（续）

13.1.2　剪枝

复杂的回溯问题通常包含一个或多个约束条件，**约束条件通常可用于"剪枝"**。

> ❓ 例题三
>
> 在二叉树中搜索所有值为 7 的节点，请返回根节点到这些节点的路径，**并要求路径中不包含值为 3 的节点**。

为了满足以上约束条件，**我们需要添加剪枝操作**：在搜索过程中，若遇到值为 3 的节点，则提前返回，不再继续搜索。代码如下所示：

```python
# === File: preorder_traversal_iii_compact.py ===

def pre_order(root: TreeNode):
    """ 前序遍历：例题三 """
    # 剪枝
    if root is None or root.val == 3:
        return
    # 尝试
    path.append(root)
    if root.val == 7:
        # 记录解
        res.append(list(path))
    pre_order(root.left)
    pre_order(root.right)
    # 回退
    path.pop()
```

"剪枝"是一个非常形象的名词。如图 13-3 所示，在搜索过程中，**我们"剪掉"了不满足约束条件的搜索分支**，避免许多无意义的尝试，从而提高了搜索效率。

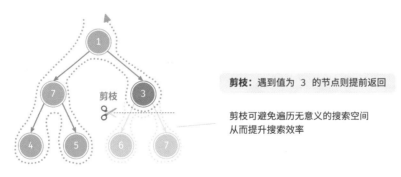

图 13-3　根据约束条件剪枝

13.1.3 框架代码

接下来，我们尝试将回溯的"尝试、回退、剪枝"的主体框架提炼出来，提升代码的通用性。

在以下框架代码中，state 表示问题的当前状态，choices 表示当前状态下可以做出的选择：

```python
def backtrack(state: State, choices: list[choice], res: list[state]):
    """回溯算法框架"""
    # 判断是否为解
    if is_solution(state):
        # 记录解
        record_solution(state, res)
        # 不再继续搜索
        return
    # 遍历所有选择
    for choice in choices:
        # 剪枝：判断选择是否合法
        if is_valid(state, choice):
            # 尝试：做出选择，更新状态
            make_choice(state, choice)
            backtrack(state, choices, res)
            # 回退：撤销选择，恢复到之前的状态
            undo_choice(state, choice)
```

接下来，我们基于框架代码来解决例题三。状态 state 为节点遍历路径，选择 choices 为当前节点的左子节点和右子节点，结果 res 是路径列表：

```python
# === File: preorder_traversal_iii_template.py ===

def is_solution(state: list[TreeNode]) -> bool:
    """判断当前状态是否为解"""
    return state and state[-1].val == 7

def record_solution(state: list[TreeNode], res: list[list[TreeNode]]):
    """记录解"""
    res.append(list(state))

def is_valid(state: list[TreeNode], choice: TreeNode) -> bool:
    """判断在当前状态下，该选择是否合法"""
    return choice is not None and choice.val != 3

def make_choice(state: list[TreeNode], choice: TreeNode):
    """更新状态"""
    state.append(choice)

def undo_choice(state: list[TreeNode], choice: TreeNode):
    """恢复状态"""
    state.pop()
```

```python
def backtrack(
    state: list[TreeNode], choices: list[TreeNode], res: list[list[TreeNode]]
):
    """ 回溯算法：例题三 """
    # 检查是否为解
    if is_solution(state):
        # 记录解
        record_solution(state, res)
    # 遍历所有选择
    for choice in choices:
        # 剪枝：检查选择是否合法
        if is_valid(state, choice):
            # 尝试：做出选择，更新状态
            make_choice(state, choice)
            # 进行下一轮选择
            backtrack(state, [choice.left, choice.right], res)
            # 回退：撤销选择，恢复到之前的状态
            undo_choice(state, choice)
```

根据题意，我们在找到值为 7 的节点后应该继续搜索，**因此需要将记录解之后的 return 语句删除**。图 13-4 对比了保留或删除 return 语句的搜索过程。

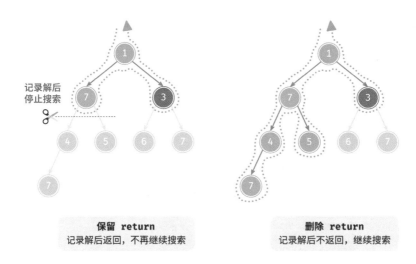

图 13-4　保留与删除 return 的搜索过程对比

相比基于前序遍历的代码实现，基于回溯算法框架的代码实现虽然显得啰唆，但通用性更好。实际上，**许多回溯问题可以在该框架下解决**。我们只需根据具体问题来定义 state 和 choices，并实现框架中的各个方法即可。

13.1.4　常用术语

为了更清晰地分析算法问题，我们总结一下回溯算法中常用术语的含义，并对照例题三给出对应示例，如表 13-1 所示。

表 13-1　常见的回溯算法术语

名　词	定　义	例　题　三
解（solution）	解是满足问题特定条件的答案，可能有一个或多个	根节点到节点 7 的满足约束条件的所有路径
约束条件（constraint）	约束条件是问题中限制解的可行性的条件，通常用于剪枝	路径中不包含节点 3，只包含一个节点 7
状态（state）	状态表示问题在某一时刻的情况，包括已经做出的选择	当前已访问的节点路径，即 path 节点列表
尝试（attempt）	尝试是根据可用选择来探索解空间的过程，包括做出选择，更新状态，检查是否为解	递归访问左（右）子节点，将节点添加进 path，判断节点的值是否为 7
回退（backtracking）	回退指遇到不满足约束条件的状态时，撤销前面做出的选择，回到上一个状态	当越过叶节点、结束节点访问、遇到值为 3 的节点时终止搜索，函数返回
剪枝（pruning）	剪枝是根据问题特性和约束条件避免无意义的搜索路径的方法，可提高搜索效率	当遇到值为 3 的节点时，则不再继续搜索

> ℹ️ 问题、解、状态等概念是通用的，在分治、回溯、动态规划、贪心等算法中都有涉及。

13.1.5　优点与局限性

回溯算法本质上是一种深度优先搜索算法，它尝试所有可能的解决方案直到找到满足条件的解。这种方法的优点在于能够找到所有可能的解决方案，而且在合理的剪枝操作下，具有很高的效率。

然而，在处理大规模或者复杂问题时，**回溯算法的运行效率可能难以接受**。

- **时间**：回溯算法通常需要遍历状态空间的所有可能，时间复杂度可以达到指数阶或阶乘阶。
- **空间**：在递归调用中需要保存当前的状态（例如路径、用于剪枝的辅助变量等），当深度很大时，空间需求可能会变得很大。

即便如此，**回溯算法仍然是某些搜索问题和约束满足问题的最佳解决方案**。对于这些问题，由于无法预测哪些选择可生成有效的解，因此我们必须对所有可能的选择进行遍历。在这种情况下，**关键是如何优化效率**，常见的效率优化方法有两种。

- **剪枝**：避免搜索那些肯定不会产生解的路径，从而节省时间和空间。
- **启发式搜索**：在搜索过程中引入一些策略或者估计值，从而优先搜索最有可能产生有效解的路径。

13.1.6 回溯典型例题

回溯算法可用于解决许多搜索问题、约束满足问题和组合优化问题。

搜索问题：这类问题的目标是找到满足特定条件的解决方案。

- 全排列问题：给定一个集合，求出其所有可能的排列组合。
- 子集和问题：给定一个集合和一个目标和，找到集合中所有和为目标和的子集。
- 汉诺塔问题：给定三根柱子和一系列大小不同的圆盘，要求将所有圆盘从一根柱子移动到另一根柱子，每次只能移动一个圆盘，且不能将大圆盘放在小圆盘上。

约束满足问题：这类问题的目标是找到满足所有约束条件的解。

- n 皇后：在 $n \times n$ 的棋盘上放置 n 个皇后，使得它们互不攻击。
- 数独：在 9×9 的网格中填入数字 $1 \sim 9$，使得每行、每列和每个 3×3 子网格中的数字不重复。
- 图着色问题：给定一个无向图，用最少的颜色给图的每个顶点着色，使得相邻顶点颜色不同。

组合优化问题：这类问题的目标是在一个组合空间中找到满足某些条件的最优解。

- 0-1 背包问题：给定一组物品和一个背包，每个物品有一定的价值和重量，要求在背包容量限制内，选择物品使得总价值最大。
- 旅行商问题：在一个图中，从一个点出发，访问所有其他点恰好一次后返回起点，求最短路径。
- 最大团问题：给定一个无向图，找到最大的完全子图，即子图中的任意两个顶点之间都有边相连。

请注意，对于许多组合优化问题，回溯不是最优解决方案。

- 0-1 背包问题通常使用动态规划解决，以达到更高的时间效率。
- 旅行商是一个著名的 NP-Hard 问题，常用解法有遗传算法和蚁群算法等。
- 最大团问题是图论中的一个经典问题，可用贪心算法等启发式算法来解决。

13.2 全排列问题

全排列问题是回溯算法的一个典型应用。它的定义是在给定一个集合（如一个数组或字符串）的情况下，找出其中元素的所有可能的排列。

表 13-2 列举了几个示例数据，包括输入数组和对应的所有排列。

表 13-2 全排列示例

输入数组	所有排列
[1]	[1]
[1,2]	[1,2],[2,1]
[1,2,3]	[1,2,3],[1,3,2],[2,1,3],[2,3,1],[3,1,2],[3,2,1]

13.2.1 无相等元素的情况

> ❓ 输入一个整数数组，其中不包含重复元素，返回所有可能的排列。

从回溯算法的角度看，**我们可以把生成排列的过程想象成一系列选择的结果**。假设输入数组为 [1,2,3]，如果我们先选择 1，再选择 3，最后选择 2，则获得排列 [1,3,2]。回退表示撤销一个选择，之后继续尝试其他选择。

从回溯代码的角度看，候选集合 choices 是输入数组中的所有元素，状态 state 是直至目前已被选择的元素。请注意，每个元素只允许被选择一次，**因此 state 中的所有元素都应该是唯一的**。

如图 13-5 所示，我们可以将搜索过程展开成一棵递归树，树中的每个节点代表当前状态 state。从根节点开始，经过三轮选择后到达叶节点，每个叶节点都对应一个排列。

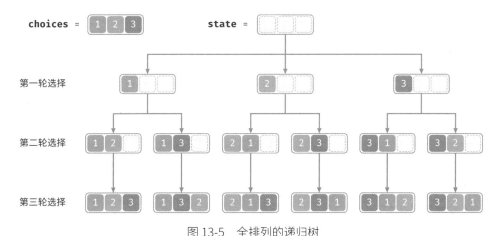

图 13-5 全排列的递归树

1. 重复选择剪枝

为了实现每个元素只被选择一次，我们考虑引入一个布尔型数组 selected，其中 selected[i] 表示 choices[i] 是否已被选择，并基于它实现以下剪枝操作。

- 在做出选择 choice[i] 后，我们就将 selected[i] 赋值为 True，代表它已被选择。
- 遍历选择列表 choices 时，跳过所有已被选择的节点，即剪枝。

如图 13-6 所示，假设我们第一轮选择 1，第二轮选择 3，第三轮选择 2，则需要在第二轮剪掉元素 1 的分支，在第三轮剪掉元素 1 和元素 3 的分支。

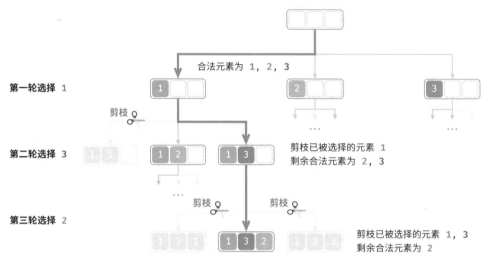

图 13-6　全排列剪枝示例

观察图 13-6 发现，该剪枝操作将搜索空间大小从 $O(n^n)$ 减小至 $O(n!)$。

2. 代码实现

想清楚以上信息之后，我们就可以在框架代码中做"完形填空"了。为了缩短整体代码，我们不单独实现框架代码中的各个函数，而是将它们展开在 backtrack() 函数中：

```python
# === File: permutations_i.py ===

def backtrack(
    state: list[int], choices: list[int], selected: list[bool], res: list[list[int]]
):
    """ 回溯算法：全排列 I"""
    # 当状态长度等于元素数量时，记录解
    if len(state) == len(choices):
        res.append(list(state))
        return
    # 遍历所有选择
    for i, choice in enumerate(choices):
        # 剪枝：不允许重复选择元素
        if not selected[i]:
            # 尝试：做出选择，更新状态
```

```
            selected[i] = True
            state.append(choice)
            # 进行下一轮选择
            backtrack(state, choices, selected, res)
            # 回退：撤销选择，恢复到之前的状态
            selected[i] = False
            state.pop()

def permutations_i(nums: list[int]) -> list[list[int]]:
    """全排列 I"""
    res = []
    backtrack(state=[], choices=nums, selected=[False] * len(nums), res=res)
    return res
```

13.2.2 考虑相等元素的情况

> ❓ 输入一个整数数组，**数组中可能包含重复元素**，返回所有不重复的排列。

假设输入数组为 [1,1,2]。为了方便区分两个重复元素 1，我们将第二个 1 记为 $\hat{1}$。

如图 13-7 所示，上述方法生成的排列有一半是重复的。

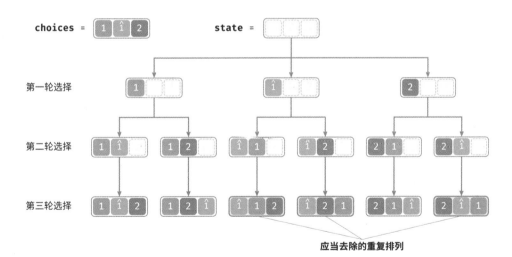

图 13-7　重复排列

那么如何去除重复的排列呢？最直接地，考虑借助一个哈希表，直接对排列结果进行去重。然而这样做不够优雅，**因为生成重复排列的搜索分支没有必要，应当提前识别并剪枝**，这样可以进一步提升算法效率。

1. 相等元素剪枝

观察图 13-8，在第一轮中，选择 1 或选择 î 是等价的，在这两个选择之下生成的所有排列都是重复的。因此应该把 î 剪枝。

同理，在第一轮选择 2 之后，第二轮选择中的 1 和 î 也会产生重复分支，因此也应将第二轮的 î 剪枝。

从本质上看，**我们的目标是在某一轮选择中，保证多个相等的元素仅被选择一次**。

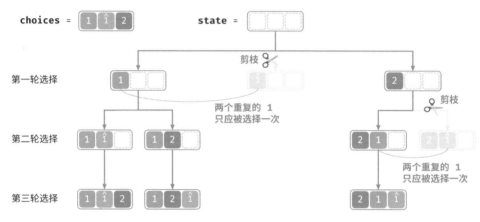

图 13-8　重复排列剪枝

2. 代码实现

在上一题的代码的基础上，我们考虑在每一轮选择中开启一个哈希表 duplicated，用于记录该轮中已经尝试过的元素，并将重复元素剪枝：

```python
# === File: permutations_ii.py ===

def backtrack(
    state: list[int], choices: list[int], selected: list[bool], res: list[list[int]]
):
    """回溯算法：全排列 II"""
    # 当状态长度等于元素数量时，记录解
    if len(state) == len(choices):
        res.append(list(state))
        return
    # 遍历所有选择
    duplicated = set[int]()
    for i, choice in enumerate(choices):
        # 剪枝：不允许重复选择元素且不允许重复选择相等元素
        if not selected[i] and choice not in duplicated:
            # 尝试：做出选择，更新状态
            duplicated.add(choice)  # 记录选择过的元素值
            selected[i] = True
```

```
            state.append(choice)
            # 进行下一轮选择
            backtrack(state, choices, selected, res)
            # 回退：撤销选择，恢复到之前的状态
            selected[i] = False
            state.pop()

def permutations_ii(nums: list[int]) -> list[list[int]]:
    """ 全排列 II"""
    res = []
    backtrack(state=[], choices=nums, selected=[False] * len(nums), res=res)
    return res
```

假设元素两两之间互不相同，则 n 个元素共有 $n!$ 种排列（阶乘）；在记录结果时，需要复制长度为 n 的列表，使用 $O(n)$ 时间。**因此时间复杂度为 $O(n!n)$。**

最大递归深度为 n，使用 $O(n)$ 栈帧空间。selected 使用 $O(n)$ 空间。同一时刻最多共有 n 个 duplicated，使用 $O(n^2)$ 空间。**因此空间复杂度为 $O(n^2)$。**

3. 两种剪枝对比

请注意，虽然 selected 和 duplicated 都用于剪枝，但两者的目标不同。

- **重复选择剪枝**：整个搜索过程中只有一个 selected。它记录的是当前状态中包含哪些元素，其作用是避免某个元素在 state 中重复出现。
- **相等元素剪枝**：每轮选择（每个调用的 backtrack 函数）都包含一个 duplicated。它记录的是在本轮遍历（for 循环）中哪些元素已被选择过，其作用是保证相等元素只被选择一次。

图 13-9 展示了两个剪枝条件的生效范围。注意，树中的每个节点代表一个选择，从根节点到叶节点的路径上的各个节点构成一个排列。

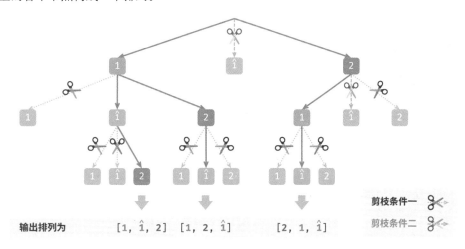

图 13-9　两种剪枝条件的作用范围

13.3　子集和问题

13.3.1　无重复元素的情况

> ❓ 给定一个正整数数组 nums 和一个目标正整数 target ，请找出所有可能的组合，使得组合中的元素和等于 target 。给定数组无重复元素，每个元素可以被选取多次。请以列表形式返回这些组合，列表中不应包含重复组合。

例如，输入集合 {3,4,5} 和目标整数 9，解为 {3,3,3},{4,5}。需要注意以下两点。

- 输入集合中的元素可以被无限次重复选取。
- 子集不区分元素顺序，比如 {4,5} 和 {5,4} 是同一个子集。

1. 参考全排列解法

类似于全排列问题，我们可以把子集的生成过程想象成一系列选择的结果，并在选择过程中实时更新"元素和"，当元素和等于 target 时，就将子集记录至结果列表。

而与全排列问题不同的是，**本题集合中的元素可以被无限次选取**，因此无须借助 selected 布尔列表来记录元素是否已被选择。我们可以对全排列代码进行小幅修改，初步得到解题代码：

```python
# === File: subset_sum_i_naive.py ===

def backtrack(
    state: list[int],
    target: int,
    total: int,
    choices: list[int],
    res: list[list[int]],
):
    """ 回溯算法：子集和 I """
    # 子集和等于 target 时，记录解
    if total == target:
        res.append(list(state))
        return
    # 遍历所有选择
    for i in range(len(choices)):
        # 剪枝：若子集和超过 target，则跳过该选择
        if total + choices[i] > target:
            continue
        # 尝试：做出选择，更新元素和 total
        state.append(choices[i])
        # 进行下一轮选择
        backtrack(state, target, total + choices[i], choices, res)
```

```
        # 回退：撤销选择，恢复到之前的状态
        state.pop()

def subset_sum_i_naive(nums: list[int], target: int) -> list[list[int]]:
    """ 求解子集和 I（包含重复子集）"""
    state = []  # 状态（子集）
    total = 0  # 子集和
    res = []  # 结果列表（子集列表）
    backtrack(state, target, total, nums, res)
    return res
```

向以上代码输入数组 [3,4,5] 和目标元素 9，输出结果为 [3,3,3],[4,5],[5,4]。**虽然成功找出了所有和为 9 的子集，但其中存在重复的子集** [4,5] **和** [5,4]。

这是因为搜索过程是区分选择顺序的，然而子集不区分选择顺序。如图 13-10 所示，先选 4 后选 5 与先选 5 后选 4 是不同的分支，但对应同一个子集。

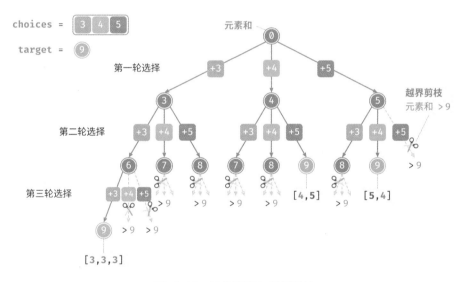

图 13-10 子集搜索与越界剪枝

为了去除重复子集，**一种直接的思路是对结果列表进行去重**。但这个方法效率很低，有两方面原因。

- 当数组元素较多，尤其是当 target 较大时，搜索过程会产生大量的重复子集。
- 比较子集（数组）的异同非常耗时，需要先排序数组，再比较数组中每个元素的异同。

2. 重复子集剪枝

我们考虑在搜索过程中通过剪枝进行去重。观察图 13-11，重复子集是在以不同顺序选择数组元素时产生的，例如以下情况。

(1) 当第一轮和第二轮分别选择 3 和 4 时，会生成包含这两个元素的所有子集，记为 [3,4,…]。

(2) 之后，当第一轮选择 4 时，**则第二轮应该跳过 3**，因为该选择产生的子集 [4,3,…] 和第 (1) 步中生成的子集完全重复。

在搜索过程中，每一层的选择都是从左到右被逐个尝试的，因此越靠右的分支被剪掉的越多。

(1) 前两轮选择 3 和 5，生成子集 [3,5,…]。

(2) 前两轮选择 4 和 5，生成子集 [4,5,…]。

(3) 若第一轮选择 5，**则第二轮应该跳过 3 和 4**，因为子集 [5,3,…] 和 [5,4,…] 与第 (1) 步和第 (2) 步中描述的子集完全重复。

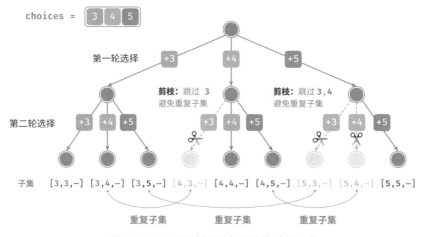

图 13-11　不同选择顺序导致的重复子集

总结来看，给定输入数组 $[x_1, x_2, \cdots, x_n]$，设搜索过程中的选择序列为 $[x_{i_1}, x_{i_2}, \cdots, x_{i_m}]$，则该选择序列需要满足 $i_1 \leqslant i_2 \leqslant \cdots \leqslant i_m$，**不满足该条件的选择序列都会造成重复，应当剪枝**。

3. 代码实现

为实现该剪枝，我们初始化变量 start，用于指示遍历起始点。**当做出选择 x_i 后，设定下一轮从索引 i 开始遍历**。这样做就可以让选择序列满足 $i_1 \leqslant i_2 \leqslant \cdots \leqslant i_m$，从而保证子集唯一。

除此之外，我们还对代码进行了以下两项优化。

- 在开启搜索前，先将数组 nums 排序。在遍历所有选择时，**当子集和超过 target 时直接结束循环**，因为后边的元素更大，其子集和一定超过 target。

- 省去元素和变量 total，**通过在 target 上执行减法来统计元素和**，当 target 等于 0 时记录解。

```
# === File: subset_sum_i.py ===

def backtrack(
```

```
    state: list[int], target: int, choices: list[int], start: int, res: list[list[int]]
):
    """回溯算法：子集和 I"""
    # 子集和等于 target 时，记录解
    if target == 0:
        res.append(list(state))
        return
    # 遍历所有选择
    # 剪枝二：从 start 开始遍历，避免生成重复子集
    for i in range(start, len(choices)):
        # 剪枝一：若子集和超过 target，则直接结束循环
        # 这是因为数组已排序，后边元素更大，子集和一定超过 target
        if target - choices[i] < 0:
            break
        # 尝试：做出选择，更新 target, start
        state.append(choices[i])
        # 进行下一轮选择
        backtrack(state, target - choices[i], choices, i, res)
        # 回退：撤销选择，恢复到之前的状态
        state.pop()

def subset_sum_i(nums: list[int], target: int) -> list[list[int]]:
    """求解子集和 I"""
    state = []  # 状态（子集）
    nums.sort()  # 对 nums 进行排序
    start = 0  # 遍历起始点
    res = []  # 结果列表（子集列表）
    backtrack(state, target, nums, start, res)
    return res
```

图 13-12 所示为将数组 [3,4,5] 和目标元素 9 输入以上代码后的整体回溯过程。

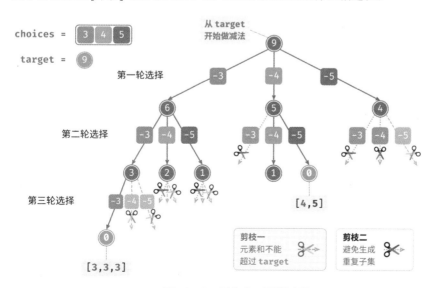

图 13-12　子集和 I 回溯过程

13.3.2　考虑重复元素的情况

> ❓ 给定一个正整数数组 nums 和一个目标正整数 target ，请找出所有可能的组合，使得组合中的元素和等于 target 。给定数组可能包含重复元素，每个元素只可被选择一次。请以列表形式返回这些组合，列表中不应包含重复组合。

相比于上题，**本题的输入数组可能包含重复元素**，这引入了新的问题。例如，给定数组 $[4,\hat{4},5]$ 和目标元素 9，则现有代码的输出结果为 $[4,5],[\hat{4},5]$ ，出现了重复子集。

造成这种重复的原因是相等元素在某轮中被多次选择。在图 13-13 中，第一轮共有三个选择，其中两个都为 4，会产生两个重复的搜索分支，从而输出重复子集；同理，第二轮的两个 4 也会产生重复子集。

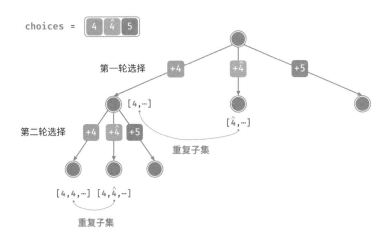

图 13-13　相等元素导致的重复子集

1. 相等元素剪枝

为解决此问题，**我们需要限制相等元素在每一轮中只能被选择一次**。实现方式比较巧妙：由于数组是已排序的，因此相等元素都是相邻的。这意味着在某轮选择中，若当前元素与其左边元素相等，则说明它已经被选择过，因此直接跳过当前元素。

与此同时，**本题规定每个数组元素只能被选择一次**。幸运的是，我们也可以利用变量 start 来满足该约束：当做出选择 x_i 后，设定下一轮从索引 $i+1$ 开始向后遍历。这样既能去除重复子集，也能避免重复选择元素。

2. 代码实现

```python
# === File: subset_sum_ii.py ===

def backtrack(
    state: list[int], target: int, choices: list[int], start: int, res: list[list[int]]
):
    """回溯算法：子集和 II"""
    # 子集和等于 target 时，记录解
    if target == 0:
        res.append(list(state))
        return
    # 遍历所有选择
    # 剪枝二：从 start 开始遍历，避免生成重复子集
    # 剪枝三：从 start 开始遍历，避免重复选择同一元素
    for i in range(start, len(choices)):
        # 剪枝一：若子集和超过 target，则直接结束循环
        # 这是因为数组已排序，后边元素更大，子集和一定超过 target
        if target - choices[i] < 0:
            break
        # 剪枝四：如果该元素与左边元素相等，说明该搜索分支重复，直接跳过
        if i > start and choices[i] == choices[i - 1]:
            continue
        # 尝试：做出选择，更新 target, start
        state.append(choices[i])
        # 进行下一轮选择
        backtrack(state, target - choices[i], choices, i + 1, res)
        # 回退：撤销选择，恢复到之前的状态
        state.pop()


def subset_sum_ii(nums: list[int], target: int) -> list[list[int]]:
    """求解子集和 II"""
    state = []  # 状态（子集）
    nums.sort()  # 对 nums 进行排序
    start = 0  # 遍历起始点
    res = []  # 结果列表（子集列表）
    backtrack(state, target, nums, start, res)
    return res
```

图 13-14 展示了数组 [4,4,5] 和目标元素 9 的回溯过程，共包含四种剪枝操作。请你将图示与代码注释相结合，理解整个搜索过程，以及每种剪枝操作是如何工作的。

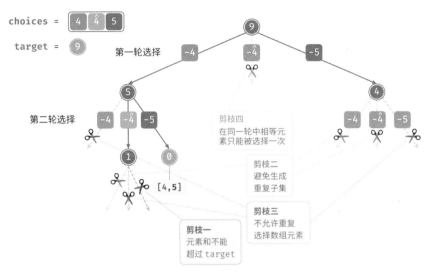

图 13-14　子集和 II 回溯过程

13.4　n 皇后问题

> ❓ 根据国际象棋的规则，皇后可以攻击与其同处一行、一列或一条斜线上的棋子。给定 n 个皇后和一个 $n \times n$ 大小的棋盘，寻找使得所有皇后之间无法相互攻击的摆放方案。

如图 13-15 所示，当 $n = 4$ 时，共可以找到两个解。从回溯算法的角度看，$n \times n$ 大小的棋盘共有 n^2 个格子，给出了所有的选择 choices。在逐个放置皇后的过程中，棋盘状态在不断地变化，每个时刻的棋盘就是状态 state。

图 13-15　4 皇后问题的解

图 13-16 展示了本题的三个约束条件：**多个皇后不能在同一行、同一列、同一条对角线上**。值得注意的是，对角线分为主对角线 \ 和次对角线 / 两种。

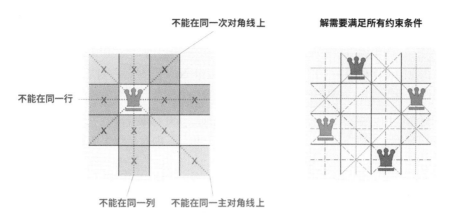

图 13-16　n 皇后问题的约束条件

1. 逐行放置策略

皇后的数量和棋盘的行数都为 n，因此我们容易得到一个推论：**棋盘每行都允许且只允许放置一个皇后**。

也就是说，我们可以采取逐行放置策略：从第一行开始，在每行放置一个皇后，直至最后一行结束。

图 13-17 所示为 4 皇后问题的逐行放置过程。受画幅限制，图 13-17 仅展开了第一行的其中一个搜索分支，并且将不满足列约束和对角线约束的方案都进行了剪枝。

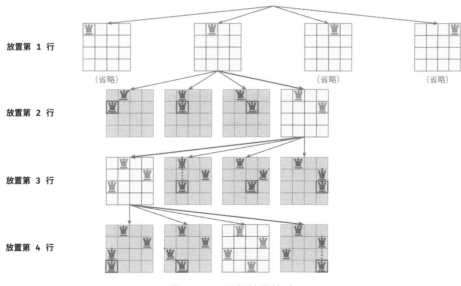

图 13-17　逐行放置策略

305

从本质上看，**逐行放置策略起到了剪枝的作用**，它避免了同一行出现多个皇后的所有搜索分支。

2. 列与对角线剪枝

为了满足列约束，我们可以利用一个长度为 n 的布尔型数组 cols 记录每一列是否有皇后。在每次决定放置前，我们通过 cols 将已有皇后的列进行剪枝，并在回溯中动态更新 cols 的状态。

那么，如何处理对角线约束呢？设棋盘中某个格子的行列索引为 (row, col)，选定矩阵中的某条主对角线，我们发现该对角线上所有格子的行索引减列索引都相等，**即对角线上所有格子的 row−col 为恒定值**。

也就是说，如果两个格子满足 $row_1 - col_1 = row_2 - col_2$，则它们一定处在同一条主对角线上。利用该规律，我们可以借助图 13-18 所示的数组 diags1 记录每条主对角线上是否有皇后。

同理，次对角线上的所有格子的 row + col 是恒定值。我们同样也可以借助数组 diags2 来处理次对角线约束。

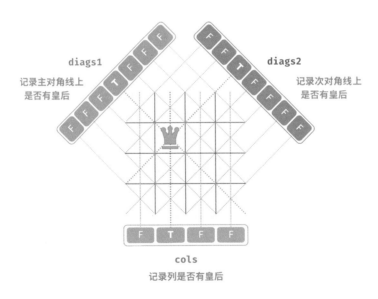

图 13-18　处理列约束和对角线约束

3. 代码实现

请注意，n 维方阵中 row−col 的范围是 $[-n+1, n-1]$，row + col 的范围是 $[0, 2n-2]$，所以主对角线和次对角线的数量都为 $2n-1$，即数组 diags1 和 diags2 的长度都为 $2n-1$。

```python
# === File: n_queens.py ===

def backtrack(
    row: int,
    n: int,
    state: list[list[str]],
    res: list[list[list[str]]],
    cols: list[bool],
    diags1: list[bool],
    diags2: list[bool],
):
    """ 回溯算法：n 皇后 """
    # 当放置完所有行时，记录解
    if row == n:
        res.append([list(row) for row in state])
        return
    # 遍历所有列
    for col in range(n):
        # 计算该格子对应的主对角线和次对角线
        diag1 = row - col + n - 1
        diag2 = row + col
        # 剪枝：不允许该格子所在列、主对角线、次对角线上存在皇后
        if not cols[col] and not diags1[diag1] and not diags2[diag2]:
            # 尝试：将皇后放置在该格子
            state[row][col] = "Q"
            cols[col] = diags1[diag1] = diags2[diag2] = True
            # 放置下一行
            backtrack(row + 1, n, state, res, cols, diags1, diags2)
            # 回退：将该格子恢复为空位
            state[row][col] = "#"
            cols[col] = diags1[diag1] = diags2[diag2] = False

def n_queens(n: int) -> list[list[list[str]]]:
    """ 求解 n 皇后 """
    # 初始化 n*n 大小的棋盘，其中 'Q' 代表皇后，'#' 代表空位
    state = [["#" for _ in range(n)] for _ in range(n)]
    cols = [False] * n  # 记录列是否有皇后
    diags1 = [False] * (2 * n - 1)  # 记录主对角线上是否有皇后
    diags2 = [False] * (2 * n - 1)  # 记录次对角线上是否有皇后
    res = []
    backtrack(0, n, state, res, cols, diags1, diags2)
    return res
```

逐行放置 *n* 次，考虑列约束，则从第一行到最后一行分别有 *n*、*n*-1、···、2、1 个选择，使用 $O(n!)$ 时间。当记录解时，需要复制矩阵 state 并添加进 res，复制操作使用 $O(n^2)$ 时间。因此，**总体时间复杂度为 $O(n! \cdot n^2)$**。实际上，根据对角线约束的剪枝也能够大幅缩小搜索空间，因而搜索效率往往优于以上时间复杂度。

数组 state 使用 $O(n^2)$ 空间，数组 cols、diags1 和 diags2 皆使用 $O(n)$ 空间。最大递归深度为 *n*，使用 $O(n)$ 栈帧空间。因此，**空间复杂度为 $O(n^2)$**。

13.5　小结

- 回溯算法本质是穷举法，通过对解空间进行深度优先遍历来寻找符合条件的解。在搜索过程中，遇到满足条件的解则记录，直至找到所有解或遍历完成后结束。

- 回溯算法的搜索过程包括尝试与回退两个部分。它通过深度优先搜索来尝试各种选择，当遇到不满足约束条件的情况时，则撤销上一步的选择，退回到之前的状态，并继续尝试其他选择。尝试与回退是两个方向相反的操作。

- 回溯问题通常包含多个约束条件，它们可用于实现剪枝操作。剪枝可以提前结束不必要的搜索分支，大幅提升搜索效率。

- 回溯算法主要可用于解决搜索问题和约束满足问题。组合优化问题虽然可以用回溯算法解决，但往往存在效率更高或效果更好的解法。

- 全排列问题旨在搜索给定集合元素的所有可能的排列。我们借助一个数组来记录每个元素是否被选择，剪掉重复选择同一元素的搜索分支，确保每个元素只被选择一次。

- 在全排列问题中，如果集合中存在重复元素，则最终结果会出现重复排列。我们需要约束相等元素在每轮中只能被选择一次，这通常借助一个哈希表来实现。

- 子集和问题的目标是在给定集合中找到和为目标值的所有子集。集合不区分元素顺序，而搜索过程会输出所有顺序的结果，产生重复子集。我们在回溯前将数据进行排序，并设置一个变量来指示每一轮的遍历起始点，从而将生成重复子集的搜索分支进行剪枝。

- 对于子集和问题，数组中的相等元素会产生重复集合。我们利用数组已排序的前置条件，通过判断相邻元素是否相等实现剪枝，从而确保相等元素在每轮中只能被选中一次。

- n 皇后问题旨在寻找将 n 个皇后放置到 $n \times n$ 尺寸棋盘上的方案，要求所有皇后两两之间无法攻击对方。该问题的约束条件有行约束、列约束、主对角线和次对角线约束。为满足行约束，我们采用按行放置的策略，保证每一行放置一个皇后。

- 列约束和对角线约束的处理方式类似。对于列约束，我们利用一个数组来记录每一列是否有皇后，从而指示选中的格子是否合法。对于对角线约束，我们借助两个数组来分别记录该主、次对角线上是否存在皇后；难点在于找处在到同一主（次）对角线上格子满足的行列索引规律。

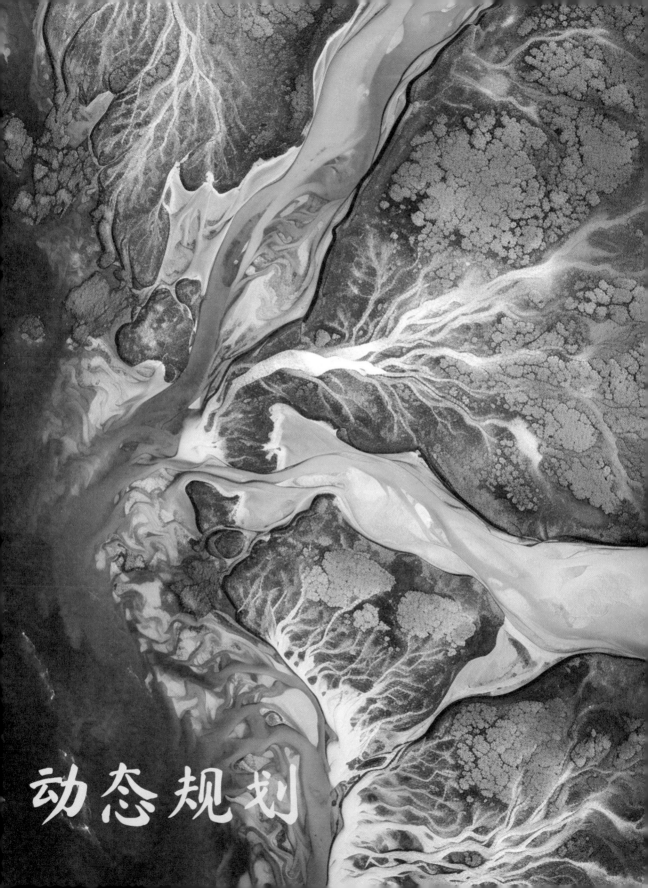

动态规划

第 14 章　动态规划

> 小溪汇入河流，江河汇入大海。
>
> 动态规划将小问题的解汇集成大问题的答案，一步步引领我们走向解决问题的彼岸。

14.1　初探动态规划

动态规划（dynamic programming）是一个重要的算法范式，它将一个问题分解为一系列更小的子问题，并通过存储子问题的解来避免重复计算，从而大幅提升时间效率。

在本节中，我们从一个经典例题入手，先给出它的暴力回溯解法，观察其中包含的重叠子问题，再逐步导出更高效的动态规划解法。

> ❓ 爬楼梯
>
> 　给定一个共有 n 阶的楼梯，你每步可以上 1 阶或者 2 阶，请问有多少种方案可以爬到楼顶？

如图 14-1 所示，对于一个 3 阶楼梯，共有 3 种方案可以爬到楼顶。

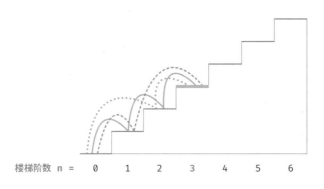

楼梯阶数 n =　0　1　2　3　4　5　6

爬上第 3 阶楼梯共有 3 种方案：
`0→1→2→3`，`0→2→3`，`0→1→3`

图 14-1　爬到第 3 阶的方案数量

本题的目标是求解方案数量，**我们可以考虑通过回溯来穷举所有可能性**。具体来说，将爬楼梯想象为一个多轮选择的过程：从地面出发，每轮选择上 1 阶或 2 阶，每当到达楼梯顶部时就将方案数量加 1，当越过楼梯顶部时就将其剪枝。代码如下所示：

```python
# === File: climbing_stairs_backtrack.py ===

def backtrack(choices: list[int], state: int, n: int, res: list[int]) -> int:
    """回溯"""
    # 当爬到第 n 阶时，方案数量加 1
    if state == n:
        res[0] += 1
    # 遍历所有选择
    for choice in choices:
        # 剪枝：不允许越过第 n 阶
        if state + choice > n:
            continue
        # 尝试：做出选择，更新状态
        backtrack(choices, state + choice, n, res)
        # 回退

def climbing_stairs_backtrack(n: int) -> int:
    """爬楼梯：回溯"""
    choices = [1, 2]  # 可选择向上爬 1 阶或 2 阶
    state = 0  # 从第 0 阶开始爬
    res = [0]  # 使用 res[0] 记录方案数量
    backtrack(choices, state, n, res)
    return res[0]
```

14.1.1 方法一：暴力搜索

回溯算法通常并不显式地对问题进行拆解，而是将求解问题看作一系列决策步骤，通过试探和剪枝，搜索所有可能的解。

我们可以尝试从问题分解的角度分析这道题。设爬到第 i 阶共有 $dp[i]$ 种方案，那么 $dp[i]$ 就是原问题，其子问题包括：

$$dp[i-1], dp[i-2], \cdots, dp[2], dp[1]$$

由于每轮只能上 1 阶或 2 阶，因此当我们站在第 i 阶楼梯上时，上一轮只可能站在第 $i-1$ 阶或第 $i-2$ 阶上。换句话说，我们只能从第 $i-1$ 阶或第 $i-2$ 阶迈向第 i 阶。

由此便可得出一个重要推论：**爬到第 $i-1$ 阶的方案数加上爬到第 $i-2$ 阶的方案数就等于爬到第 i 阶的方案数**。公式如下：

$$dp[i] = dp[i-1] + dp[i-2]$$

这意味着在爬楼梯问题中，各个子问题之间存在递推关系，**原问题的解可以由子问题的解构建得来**。图 14-2 展示了该递推关系。

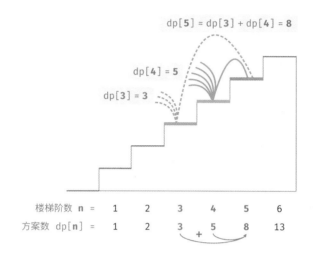

$$dp[5] = dp[3] + dp[4] = 8$$
$$dp[4] = 5$$
$$dp[3] = 3$$

楼梯阶数 n =	1	2	3	4	5	6
方案数 $dp[n]$ =	1	2	3	+ 5	8	13

图 14-2　方案数量递推关系

我们可以根据递推公式得到暴力搜索解法。以 $dp[n]$ 为起始点，**递归地将一个较大问题拆解为两个较小问题的和**，直至到达最小子问题 $dp[1]$ 和 $dp[2]$ 时返回。其中，最小子问题的解是已知的，即 $dp[1] = 1$、$dp[2] = 2$，表示爬到第 1、2 阶分别有 1、2 种方案。

观察以下代码，它和标准回溯代码都属于深度优先搜索，但更加简洁：

```python
# === File: climbing_stairs_dfs.py ===

def dfs(i: int) -> int:
    """搜索"""
    # 已知 dp[1] 和 dp[2]，返回之
    if i == 1 or i == 2:
        return i
    # dp[i] = dp[i-1] + dp[i-2]
    count = dfs(i - 1) + dfs(i - 2)
    return count

def climbing_stairs_dfs(n: int) -> int:
    """爬楼梯：搜索"""
    return dfs(n)
```

图 14-3 展示了暴力搜索形成的递归树。对于问题 $dp[n]$，其递归树的深度为 n，时间复杂度为 $O(2^n)$。指数阶属于爆炸式增长，如果我们输入一个比较大的 n，则会陷入漫长的等待之中。

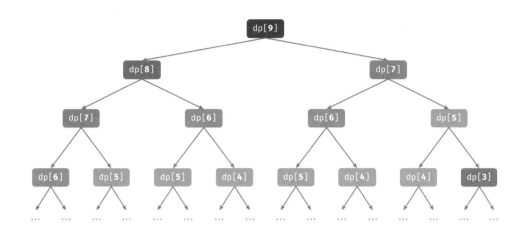

搜索生成的递归树存在大量重叠子问题
导致时间复杂度为指数阶 $O(2^n)$

图 14-3 爬楼梯对应递归树

观察图 14-3，**指数阶的时间复杂度是"重叠子问题"导致的**。例如 $dp[9]$ 被分解为 $dp[8]$ 和 $dp[7]$，$dp[8]$ 被分解为 $dp[7]$ 和 $dp[6]$，两者都包含子问题 $dp[7]$。

以此类推，子问题中包含更小的重叠子问题，子子孙孙无穷尽也。绝大部分计算资源都浪费在这些重叠的子问题上。

14.1.2 方法二：记忆化搜索

为了提升算法效率，**我们希望所有的重叠子问题都只被计算一次**。为此，我们声明一个数组 mem 来记录每个子问题的解，并在搜索过程中将重叠子问题剪枝。

(1) 当首次计算 $dp[i]$ 时，我们将其记录至 mem[i]，以便之后使用。

(2) 当再次需要计算 $dp[i]$ 时，我们便可直接从 mem[i] 中获取结果，从而避免重复计算该子问题。

代码如下所示：

```
# === File: climbing_stairs_dfs_mem.py ===

def dfs(i: int, mem: list[int]) -> int:
    """ 记忆化搜索 """
    # 已知 dp[1] 和 dp[2]，返回之
    if i == 1 or i == 2:
        return i
```

```
    # 若存在记录 dp[i]，则直接返回之
    if mem[i] != -1:
        return mem[i]
    # dp[i] = dp[i-1] + dp[i-2]
    count = dfs(i - 1, mem) + dfs(i - 2, mem)
    # 记录 dp[i]
    mem[i] = count
    return count

def climbing_stairs_dfs_mem(n: int) -> int:
    """ 爬楼梯：记忆化搜索 """
    # mem[i] 记录爬到第 i 阶的方案总数，-1 代表无记录
    mem = [-1] * (n + 1)
    return dfs(n, mem)
```

观察图 14-4，经过记忆化处理后，所有重叠子问题都只需计算一次，时间复杂度优化至 $O(n)$，这是一个巨大的飞跃。

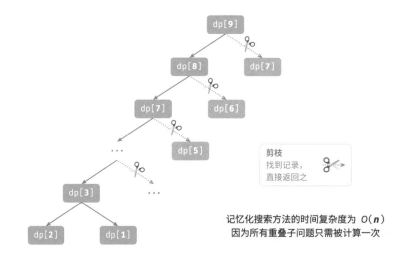

图 14-4　记忆化搜索对应递归树

14.1.3　方法三：动态规划

记忆化搜索是一种"从顶至底"的方法：我们从原问题（根节点）开始，递归地将较大子问题分解为较小子问题，直至解已知的最小子问题（叶节点）。之后，通过回溯逐层收集子问题的解，构建出原问题的解。

与之相反，**动态规划是一种"从底至顶"的方法**：从最小子问题的解开始，迭代地构建更大子问题的解，直至得到原问题的解。

由于动态规划不包含回溯过程，因此只需使用循环迭代实现，无须使用递归。在以下代码中，我们初始化一个数组 dp 来存储子问题的解，它起到了与记忆化搜索中数组 mem 相同的记录作用：

```python
# === File: climbing_stairs_dp.py ===

def climbing_stairs_dp(n: int) -> int:
    """ 爬楼梯：动态规划 """
    if n == 1 or n == 2:
        return n
    # 初始化 dp 表，用于存储子问题的解
    dp = [0] * (n + 1)
    # 初始状态：预设最小子问题的解
    dp[1], dp[2] = 1, 2
    # 状态转移：从较小子问题逐步求解较大子问题
    for i in range(3, n + 1):
        dp[i] = dp[i - 1] + dp[i - 2]
    return dp[n]
```

图 14-5 模拟了以上代码的执行过程。

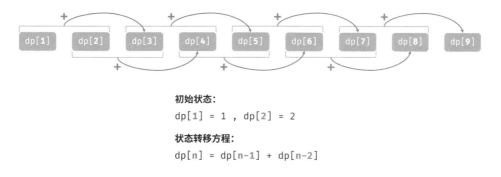

初始状态：
dp[1] = 1 , dp[2] = 2

状态转移方程：
dp[n] = dp[n-1] + dp[n-2]

从初始状态开始，进行状态转移，到达目标状态时终止

图 14-5 爬楼梯的动态规划过程

与回溯算法一样，动态规划也使用"状态"概念来表示问题求解的特定阶段，每个状态都对应一个子问题以及相应的局部最优解。例如，爬楼梯问题的状态定义为当前所在楼梯阶数 i。

根据以上内容，我们可以总结出动态规划的常用术语。

- 将数组 dp 称为 *dp 表*，*dp*[*i*] 表示状态 *i* 对应子问题的解。
- 将最小子问题对应的状态（第 1 阶和第 2 阶楼梯）称为**初始状态**。
- 将递推公式 *dp*[*i*] = *dp*[*i*−1] + *dp*[*i*−2] 称为**状态转移方程**。

14.1.4　空间优化

细心的读者可能发现了，由于 $dp[i]$ 只与 $dp[i-1]$ 和 $dp[i-2]$ 有关，因此我们无须使用一个数组 dp 来存储所有子问题的解，而只需两个变量滚动前进即可。代码如下所示：

```python
# === File: climbing_stairs_dp.py ===

def climbing_stairs_dp_comp(n: int) -> int:
    """ 爬楼梯：空间优化后的动态规划 """
    if n == 1 or n == 2:
        return n
    a, b = 1, 2
    for _ in range(3, n + 1):
        a, b = b, a + b
    return b
```

观察以上代码，由于省去了数组 dp 占用的空间，因此空间复杂度从 $O(n)$ 降至 $O(1)$。

在动态规划问题中，当前状态往往仅与前面有限个状态有关，这时我们可以只保留必要的状态，通过“降维”来节省内存空间。**这种空间优化技巧被称为“滚动变量”或“滚动数组”。**

14.2　动态规划问题特性

在上一节中，我们学习了动态规划是如何通过子问题分解来求解原问题的。实际上，子问题分解是一种通用的算法思路，在分治、动态规划、回溯中的侧重点不同。

- 分治算法递归地将原问题划分为多个相互独立的子问题，直至最小子问题，并在回溯中合并子问题的解，最终得到原问题的解。
- 动态规划也对问题进行递归分解，但与分治算法的主要区别是，动态规划中的子问题是相互依赖的，在分解过程中会出现许多重叠子问题。
- 回溯算法在尝试和回退中穷举所有可能的解，并通过剪枝避免不必要的搜索分支。原问题的解由一系列决策步骤构成，我们可以将每个决策步骤之前的子序列看作一个子问题。

实际上，动态规划常用来求解最优化问题，它们不仅包含重叠子问题，还具有另外两大特性：最优子结构、无后效性。

14.2.1　最优子结构

我们对爬楼梯问题稍作改动，使之更加适合展示最优子结构概念。

> **❓ 爬楼梯最小代价**
>
> 给定一个楼梯，你每步可以上 1 阶或者 2 阶，每一阶楼梯上都贴有一个非负整数，表示你在该台阶所需要付出的代价。给定一个非负整数数组 cost，其中 cost[i] 表示在第 i 个台阶需要付出的代价，cost[0] 为地面（起始点）。请计算最少需要付出多少代价才能到达顶部？

如图 14-6 所示，若第 1、2、3 阶的代价分别为 1、10、1，则从地面爬到第 3 阶的最小代价为 2。

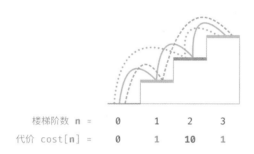

图 14-6　爬到第 3 阶的最小代价

设 $dp[i]$ 为爬到第 i 阶累计付出的代价，由于第 i 阶只可能从 $i-1$ 阶或 $i-2$ 阶走来，因此 $dp[i]$ 只可能等于 $dp[i-1] + \text{cost}[i]$ 或 $dp[i-2] + \text{cost}[i]$。为了尽可能减少代价，我们应该选择两者中较小的那一个：

$$dp[i] = \min\big(dp[i-1], dp[i-2]\big) + \text{cost}[i]$$

这便可以引出最优子结构的含义：**原问题的最优解是从子问题的最优解构建得来的。**

本题显然具有最优子结构：我们从两个子问题最优解 $dp[i-1]$ 和 $dp[i-2]$ 中挑选出较优的那一个，并用它构建出原问题 $dp[i]$ 的最优解。

那么，上一节的爬楼梯题目有没有最优子结构呢？它的目标是求解方案数量，看似是一个计数问题，但如果换一种问法："求解最大方案数量"。我们意外地发现，**虽然题目修改前后是等价的，但最优子结构浮现出来了**：第 n 阶最大方案数量等于第 $n-1$ 阶和第 $n-2$ 阶最大方案数量之和。所以说，最优子结构的解释方式比较灵活，在不同问题中会有不同的含义。

根据状态转移方程，以及初始状态 $dp[1] = \text{cost}[1]$ 和 $dp[2] = \text{cost}[2]$，我们就可以得到动态规划代码：

```
# === File: min_cost_climbing_stairs_dp.py ===

def min_cost_climbing_stairs_dp(cost: list[int]) -> int:
    """ 爬楼梯最小代价：动态规划 """
    n = len(cost) - 1
    if n == 1 or n == 2:
        return cost[n]
    # 初始化 dp 表，用于存储子问题的解
    dp = [0] * (n + 1)
    # 初始状态：预设最小子问题的解
    dp[1], dp[2] = cost[1], cost[2]
    # 状态转移：从较小子问题逐步求解较大子问题
    for i in range(3, n + 1):
        dp[i] = min(dp[i - 1], dp[i - 2]) + cost[i]
    return dp[n]
```

图 14-7 展示了以上代码的动态规划过程。

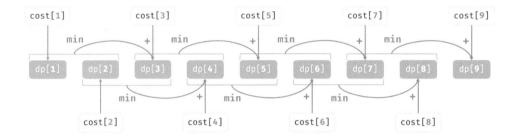

初始状态：

dp[1] = cost[1] , dp[2] = cost[2]

状态转移方程：

dp[i] = min(dp[i-1], dp[i-2]) + cost[i]

图 14-7　爬楼梯最小代价的动态规划过程

本题也可以进行空间优化，将一维压缩至零维，使得空间复杂度从 $O(n)$ 降至 $O(1)$：

```
# === File: min_cost_climbing_stairs_dp.py ===

def min_cost_climbing_stairs_dp_comp(cost: list[int]) -> int:
    """ 爬楼梯最小代价：空间优化后的动态规划 """
    n = len(cost) - 1
    if n == 1 or n == 2:
        return cost[n]
    a, b = cost[1], cost[2]
    for i in range(3, n + 1):
        a, b = b, min(a, b) + cost[i]
    return b
```

14.2.2 无后效性

无后效性是动态规划能够有效解决问题的重要特性之一，其定义为：**给定一个确定的状态，它的未来发展只与当前状态有关，而与过去经历的所有状态无关。**

以爬楼梯问题为例，给定状态 i，它会发展出状态 $i + 1$ 和状态 $i + 2$，分别对应跳 1 步和跳 2 步。在做出这两种选择时，我们无须考虑状态 i 之前的状态，它们对状态 i 的未来没有影响。

然而，如果我们给爬楼梯问题添加一个约束，情况就不一样了。

> ❓ 带约束爬楼梯
>
> 给定一个共有 n 阶的楼梯，你每步可以上 1 阶或者 2 阶，但不能连续两轮跳 1 阶，请问有多少种方案可以爬到楼顶？

如图 14-8 所示，爬上第 3 阶仅剩 2 种可行方案，其中连续三次跳 1 阶的方案不满足约束条件，因此被舍弃。

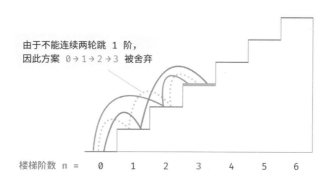

图 14-8　带约束爬到第 3 阶的方案数量

在该问题中，如果上一轮是跳 1 阶上来的，那么下一轮就必须跳 2 阶。这意味着，**下一步选择不能由当前状态（当前所在楼梯阶数）独立决定，还和前一个状态（上一轮所在楼梯阶数）有关。**

不难发现，此问题已不满足无后效性，状态转移方程 $dp[i] = dp[i-1] + dp[i-2]$ 也失效了，因为 $dp[i-1]$ 代表本轮跳 1 阶，但其中包含了许多"上一轮是跳 1 阶上来的"方案，而为了满足约束，我们就不能将 $dp[i-1]$ 直接计入 $dp[i]$ 中。

为此，我们需要扩展状态定义：**状态 $[i, j]$ 表示处在第 i 阶并且上一轮跳了 j 阶**，其中 $j \in \{1,2\}$。此状态定义有效地区分了上一轮跳了 1 阶还是 2 阶，我们可以据此判断当前状态是从何而来的。

- 当上一轮跳了 1 阶时，上上一轮只能选择跳 2 阶，即 $dp[i,1]$ 只能从 $dp[i-1,2]$ 转移过来。
- 当上一轮跳了 2 阶时，上上一轮可选择跳 1 阶或跳 2 阶，即 $dp[i,2]$ 可以从 $dp[i-2,1]$ 或 $dp[i-2,2]$ 转移过来。

如图 14-9 所示，在该定义下，$dp[i,j]$ 表示状态 $[i,j]$ 对应的方案数。此时状态转移方程为：

$$\begin{cases} dp[i,1] = dp[i-1,2] \\ dp[i,2] = dp[i-2,1] + dp[i-2,2] \end{cases}$$

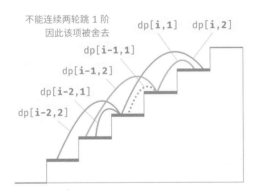

图 14-9　考虑约束下的递推关系

最终，返回 $dp[n,1] + dp[n,2]$ 即可，两者之和代表爬到第 n 阶的方案总数：

```python
# === File: climbing_stairs_constraint_dp.py ===

def climbing_stairs_constraint_dp(n: int) -> int:
    """ 带约束爬楼梯：动态规划 """
    if n == 1 or n == 2:
        return n
    # 初始化 dp 表, 用于存储子问题的解
    dp = [[0] * 3 for _ in range(n + 1)]
    # 初始状态: 预设最小子问题的解
    dp[1][1], dp[1][2] = 1, 0
    dp[2][1], dp[2][2] = 0, 1
    # 状态转移: 从较小子问题逐步求解较大子问题
    for i in range(3, n + 1):
        dp[i][1] = dp[i - 1][2]
        dp[i][2] = dp[i - 2][1] + dp[i - 2][2]
    return dp[n][1] + dp[n][2]
```

在上面的案例中，由于仅需多考虑前面一个状态，因此我们仍然可以通过扩展状态定义，使得问题重新满足无后效性。然而，某些问题具有非常严重的"有后效性"。

> **?** 爬楼梯与障碍生成
>
> 给定一个共有 n 阶的楼梯，你每步可以上 1 阶或者 2 阶。规定当爬到第 i 阶时，系统自动会在第 $2i$ 阶上放上障碍物，**之后所有轮都不允许跳到第 $2i$ 阶上**。例如，前两轮分别跳到了第 2、3 阶上，则之后就不能跳到第 4、6 阶上。请问有多少种方案可以爬到楼顶？

在这个问题中，下次跳跃依赖过去所有的状态，因为每一次跳跃都会在更高的阶梯上设置障碍，并影响未来的跳跃。对于这类问题，动态规划往往难以解决。

实际上，许多复杂的组合优化问题（例如旅行商问题）不满足无后效性。对于这类问题，我们通常会选择使用其他方法，例如启发式搜索、遗传算法、强化学习等，从而在有限时间内得到可用的局部最优解。

14.3　动态规划解题思路

上两节介绍了动态规划问题的主要特征，接下来我们一起探究两个更加实用的问题。

(1) 如何判断一个问题是不是动态规划问题？

(2) 求解动态规划问题该从何处入手，完整步骤是什么？

14.3.1　问题判断

总的来说，如果一个问题包含重叠子问题、最优子结构，并满足无后效性，那么它通常适合用动态规划求解。然而，我们很难从问题描述中直接提取出这些特性。因此我们通常会放宽条件，**先观察问题是否适合使用回溯（穷举）解决**。

适合用回溯解决的问题通常满足"决策树模型"，这种问题可以使用树形结构来描述，其中每一个节点代表一个决策，每一条路径代表一个决策序列。

换句话说，如果问题包含明确的决策概念，并且解是通过一系列决策产生的，那么它就满足决策树模型，通常可以使用回溯来解决。

在此基础上，动态规划问题还有一些判断的"加分项"。

- 问题包含最大（小）或最多（少）等最优化描述。
- 问题的状态能够使用一个列表、多维矩阵或树来表示，并且一个状态与其周围的状态存在递推关系。

相应地，也存在一些"减分项"。

- 问题的目标是找出所有可能的解决方案，而不是找出最优解。
- 问题描述中有明显的排列组合的特征，需要返回具体的多个方案。

如果一个问题满足决策树模型，并具有较为明显的"加分项"，我们就可以假设它是一个动态规划问题，并在求解过程中验证它。

14.3.2　问题求解步骤

动态规划的解题流程会因问题的性质和难度而有所不同，但通常遵循以下步骤：描述决策，定义状态，建立 *dp* 表，推导状态转移方程，确定边界条件等。

为了更形象地展示解题步骤，我们使用一个经典问题"最小路径和"来举例。

> ❓　给定一个 $n \times m$ 的二维网格 grid，网格中的每个单元格包含一个非负整数，表示该单元格的代价。机器人以左上角单元格为起始点，每次只能向下或者向右移动一步，直至到达右下角单元格。请返回从左上角到右下角的最小路径和。

图 14-10 展示了一个例子，给定网格的最小路径和为 13。

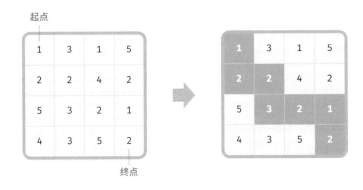

最小路径和为 **13**
对应最佳方案为 1→2→2→3→2→1→2

图 14-10　最小路径和示例数据

第一步：思考每轮的决策，定义状态，从而得到 *dp* 表

本题的每一轮的决策就是从当前格子向下或向右走一步。设当前格子的行列索引为 $[i, j]$，则向下或向右走一步后，索引变为 $[i+1, j]$ 或 $[i, j+1]$。因此，状态应包含行索引和列索引两个变量，记为 $[i, j]$。

状态 [i, j] 对应的子问题为：从起始点 [0,0] 走到 [i, j] 的最小路径和，解记为 $dp[i, j]$。

至此，我们就得到了图 14-11 所示的二维 dp 矩阵，其尺寸与输入网格 grid 相同。

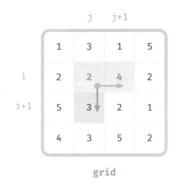

每轮决策：向右或向下走一格 　　子问题：从左上角到 [i,j] 的最小路径和
状态定义：行列索引 [i,j]　　　　dp 表：尺寸与 grid 相同的矩阵

图 14-11　状态定义与 dp 表

> ℹ️ 动态规划和回溯过程可以描述为一个决策序列，而状态由所有决策变量构成。它应当包含描述解题进度的所有变量，其包含了足够的信息，能够用来推导出下一个状态。
>
> 每个状态都对应一个子问题，我们会定义一个 dp 表来存储所有子问题的解，状态的每个独立变量都是 dp 表的一个维度。从本质上看，dp 表是状态和子问题的解之间的映射。

第二步：找出最优子结构，进而推导出状态转移方程

对于状态 [i, j]，它只能从上边格子 [$i-1, j$] 和左边格子 [$i, j-1$] 转移而来。因此最优子结构为：到达 [i, j] 的最小路径和由 [$i, j-1$] 的最小路径和与 [$i-1, j$] 的最小路径和中较小的那一个决定。

根据以上分析，可推出图 14-12 所示的状态转移方程：

$$dp[i, j] = \min\left(dp[i-1, j], dp[i, j-1]\right) + \text{grid}[i, j]$$

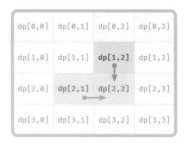

grid　　　　　　　　　　　　　　　　dp 表

状态转移方程：

dp[i, j] = min(dp[i-1, j], dp[i, j-1]) + grid[i, j]

图 14-12　最优子结构与状态转移方程

> ⓘ 根据定义好的 *dp* 表，思考原问题和子问题的关系，找出通过子问题的最优解来构造原问题的最优解的方法，即最优子结构。
>
> 一旦我们找到了最优子结构，就可以使用它来构建出状态转移方程。

第三步：确定边界条件和状态转移顺序

在本题中，处在首行的状态只能从其左边的状态得来，处在首列的状态只能从其上边的状态得来，因此首行 $i = 0$ 和首列 $j = 0$ 是边界条件。

如图 14-13 所示，由于每个格子是由其左方格子和上方格子转移而来，因此我们使用循环来遍历矩阵，外循环遍历各行，内循环遍历各列。

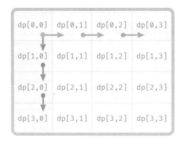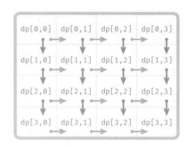

边界条件：初始化首行首列　　　　　　　**状态转移顺序**：正序遍历矩阵

图 14-13　边界条件与状态转移顺序

> ⓘ 边界条件在动态规划中用于初始化 dp 表，在搜索中用于剪枝。
>
> 状态转移顺序的核心是要保证在计算当前问题的解时，所有它依赖的更小子问题的解都已经被正确地计算出来。

根据以上分析，我们已经可以直接写出动态规划代码。然而子问题分解是一种从顶至底的思想，因此按照"暴力搜索 → 记忆化搜索 → 动态规划"的顺序实现更加符合思维习惯。

1. 方法一：暴力搜索

从状态 $[i, j]$ 开始搜索，不断分解为更小的状态 $[i-1, j]$ 和 $[i, j-1]$，递归函数包括以下要素。

- **递归参数**：状态 $[i, j]$。
- **返回值**：从 $[0,0]$ 到 $[i, j]$ 的最小路径和 $dp[i, j]$。
- **终止条件**：当 $i = 0$ 且 $j = 0$ 时，返回代价 grid[0,0]。
- **剪枝**：当 $i < 0$ 时或 $j < 0$ 时索引越界，此时返回代价 $+\infty$，代表不可行。

实现代码如下：

```python
# === File: min_path_sum.py ===

def min_path_sum_dfs(grid: list[list[int]], i: int, j: int) -> int:
    """ 最小路径和：暴力搜索 """
    # 若为左上角单元格，则终止搜索
    if i == 0 and j == 0:
        return grid[0][0]
    # 若行列索引越界，则返回 +∞ 代价
    if i < 0 or j < 0:
        return inf
    # 计算从左上角到 (i-1, j) 和 (i, j-1) 的最小路径代价
    up = min_path_sum_dfs(grid, i - 1, j)
    left = min_path_sum_dfs(grid, i, j - 1)
    # 返回从左上角到 (i, j) 的最小路径代价
    return min(left, up) + grid[i][j]
```

图 14-14 给出了以 $dp[2,1]$ 为根节点的递归树，其中包含一些重叠子问题，其数量会随着网格 grid 的尺寸变大而急剧增多。

从本质上看，造成重叠子问题的原因为：**存在多条路径可以从左上角到达某一单元格。**

每个状态都有向下和向右两种选择，从左上角走到右下角总共需要 $m + n - 2$ 步，所以最差时间复杂度为 $O(2^{m+n})$。请注意，这种计算方式未考虑临近网格边界的情况，当到达网络边界时只剩下一种选择，因此实际的路径数量会少一些。

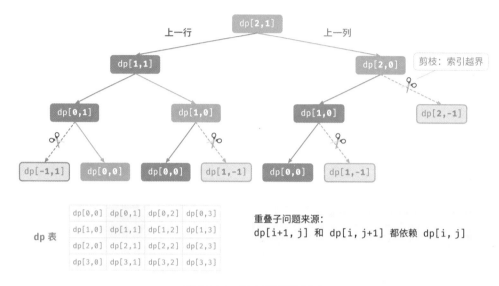

图 14-14　暴力搜索递归树

2. 方法二：记忆化搜索

我们引入一个和网格 grid 相同尺寸的记忆列表 mem，用于记录各个子问题的解，并将重叠子问题进行剪枝：

```python
# === File: min_path_sum.py ===

def min_path_sum_dfs_mem(
    grid: list[list[int]], mem: list[list[int]], i: int, j: int
) -> int:
    """最小路径和：记忆化搜索"""
    # 若为左上角单元格，则终止搜索
    if i == 0 and j == 0:
        return grid[0][0]
    # 若行列索引越界，则返回 +∞ 代价
    if i < 0 or j < 0:
        return inf
    # 若已有记录，则直接返回
    if mem[i][j] != -1:
        return mem[i][j]
    # 左边和上边单元格的最小路径代价
    up = min_path_sum_dfs_mem(grid, mem, i - 1, j)
    left = min_path_sum_dfs_mem(grid, mem, i, j - 1)
    # 记录并返回左上角到 (i, j) 的最小路径代价
    mem[i][j] = min(left, up) + grid[i][j]
    return mem[i][j]
```

如图 14-15 所示，在引入记忆化后，所有子问题的解只需计算一次，因此时间复杂度取决于状态总数，即网格尺寸 $O(nm)$。

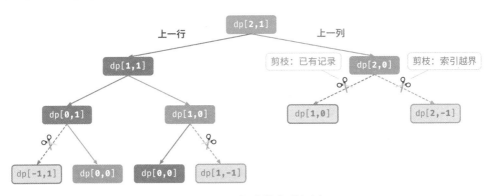

图 14-15 记忆化搜索递归树

3. 方法三：动态规划

基于迭代实现动态规划解法，代码如下所示：

```python
# === File: min_path_sum.py ===

def min_path_sum_dp(grid: list[list[int]]) -> int:
    """ 最小路径和：动态规划 """
    n, m = len(grid), len(grid[0])
    # 初始化 dp 表
    dp = [[0] * m for _ in range(n)]
    dp[0][0] = grid[0][0]
    # 状态转移：首行
    for j in range(1, m):
        dp[0][j] = dp[0][j - 1] + grid[0][j]
    # 状态转移：首列
    for i in range(1, n):
        dp[i][0] = dp[i - 1][0] + grid[i][0]
    # 状态转移：其余行和列
    for i in range(1, n):
        for j in range(1, m):
            dp[i][j] = min(dp[i][j - 1], dp[i - 1][j]) + grid[i][j]
    return dp[n - 1][m - 1]
```

图 14-16 展示了最小路径和的状态转移过程，其遍历了整个网格，**因此时间复杂度为** $O(nm)$。

数组 dp 大小为 $n \times m$，**因此空间复杂度为** $O(nm)$。

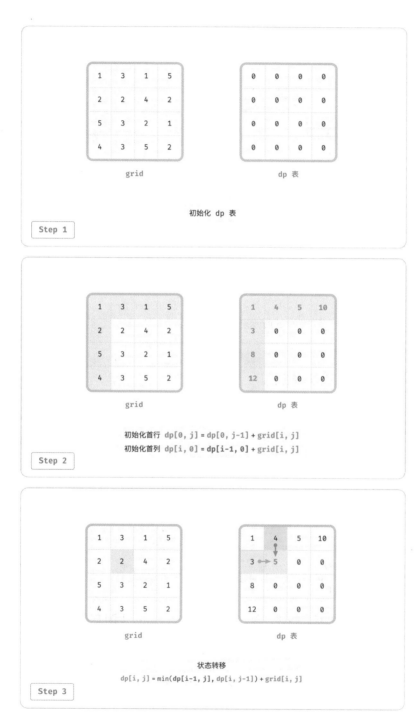

图 14-16 最小路径和的动态规划过程

图 14-16 最小路径和的动态规划过程（续）

图 14-16　最小路径和的动态规划过程（续）

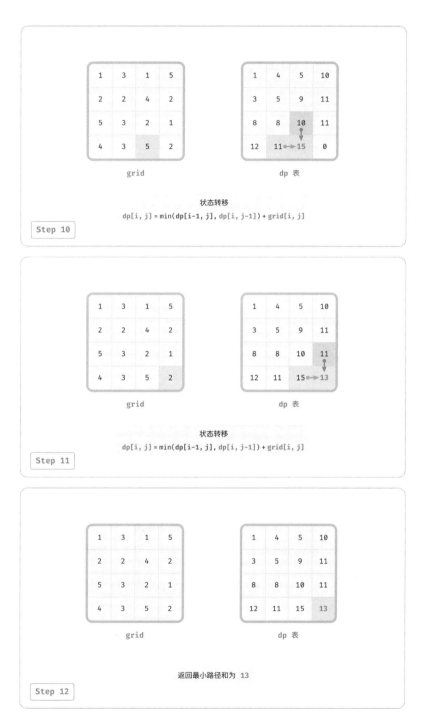

图 14-16 最小路径和的动态规划过程（续）

4. 空间优化

由于每个格子只与其左边和上边的格子有关，因此我们可以只用一个单行数组来实现 *dp* 表。

请注意，因为数组 dp 只能表示一行的状态，所以我们无法提前初始化首列状态，而是在遍历每行时更新它：

```python
# === File: min_path_sum.py ===

def min_path_sum_dp_comp(grid: list[list[int]]) -> int:
    """ 最小路径和：空间优化后的动态规划 """
    n, m = len(grid), len(grid[0])
    # 初始化 dp 表
    dp = [0] * m
    # 状态转移：首行
    dp[0] = grid[0][0]
    for j in range(1, m):
        dp[j] = dp[j - 1] + grid[0][j]
    # 状态转移：其余行
    for i in range(1, n):
        # 状态转移：首列
        dp[0] = dp[0] + grid[i][0]
        # 状态转移：其余列
        for j in range(1, m):
            dp[j] = min(dp[j - 1], dp[j]) + grid[i][j]
    return dp[m - 1]
```

14.4　0-1 背包问题

背包问题是一个非常好的动态规划入门题目，是动态规划中最常见的问题形式。其具有很多变种，例如 0-1 背包问题、完全背包问题、多重背包问题等。

在本节中，我们先来求解最常见的 0-1 背包问题。

> ❓　给定 n 个物品，第 i 个物品的重量为 wgt[$i-1$]、价值为 val[$i-1$]，和一个容量为 cap 的背包。
> 　　每个物品只能选择一次，问在限定背包容量下能放入物品的最大价值。

观察图 14-17，由于物品编号 i 从 1 开始计数，数组索引从 0 开始计数，因此物品 i 对应重量 wgt[$i-1$] 和价值 val[$i-1$]。

我们可以将 0-1 背包问题看作一个由 n 轮决策组成的过程，对于每个物体都有不放入和放入两种决策，因此该问题满足决策树模型。

该问题的目标是求解"在限定背包容量下能放入物品的最大价值"，因此较大概率是一个动态规划问题。

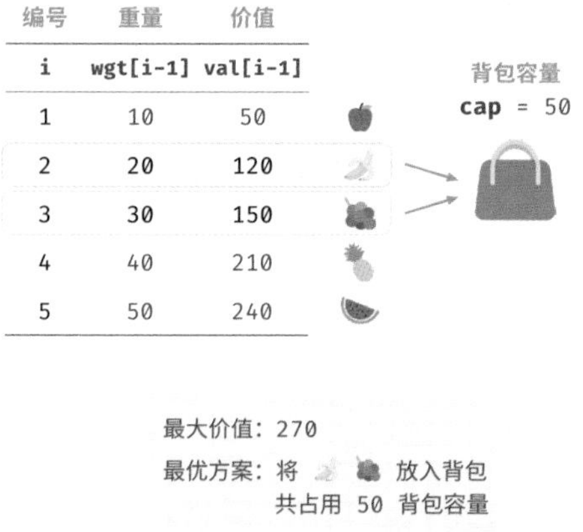

图 14-17　0-1 背包的示例数据

第一步：思考每轮的决策，定义状态，从而得到 *dp* 表

对于每个物品来说，不放入背包，背包容量不变；放入背包，背包容量减小。由此可得状态定义：当前物品编号 i 和背包容量 c，记为 $[i, c]$。

状态 $[i, c]$ 对应的子问题为：**前 i 个物品在容量为 c 的背包中的最大价值**，记为 $dp[i, c]$。

待求解的是 $dp[n, \text{cap}]$，因此需要一个尺寸为 $(n + 1) \times (\text{cap} + 1)$ 的二维 *dp* 表。

第二步：找出最优子结构，进而推导出状态转移方程

当我们做出物品 i 的决策后，剩余的是前 $i-1$ 个物品决策的子问题，可分为以下两种情况。

- **不放入物品 i**：背包容量不变，状态变化为 $[i-1, c]$。
- **放入物品 i**：背包容量减少 $\text{wgt}[i-1]$，价值增加 $\text{val}[i-1]$，状态变化为 $[i-1, c-\text{wgt}[i-1]]$。

上述分析向我们揭示了本题的最优子结构：**最大价值 $dp[i,c]$ 等于不放入物品 i 和放入物品 i 两种方案中价值更大的那一个**。由此可推导出状态转移方程：

$$dp[i,c] = \max\left(dp[i-1,c], dp[i-1, c-\text{wgt}[i-1]] + \text{val}[i-1]\right)$$

需要注意的是，若当前物品重量 $\text{wgt}[i-1]$ 超出剩余背包容量 c，则只能选择不放入背包。

第三步：确定边界条件和状态转移顺序

当无物品或背包容量为 0 时最大价值为 0，即首列 $dp[i,0]$ 和首行 $dp[0,c]$ 都等于 0。

当前状态 $[i,c]$ 从上方的状态 $[i-1,c]$ 和左上方的状态 $[i-1, c-\text{wgt}[i-1]]$ 转移而来，因此通过两层循环正序遍历整个 *dp* 表即可。

根据以上分析，我们接下来按顺序实现暴力搜索、记忆化搜索、动态规划解法。

1. 方法一：暴力搜索

搜索代码包含以下要素。

- **递归参数**：状态 $[i,c]$。
- **返回值**：子问题的解 $dp[i,c]$。
- **终止条件**：当物品编号越界 $i = 0$ 或背包剩余容量为 0 时，终止递归并返回价值 0。
- **剪枝**：若当前物品重量超出背包剩余容量，则只能选择不放入背包。

```
# === File: knapsack.py ===

def knapsack_dfs(wgt: list[int], val: list[int], i: int, c: int) -> int:
    """0-1 背包：暴力搜索 """
    # 若已选完所有物品或背包无剩余容量，则返回价值 0
    if i == 0 or c == 0:
        return 0
    # 若超过背包容量，则只能选择不放入背包
    if wgt[i - 1] > c:
        return knapsack_dfs(wgt, val, i - 1, c)
    # 计算不放入和放入物品 i 的最大价值
    no = knapsack_dfs(wgt, val, i - 1, c)
    yes = knapsack_dfs(wgt, val, i - 1, c - wgt[i - 1]) + val[i - 1]
    # 返回两种方案中价值更大的那一个
    return max(no, yes)
```

如图 14-18 所示，由于每个物品都会产生不选和选两条搜索分支，因此时间复杂度为 $O(2^n)$。

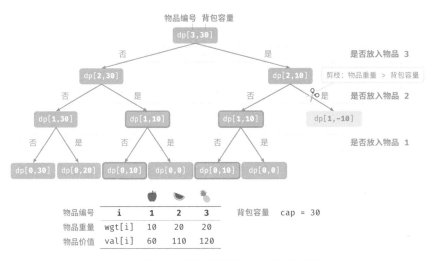

图 14-18　0-1 背包问题的暴力搜索递归树

观察递归树，容易发现其中存在重叠子问题，例如 $dp[1,10]$ 等。而当物品较多、背包容量较大，尤其是相同重量的物品较多时，重叠子问题的数量将会大幅增多。

2. 方法二：记忆化搜索

为了保证重叠子问题只被计算一次，我们借助记忆列表 mem 来记录子问题的解，其中 mem[i][c] 对应 $dp[i,c]$。

引入记忆化之后，**时间复杂度取决于子问题数量**，也就是 $O(n \times \text{cap})$。实现代码如下：

```python
# === File: knapsack.py ===

def knapsack_dfs_mem(
    wgt: list[int], val: list[int], mem: list[list[int]], i: int, c: int
) -> int:
    """0-1 背包：记忆化搜索"""
    # 若已选完所有物品或背包无剩余容量，则返回价值 0
    if i == 0 or c == 0:
        return 0
    # 若已有记录，则直接返回
    if mem[i][c] != -1:
        return mem[i][c]
    # 若超过背包容量，则只能选择不放入背包
    if wgt[i - 1] > c:
        return knapsack_dfs_mem(wgt, val, mem, i - 1, c)
    # 计算不放入和放入物品 i 的最大价值
    no = knapsack_dfs_mem(wgt, val, mem, i - 1, c)
    yes = knapsack_dfs_mem(wgt, val, mem, i - 1, c - wgt[i - 1]) + val[i - 1]
    # 记录并返回两种方案中价值更大的那一个
    mem[i][c] = max(no, yes)
    return mem[i][c]
```

图 14-19 展示了在记忆化搜索中被剪掉的搜索分支。

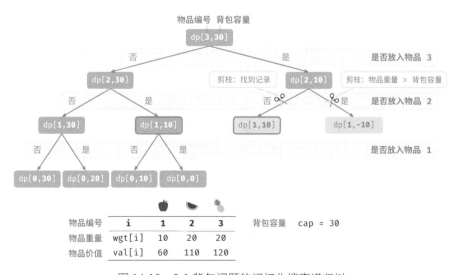

图 14-19　0-1 背包问题的记忆化搜索递归树

3. 方法三：动态规划

动态规划实质上就是在状态转移中填充 dp 表的过程，代码如下所示：

```python
# === File: knapsack.py ===

def knapsack_dp(wgt: list[int], val: list[int], cap: int) -> int:
    """0-1 背包：动态规划"""
    n = len(wgt)
    # 初始化 dp 表
    dp = [[0] * (cap + 1) for _ in range(n + 1)]
    # 状态转移
    for i in range(1, n + 1):
        for c in range(1, cap + 1):
            if wgt[i - 1] > c:
                # 若超过背包容量，则不选物品 i
                dp[i][c] = dp[i - 1][c]
            else:
                # 不选和选物品 i 这两种方案的较大值
                dp[i][c] = max(dp[i - 1][c], dp[i - 1][c - wgt[i - 1]] + val[i - 1])
    return dp[n][cap]
```

如图 14-20 所示，时间复杂度和空间复杂度都由数组 dp 大小决定，即 $O(n \times \mathrm{cap})$。

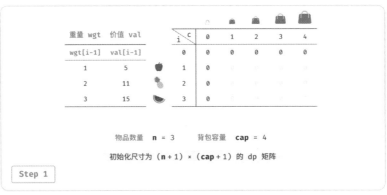

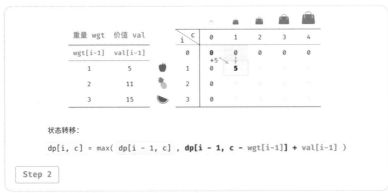

图 14-20　0-1 背包问题的动态规划过程

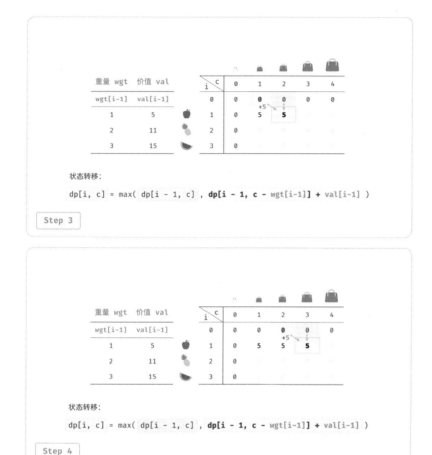

状态转移：

dp[i, c] = max(dp[i - 1, c] , **dp[i - 1, c - wgt[i-1]] + val[i-1]**)

Step 3

状态转移：

dp[i, c] = max(dp[i - 1, c] , **dp[i - 1, c - wgt[i-1]] + val[i-1]**)

Step 4

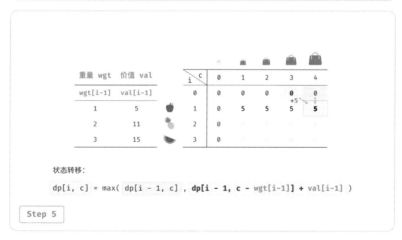

状态转移：

dp[i, c] = max(**dp[i - 1, c]** , **dp[i - 1, c - wgt[i-1]] + val[i-1]**)

Step 5

图 14-20　0-1 背包问题的动态规划过程（续）

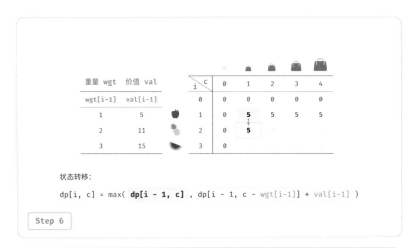

状态转移:

dp[i, c] = max(**dp[i - 1, c]** , dp[i - 1, c - wgt[i-1]] + val[i-1])

Step 6

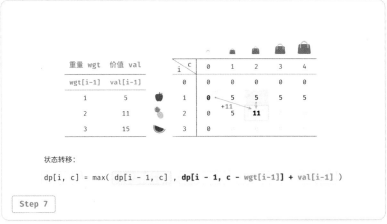

状态转移:

dp[i, c] = max(dp[i - 1, c] , **dp[i - 1, c - wgt[i-1]] + val[i-1]**)

Step 7

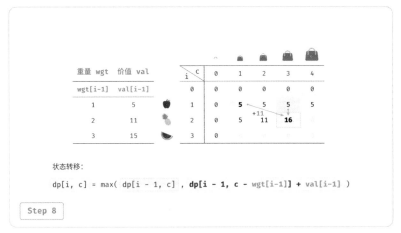

状态转移:

dp[i, c] = max(dp[i - 1, c] , **dp[i - 1, c - wgt[i-1]] + val[i-1]**)

Step 8

图 14-20　0-1 背包问题的动态规划过程（续）

状态转移:

dp[i, c] = max(dp[i - 1, c] , **dp[i - 1, c - wgt[i-1]] + val[i-1]**)

Step 9

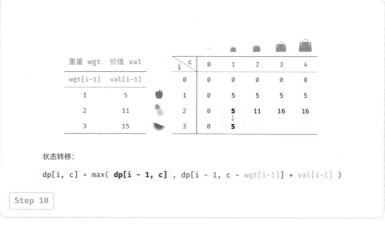

状态转移:

dp[i, c] = max(**dp[i - 1, c]** , dp[i - 1, c - wgt[i-1]] + val[i-1])

Step 10

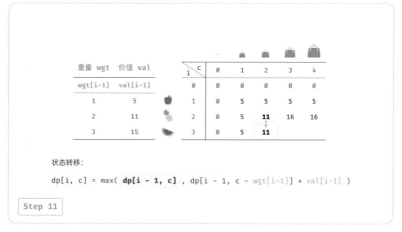

状态转移:

dp[i, c] = max(**dp[i - 1, c]** , dp[i - 1, c - wgt[i-1]] + val[i-1])

Step 11

图 14-20   0-1 背包问题的动态规划过程（续）

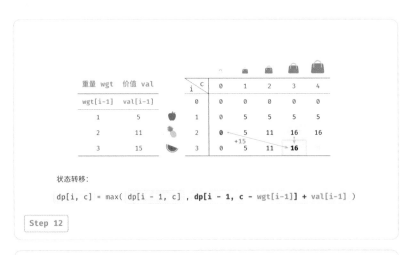

状态转移:

dp[i, c] = max(dp[i - 1, c] , **dp[i - 1, c - wgt[i-1]] + val[i-1]**)

Step 12

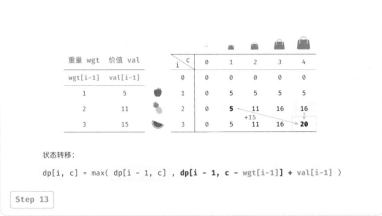

状态转移:

dp[i, c] = max(dp[i - 1, c] , **dp[i - 1, c - wgt[i-1]] + val[i-1]**)

Step 13

返回将所有物品放入背包的最大价值 **20**

Step 14

图 14-20   0-1 背包问题的动态规划过程（续）

4. 空间优化

由于每个状态都只与其上一行的状态有关，因此我们可以使用两个数组滚动前进，将空间复杂度从 $O(n^2)$ 降至 $O(n)$。

进一步思考，我们能否仅用一个数组实现空间优化呢？观察可知，每个状态都是由正上方或左上方的格子转移过来的。假设只有一个数组，当开始遍历第 i 行时，该数组存储的仍然是第 $i-1$ 行的状态。

- 如果采取正序遍历，那么遍历到 $dp[i, j]$ 时，左上方 $dp[i-1,1] \sim dp[i-1, j-1]$ 值可能已经被覆盖，此时就无法得到正确的状态转移结果。
- 如果采取倒序遍历，则不会发生覆盖问题，状态转移可以正确进行。

图 14-21 展示了在单个数组下从第 $i = 1$ 行转换至第 $i = 2$ 行的过程。请思考正序遍历和倒序遍历的区别。

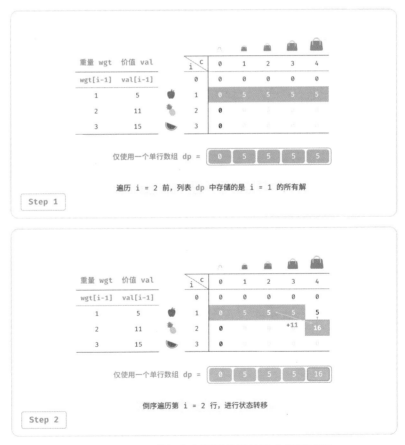

图 14-21 0-1背包的空间优化后的动态规划过程

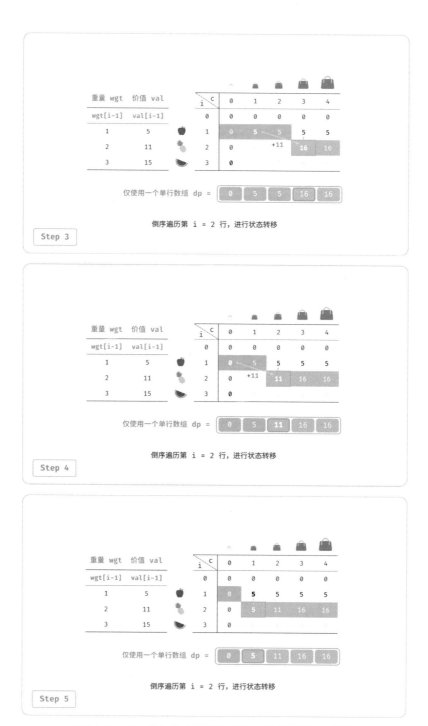

图 14-21　0-1 背包的空间优化后的动态规划过程（续）

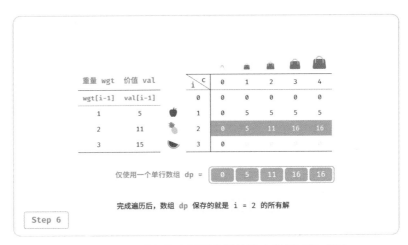

图 14-21   0-1 背包的空间优化后的动态规划过程（续）

在代码实现中，我们仅需将数组 dp 的第一维 *i* 直接删除，并且把内循环更改为倒序遍历即可：

```
# === File: knapsack.py ===

def knapsack_dp_comp(wgt: list[int], val: list[int], cap: int) -> int:
    """0-1 背包：空间优化后的动态规划 """
    n = len(wgt)
    # 初始化 dp 表
    dp = [0] * (cap + 1)
    # 状态转移
    for i in range(1, n + 1):
        # 倒序遍历
        for c in range(cap, 0, -1):
            if wgt[i - 1] > c:
                # 若超过背包容量, 则不选物品 i
                dp[c] = dp[c]
            else:
                # 不选和选物品 i 这两种方案的较大值
                dp[c] = max(dp[c], dp[c - wgt[i - 1]] + val[i - 1])
    return dp[cap]
```

14.5   完全背包问题

在本节中，我们先求解另一个常见的背包问题：完全背包，再了解它的一种特例：零钱兑换。

14.5.1　完全背包问题

> 给定 n 个物品，第 i 个物品的重量为 wgt[$i-1$]、价值为 val[$i-1$]，和一个容量为 cap 的背包。**每个物品可以重复选取**，问在限定背包容量下能放入物品的最大价值。示例如图 14-22 所示。

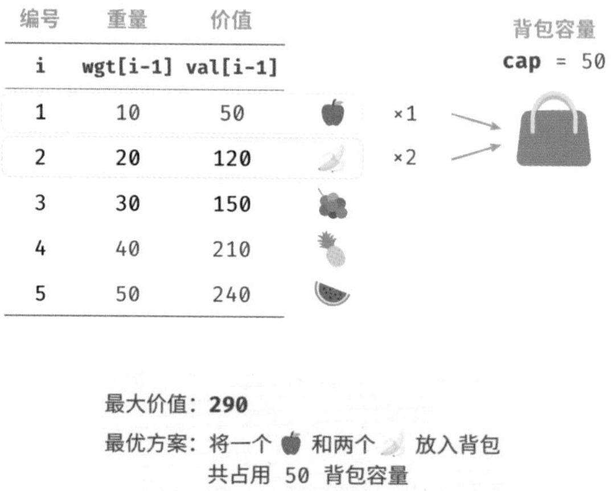

编号	重量	价值
i	wgt[i-1]	val[i-1]
1	10	50
2	20	120
3	30	150
4	40	210
5	50	240

背包容量
cap = 50

最大价值：**290**
最优方案：将一个 🍎 和两个 🍌 放入背包
共占用 50 背包容量

图 14-22　完全背包问题的示例数据

1. 动态规划思路

完全背包问题和 0-1 背包问题非常相似，**区别仅在于不限制物品的选择次数**。

- 在 0-1 背包问题中，每种物品只有一个，因此将物品 i 放入背包后，只能从前 $i-1$ 个物品中选择。
- 在完全背包问题中，每种物品的数量是无限的，因此将物品 i 放入背包后，**仍可以从前 i 个物品中选择**。

在完全背包问题的规定下，状态 $[i,c]$ 的变化分为两种情况。

- **不放入物品 i**：与 0-1 背包问题相同，转移至 $[i-1,c]$。
- **放入物品 i**：与 0-1 背包问题不同，转移至 $[i,c-\text{wgt}[i-1]]$。

从而状态转移方程变为：

$$dp[i,c] = \max\left(dp[i-1,c], dp[i,c-\text{wgt}[i-1]] + \text{val}[i-1]\right)$$

2. 代码实现

对比两道题目的代码，状态转移中有一处从 $i-1$ 变为 i，其余完全一致：

```python
# === File: unbounded_knapsack.py ===

def unbounded_knapsack_dp(wgt: list[int], val: list[int], cap: int) -> int:
    """完全背包：动态规划"""
    n = len(wgt)
    # 初始化 dp 表
    dp = [[0] * (cap + 1) for _ in range(n + 1)]
    # 状态转移
    for i in range(1, n + 1):
        for c in range(1, cap + 1):
            if wgt[i - 1] > c:
                # 若超过背包容量，则不选物品 i
                dp[i][c] = dp[i - 1][c]
            else:
                # 不选和选物品 i 这两种方案的较大值
                dp[i][c] = max(dp[i - 1][c], dp[i][c - wgt[i - 1]] + val[i - 1])
    return dp[n][cap]
```

3. 空间优化

由于当前状态是从左边和上边的状态转移而来的，**因此空间优化后应该对 dp 表中的每一行进行正序遍历**。

这个遍历顺序与 0-1 背包正好相反。请借助图 14-23 来理解两者的区别。

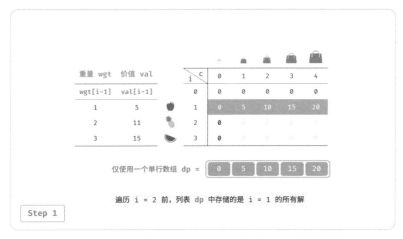

图 14-23　完全背包问题在空间优化后的动态规划过程

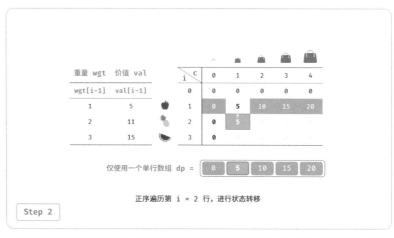

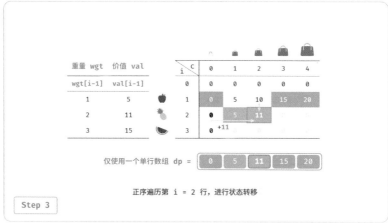

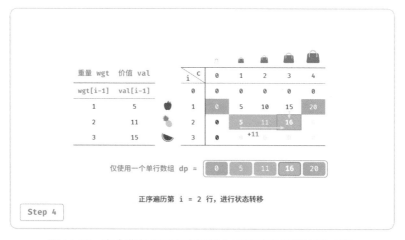

图 14-23 完全背包问题在空间优化后的动态规划过程（续）

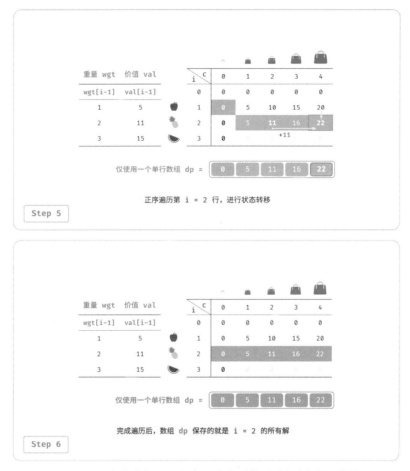

图 14-23 完全背包问题在空间优化后的动态规划过程（续）

代码实现比较简单，仅需将数组 dp 的第一维删除：

```python
# === File: unbounded_knapsack.py ===

def unbounded_knapsack_dp_comp(wgt: list[int], val: list[int], cap: int) -> int:
    """ 完全背包：空间优化后的动态规划 """
    n = len(wgt)
    # 初始化 dp 表
    dp = [0] * (cap + 1)
    # 状态转移
    for i in range(1, n + 1):
        # 正序遍历
        for c in range(1, cap + 1):
            if wgt[i - 1] > c:
```

```
                # 若超过背包容量，则不选物品 i
                dp[c] = dp[c]
            else:
                # 不选和选物品 i 这两种方案的较大值
                dp[c] = max(dp[c], dp[c - wgt[i - 1]] + val[i - 1])
    return dp[cap]
```

14.5.2　零钱兑换问题 I

背包问题是一大类动态规划问题的代表，其拥有很多变种，例如零钱兑换问题。

> ❓　给定 n 种硬币，第 i 种硬币的面值为 coins$[i-1]$，目标金额为 amt，**每种硬币可以重复选取**，问能够凑出目标金额的最少硬币数量。如果无法凑出目标金额，则返回 -1。示例如图 14-24 所示。

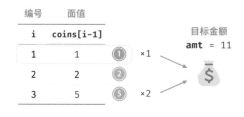

图 14-24　零钱兑换问题的示例数据

1. 动态规划思路

零钱兑换可以看作完全背包问题的一种特殊情况，两者具有以下联系与不同点。

- 两道题可以相互转换，"物品"对应"硬币"、"物品重量"对应"硬币面值"、"背包容量"对应"目标金额"。
- 优化目标相反，完全背包问题是要最大化物品价值，零钱兑换问题是要最小化硬币数量。
- 完全背包问题是求"不超过"背包容量下的解，零钱兑换是求"恰好"凑到目标金额的解。

第一步：思考每轮的决策，定义状态，从而得到 dp 表

状态 $[i,a]$ 对应的子问题为：**前 i 种硬币能够凑出金额 a 的最少硬币数量**，记为 $dp[i,a]$。

二维 dp 表的尺寸为 $(n+1) \times (\text{amt}+1)$。

第二步：找出最优子结构，进而推导出状态转移方程

本题与完全背包问题的状态转移方程存在以下两点差异。

- 本题要求最小值，因此需将运算符 max() 更改为 min()。
- 优化主体是硬币数量而非商品价值，因此在选中硬币时执行 +1 即可。

$$dp[i,a] = \min\bigl(dp[i-1,a], dp[i, a-\text{coins}[i-1]]+1\bigr)$$

第三步：确定边界条件和状态转移顺序

当目标金额为 0 时，凑出它的最少硬币数量为 0，即首列所有 $dp[i,0]$ 都等于 0。

当无硬币时，**无法凑出任意 >0 的目标金额**，即是无效解。为使状态转移方程中的 min() 函数能够识别并过滤无效解，我们考虑使用 $+\infty$ 来表示它们，即令首行所有 $dp[0,a]$ 都等于 $+\infty$。

2. 代码实现

大多数编程语言并未提供 $+\infty$ 变量，只能使用整型 int 的最大值来代替。而这又会导致大数越界：状态转移方程中的 +1 操作可能发生溢出。

为此，我们采用数字 amt + 1 来表示无效解，因为凑出 amt 的硬币数量最多为 amt。最后返回前，判断 $dp[n, \text{amt}]$ 是否等于 amt + 1，若是则返回 -1，代表无法凑出目标金额。代码如下所示：

```python
# === File: coin_change.py ===
def coin_change_dp(coins: list[int], amt: int) -> int:
    """ 零钱兑换：动态规划 """
    n = len(coins)
    MAX = amt + 1
    # 初始化 dp 表
    dp = [[0] * (amt + 1) for _ in range(n + 1)]
    # 状态转移：首行首列
    for a in range(1, amt + 1):
        dp[0][a] = MAX
    # 状态转移：其余行和列
    for i in range(1, n + 1):
        for a in range(1, amt + 1):
            if coins[i - 1] > a:
                # 若超过目标金额，则不选硬币 i
                dp[i][a] = dp[i - 1][a]
            else:
                # 不选和选硬币 i 这两种方案的较小值
                dp[i][a] = min(dp[i - 1][a], dp[i][a - coins[i - 1]] + 1)
    return dp[n][amt] if dp[n][amt] != MAX else -1
```

图 14-25 展示了零钱兑换的动态规划过程，和完全背包问题非常相似。

图 14-25　零钱兑换问题的动态规划过程

3. 空间优化

零钱兑换的空间优化的处理方式和完全背包问题一致：

```python
# === File: coin_change.py ===

def coin_change_dp_comp(coins: list[int], amt: int) -> int:
    """ 零钱兑换：空间优化后的动态规划 """
    n = len(coins)
    MAX = amt + 1
    # 初始化 dp 表
    dp = [MAX] * (amt + 1)
    dp[0] = 0
    # 状态转移
    for i in range(1, n + 1):
        # 正序遍历
        for a in range(1, amt + 1):
            if coins[i - 1] > a:
                # 若超过目标金额，则不选硬币 i
                dp[a] = dp[a]
            else:
                # 不选和选硬币 i 这两种方案的较小值
                dp[a] = min(dp[a], dp[a - coins[i - 1]] + 1)
    return dp[amt] if dp[amt] != MAX else -1
```

14.5.3　零钱兑换问题 II

> ❓ 给定 n 种硬币，第 i 种硬币的面值为 coins[$i-1$]，目标金额为 amt，每种硬币可以重复选取，
> **问凑出目标金额的硬币组合数量**。示例如图 14-26 所示。

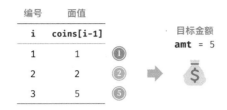

图 14-26　零钱兑换问题 II 的示例数据

1. 动态规划思路

相比于上一题，本题目标是求组合数量，因此子问题变为：**前 i 种硬币能够凑出金额 a 的组合数量**。而 dp 表仍然是尺寸为 $(n+1) \times (amt+1)$ 的二维矩阵。

当前状态的组合数量等于不选当前硬币与选当前硬币这两种决策的组合数量之和。状态转移方程为：

$$dp[i,a] = dp[i-1,a] + dp[i,a-\text{coins}[i-1]]$$

当目标金额为 0 时，无须选择任何硬币即可凑出目标金额，因此应将首列所有 $dp[i,0]$ 都初始化为 1。当无硬币时，无法凑出任何 >0 的目标金额，因此首行所有 $dp[0,a]$ 都等于 0。

2. 代码实现

```
# === File: coin_change_ii.py ===

def coin_change_ii_dp(coins: list[int], amt: int) -> int:
    """零钱兑换 II：动态规划"""
    n = len(coins)
    # 初始化 dp 表
    dp = [[0] * (amt + 1) for _ in range(n + 1)]
    # 初始化首列
    for i in range(n + 1):
        dp[i][0] = 1
    # 状态转移
    for i in range(1, n + 1):
        for a in range(1, amt + 1):
            if coins[i - 1] > a:
```

```
                # 若超过目标金额，则不选硬币 i
                dp[i][a] = dp[i - 1][a]
            else:
                # 不选和选硬币 i 这两种方案之和
                dp[i][a] = dp[i - 1][a] + dp[i][a - coins[i - 1]]
    return dp[n][amt]
```

3. 空间优化

空间优化处理方式相同，删除硬币维度即可：

```python
# === File: coin_change_ii.py ===

def coin_change_ii_dp_comp(coins: list[int], amt: int) -> int:
    """ 零钱兑换 II：空间优化后的动态规划 """
    n = len(coins)
    # 初始化 dp 表
    dp = [0] * (amt + 1)
    dp[0] = 1
    # 状态转移
    for i in range(1, n + 1):
        # 正序遍历
        for a in range(1, amt + 1):
            if coins[i - 1] > a:
                # 若超过目标金额，则不选硬币 i
                dp[a] = dp[a]
            else:
                # 不选和选硬币 i 这两种方案之和
                dp[a] = dp[a] + dp[a - coins[i - 1]]
    return dp[amt]
```

14.6　编辑距离问题

编辑距离，也称 Levenshtein 距离，指两个字符串之间互相转换的最少修改次数，通常用于在信息检索和自然语言处理中度量两个序列的相似度。

> ❓ 输入两个字符串 s 和 t，返回将 s 转换为 t 所需的最少编辑步数。
>
> 你可以在一个字符串中进行三种编辑操作：插入一个字符、删除一个字符、将字符替换为任意一个字符。

如图 14-27 所示，将 kitten 转换为 sitting 需要编辑 3 步，包括 2 次替换操作与 1 次添加操作；将 hello 转换为 algo 需要 3 步，包括 2 次替换操作和 1 次删除操作。

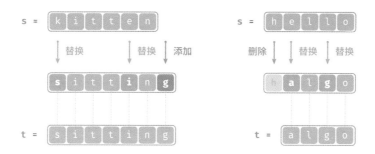

图 14-27 编辑距离的示例数据

编辑距离问题可以很自然地用决策树模型来解释。 字符串对应树节点，一轮决策（一次编辑操作）对应树的一条边。

如图 14-28 所示，在不限制操作的情况下，每个节点都可以派生出许多条边，每条边对应一种操作，这意味着从 hello 转换到 algo 有许多种可能的路径。

从决策树的角度看，本题的目标是求解节点 hello 和节点 algo 之间的最短路径。

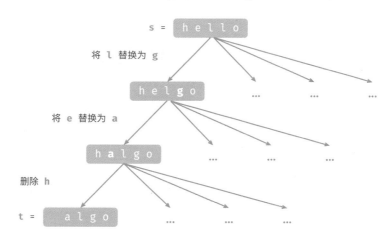

图 14-28 基于决策树模型表示编辑距离问题

1. 动态规划思路

第一步：思考每轮的决策，定义状态，从而得到 dp 表

每一轮的决策是对字符串 s 进行一次编辑操作。

我们希望在编辑操作的过程中，问题的规模逐渐缩小，这样才能构建子问题。设字符串 s 和 t 的长度分别为 n 和 m，我们先考虑两字符串尾部的字符 $s[n-1]$ 和 $t[m-1]$。

- 若 $s[n-1]$ 和 $t[m-1]$ 相同，我们可以跳过它们，直接考虑 $s[n-2]$ 和 $t[m-2]$。
- 若 $s[n-1]$ 和 $t[m-1]$ 不同，我们需要对 s 进行一次编辑（插入、删除、替换），使得两字符串尾部的字符相同，从而可以跳过它们，考虑规模更小的问题。

也就是说，我们在字符串 s 中进行的每一轮决策（编辑操作），都会使得 s 和 t 中剩余的待匹配字符发生变化。因此，状态为当前在 s 和 t 中考虑的第 i 和第 j 个字符，记为 $[i, j]$。

状态 $[i, j]$ 对应的子问题：**将 s 的前 i 个字符更改为 t 的前 j 个字符所需的最少编辑步数。**

至此，得到一个尺寸为 $(i+1) \times (j+1)$ 的二维 dp 表。

第二步：找出最优子结构，进而推导出状态转移方程

考虑子问题 $dp[i, j]$，其对应的两个字符串的尾部字符为 $s[i-1]$ 和 $t[j-1]$，可根据不同编辑操作分为图 14-29 所示的三种情况。

(1) 在 $s[i-1]$ 之后添加 $t[j-1]$，则剩余子问题 $dp[i, j-1]$。
(2) 删除 $s[i-1]$，则剩余子问题 $dp[i-1, j]$。
(3) 将 $s[i-1]$ 替换为 $t[j-1]$，则剩余子问题 $dp[i-1, j-1]$。

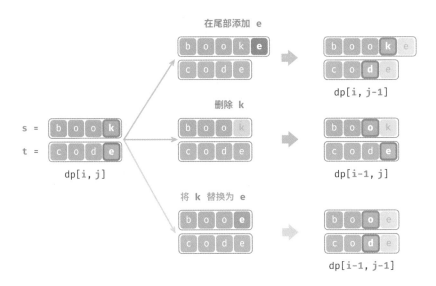

图 14-29　编辑距离的状态转移

根据以上分析，可得最优子结构：$dp[i, j]$ 的最少编辑步数等于 $dp[i, j-1]$、$dp[i-1, j]$、$dp[i-1, j-1]$ 三者中的最少编辑步数，再加上本次的编辑步数 1。对应的状态转移方程为：

$$dp[i, j] = \min\big(dp[i, j-1], dp[i-1, j], dp[i-1, j-1]\big) + 1$$

请注意，**当 $s[i-1]$ 和 $t[j-1]$ 相同时，无须编辑当前字符**，这种情况下的状态转移方程为：

$$dp[i, j] = dp[i-1, j-1]$$

第三步：确定边界条件和状态转移顺序

当两字符串都为空时，编辑步数为 0，即 $dp[0,0] = 0$。当 s 为空但 t 不为空时，最少编辑步数等于 t 的长度，即首行 $dp[0,j] = j$。当 s 不为空但 t 为空时，最少编辑步数等于 s 的长度，即首列 $dp[i,0] = i$。

观察状态转移方程，解 $dp[i, j]$ 依赖左方、上方、左上方的解，因此通过两层循环正序遍历整个 dp 表即可。

2. 代码实现

```python
# === File: edit_distance.py ===

def edit_distance_dp(s: str, t: str) -> int:
    """编辑距离：动态规划"""
    n, m = len(s), len(t)
    dp = [[0] * (m + 1) for _ in range(n + 1)]
    # 状态转移：首行首列
    for i in range(1, n + 1):
        dp[i][0] = i
    for j in range(1, m + 1):
        dp[0][j] = j
    # 状态转移：其余行和列
    for i in range(1, n + 1):
        for j in range(1, m + 1):
            if s[i - 1] == t[j - 1]:
                # 若两字符相等，则直接跳过此两字符
                dp[i][j] = dp[i - 1][j - 1]
            else:
                # 最少编辑步数 = 插入、删除、替换这三种操作的最少编辑步数 + 1
                dp[i][j] = min(dp[i][j - 1], dp[i - 1][j], dp[i - 1][j - 1]) + 1
    return dp[n][m]
```

如图 14-30 所示，编辑距离问题的状态转移过程与背包问题非常类似，都可以看作填写一个二维网格的过程。

图 14-30　编辑距离的动态规划过程

3. 空间优化

由于 $dp[i, j]$ 是由上方 $dp[i-1, j]$、左方 $dp[i, j-1]$、左上方 $dp[i-1, j-1]$ 转移而来的，而正序遍历会丢失左上方 $dp[i-1, j-1]$，倒序遍历无法提前构建 $dp[i, j-1]$，因此两种遍历顺序都不可取。

为此，我们可以使用一个变量 `leftup` 来暂存左上方的解 $dp[i-1, j-1]$，从而只需考虑左方和上方的解。此时的情况与完全背包问题相同，可使用正序遍历。代码如下所示：

```python
# === File: edit_distance.py ===

def edit_distance_dp_comp(s: str, t: str) -> int:
    """编辑距离：空间优化后的动态规划"""
    n, m = len(s), len(t)
    dp = [0] * (m + 1)
    # 状态转移：首行
    for j in range(1, m + 1):
        dp[j] = j
    # 状态转移：其余行
    for i in range(1, n + 1):
        # 状态转移：首列
        leftup = dp[0]  # 暂存 dp[i-1, j-1]
        dp[0] += 1
        # 状态转移：其余列
        for j in range(1, m + 1):
            temp = dp[j]
            if s[i - 1] == t[j - 1]:
                # 若两字符相等，则直接跳过此两字符
                dp[j] = leftup
            else:
                # 最少编辑步数 = 插入、删除、替换这三种操作的最少编辑步数 + 1
                dp[j] = min(dp[j - 1], dp[j], leftup) + 1
            leftup = temp  # 更新为下一轮的 dp[i-1, j-1]
    return dp[m]
```

14.7　小结

- 动态规划对问题进行分解，并通过存储子问题的解来规避重复计算，提高计算效率。
- 不考虑时间的前提下，所有动态规划问题都可以用回溯（暴力搜索）进行求解，但递归树中存在大量的重叠子问题，效率极低。通过引入记忆化列表，可以存储所有计算过的子问题的解，从而保证重叠子问题只被计算一次。
- 记忆化搜索是一种从顶至底的递归式解法，而与之对应的动态规划是一种从底至顶的递推式解法，其如同"填写表格"一样。由于当前状态仅依赖某些局部状态，因此我们可以消除 dp 表的一个维度，从而降低空间复杂度。
- 子问题分解是一种通用的算法思路，在分治、动态规划、回溯中具有不同的性质。
- 动态规划问题有三大特性：重叠子问题、最优子结构、无后效性。

- 如果原问题的最优解可以从子问题的最优解构建得来，则它就具有最优子结构。
- 无后效性指对于一个状态，其未来发展只与该状态有关，而与过去经历的所有状态无关。许多组合优化问题不具有无后效性，无法使用动态规划快速求解。

背包问题

- 背包问题是最典型的动态规划问题之一，具有 0-1 背包、完全背包、多重背包等变种。
- 0-1 背包的状态定义为前 i 个物品在容量为 c 的背包中的最大价值。根据不放入背包和放入背包两种决策，可得到最优子结构，并构建出状态转移方程。在空间优化中，由于每个状态依赖正上方和左上方的状态，因此需要倒序遍历列表，避免左上方状态被覆盖。
- 完全背包问题的每种物品的选取数量无限制，因此选择放入物品的状态转移与 0-1 背包问题不同。由于状态依赖正上方和正左方的状态，因此在空间优化中应当正序遍历。
- 零钱兑换问题是完全背包问题的一个变种。它从求"最大"价值变为求"最小"硬币数量，因此状态转移方程中的 max() 应改为 min()。从追求"不超过"背包容量到追求"恰好"凑出目标金额，因此使用 amt + 1 来表示"无法凑出目标金额"的无效解。
- 零钱兑换问题 II 从求"最少硬币数量"改为求"硬币组合数量"，状态转移方程相应地从 min() 改为求和运算符。

编辑距离问题

- 编辑距离（Levenshtein 距离）用于衡量两个字符串之间的相似度，其定义为从一个字符串到另一个字符串的最少编辑步数，编辑操作包括添加、删除、替换。
- 编辑距离问题的状态定义为将 s 的前 i 个字符更改为 t 的前 j 个字符所需的最少编辑步数。当 $s[i] \neq t[j]$ 时，具有三种决策：添加、删除、替换，它们都有相应的剩余子问题。据此便可以找出最优子结构与构建状态转移方程。而当 $s[i] = t[j]$ 时，无须编辑当前字符。
- 在编辑距离中，状态依赖其正上方、正左方、左上方的状态，因此空间优化后正序或倒序遍历都无法正确地进行状态转移。为此，我们利用一个变量暂存左上方状态，从而转化到与完全背包问题等价的情况，可以在空间优化后进行正序遍历。

第 15 章　贪心

> 向日葵朝着太阳转动，时刻追求自身成长的最大可能。
>
> 贪心策略在一轮轮的简单选择中，逐步导向最佳答案。

15.1　贪心算法

贪心算法（greedy algorithm）是一种常见的解决优化问题的算法，其基本思想是在问题的每个决策阶段，都选择当前看起来最优的选择，即贪心地做出局部最优的决策，以期获得全局最优解。贪心算法简洁且高效，在许多实际问题中有着广泛的应用。

贪心算法和动态规划都常用于解决优化问题。它们之间存在一些相似之处，比如都依赖最优子结构性质，但工作原理不同。

- 动态规划会根据之前阶段的所有决策来考虑当前决策，并使用过去子问题的解来构建当前子问题的解。
- 贪心算法不会考虑过去的决策，而是一路向前地进行贪心选择，不断缩小问题范围，直至问题被解决。

我们先通过例题“零钱兑换”了解贪心算法的工作原理。这道题已经在 14.5 节中介绍过，相信你对它并不陌生。

> 给定 n 种硬币，第 i 种硬币的面值为 coins$[i-1]$，目标金额为 amt，每种硬币可以重复选取，问能够凑出目标金额的最少硬币数量。如果无法凑出目标金额，则返回 -1。

本题采取的贪心策略如图 15-1 所示。给定目标金额，**我们贪心地选择不大于且最接近它的硬币**，不断循环该步骤，直至凑出目标金额为止。

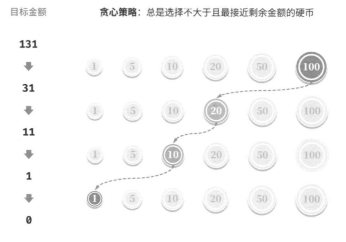

图 15-1　零钱兑换的贪心策略

实现代码如下所示：

```python
# === File: coin_change_greedy.py ===

def coin_change_greedy(coins: list[int], amt: int) -> int:
    """零钱兑换：贪心"""
    # 假设 coins 列表有序
    i = len(coins) - 1
    count = 0
    # 循环进行贪心选择，直到无剩余金额
    while amt > 0:
        # 找到小于且最接近剩余金额的硬币
        while i > 0 and coins[i] > amt:
            i -= 1
        # 选择 coins[i]
        amt -= coins[i]
        count += 1
    # 若未找到可行方案，则返回 -1
    return count if amt == 0 else -1
```

你可能会不由得发出感叹：So clean! 贪心算法仅用约十行代码就解决了零钱兑换问题。

15.1.1　贪心算法的优点与局限性

贪心算法不仅操作直接、实现简单，而且通常效率也很高。在以上代码中，记硬币最小面值为 min(coins)，则贪心选择最多循环 amt / min(coins) 次，时间复杂度为 $O(\text{amt} / \text{min(coins)})$。这比动态规划解法的时间复杂度 $O(n \times \text{amt})$ 小了一个数量级。

然而，**对于某些硬币面值组合，贪心算法并不能找到最优解**。图 15-2 给出了两个示例。

- **正例** coins = [1,5,10,20,50,100]：在该硬币组合下，给定任意 amt，贪心算法都可以找到最优解。
- **反例** coins = [1,20,50]：假设 amt = 60，贪心算法只能找到 50 + 1 × 10 的兑换组合，共计 11 枚硬币，但动态规划可以找到最优解 20 + 20 + 20，仅需 3 枚硬币。
- **反例** coins = [1,49,50]：假设 amt = 98，贪心算法只能找到 50 + 1 × 48 的兑换组合，共计 49 枚硬币，但动态规划可以找到最优解 49 + 49，仅需 2 枚硬币。

图 15-2　贪心算法无法找出最优解的示例

也就是说，对于零钱兑换问题，贪心算法无法保证找到全局最优解，并且有可能找到非常差的解。它更适合用动态规划解决。

一般情况下，贪心算法的适用情况分以下两种。

(1) **可以保证找到最优解**：贪心算法在这种情况下往往是最优选择，因为它往往比回溯、动态规划更高效。

(2) **可以找到近似最优解**：贪心算法在这种情况下也是可用的。对于很多复杂问题来说，寻找全局最优解非常困难，能以较高效率找到次优解也是非常不错的。

15.1.2　贪心算法特性

那么问题来了，什么样的问题适合用贪心算法求解呢？或者说，贪心算法在什么情况下可以保证找到最优解？

相较于动态规划，贪心算法的使用条件更加苛刻，其主要关注问题的两个性质。

- **贪心选择性质**：只有当局部最优选择始终可以导致全局最优解时，贪心算法才能保证得到最优解。
- **最优子结构**：原问题的最优解包含子问题的最优解。

最优子结构已经在第 14 章中介绍过，这里不再赘述。值得注意的是，一些问题的最优子结构并不明显，但仍然可使用贪心算法解决。

我们主要探究贪心选择性质的判断方法。虽然它的描述看上去比较简单，**但实际上对于许多问题，证明贪心选择性质并非易事**。

例如零钱兑换问题，我们虽然能够容易地举出反例，对贪心选择性质进行证伪，但证实的难度较大。如果问：**满足什么条件的硬币组合可以使用贪心算法求解**？我们往往只能凭借直觉或举例子来给出一个模棱两可的答案，而难以给出严谨的数学证明。

> ℹ 有一篇论文给出了一个 $O(n^3)$ 时间复杂度的算法，用于判断一个硬币组合能否使用贪心算法找出任意金额的最优解。
>
> Pearson, D. A polynomial-time algorithm for the change-making problem[J]. Operations Research Letters, 2005, 33(3): 231-234.

15.1.3 贪心算法解题步骤

贪心问题的解决流程大体可分为以下三步。

(1) **问题分析**：梳理与理解问题特性，包括状态定义、优化目标和约束条件等。这一步在回溯和动态规划中都有涉及。

(2) **确定贪心策略**：确定如何在每一步中做出贪心选择。这个策略能够在每一步减小问题的规模，并最终解决整个问题。

(3) **正确性证明**：通常需要证明问题具有贪心选择性质和最优子结构。这个步骤可能需要用到数学证明，例如归纳法或反证法等。

确定贪心策略是求解问题的核心步骤，但实施起来可能并不容易，主要有以下原因。

- **不同问题的贪心策略的差异较大**。对于许多问题来说，贪心策略比较浅显，我们通过一些大概的思考与尝试就能得出。而对于一些复杂问题，贪心策略可能非常隐蔽，这种情况就非常考验个人的解题经验与算法能力了。

- **某些贪心策略具有较强的迷惑性**。当我们满怀信心设计好贪心策略，写出解题代码并提交运行，很可能发现部分测试样例无法通过。这是因为设计的贪心策略只是"部分正确"的，上文介绍的零钱兑换就是一个典型案例。

为了保证正确性，我们应该对贪心策略进行严谨的数学证明，**通常需要用到反证法或数学归纳法**。

然而，正确性证明也很可能不是一件易事。如若没有头绪，我们通常会选择面向测试用例进行代码调试，一步步修改与验证贪心策略。

15.1.4 贪心算法典型例题

贪心算法常常应用在满足贪心选择性质和最优子结构的优化问题中，以下列举了一些典型的贪心算法问题。

- **硬币找零问题**：在某些硬币组合下，贪心算法总是可以得到最优解。
- **区间调度问题**：假设你有一些任务，每个任务在一段时间内进行，你的目标是完成尽可能多的任务。如果每次都选择结束时间最早的任务，那么贪心算法就可以得到最优解。
- **分数背包问题**：给定一组物品和一个载重量，你的目标是选择一组物品，使得总重量不超过载重量，且总价值最大。如果每次都选择性价比最高（价值 / 重量）的物品，那么贪心算法在一些情况下可以得到最优解。
- **股票买卖问题**：给定一组股票的历史价格，你可以进行多次买卖，但如果你已经持有股票，那么在卖出之前不能再买，目标是获取最大利润。
- **霍夫曼编码**：霍夫曼编码是一种用于无损数据压缩的贪心算法。通过构建霍夫曼树，每次选择出现频率最低的两个节点合并，最后得到的霍夫曼树的带权路径长度（编码长度）最小。
- **Dijkstra 算法**：它是一种解决给定源顶点到其余各顶点的最短路径问题的贪心算法。

15.2 分数背包问题

> 给定 n 个物品，第 i 个物品的重量为 wgt[$i-1$]、价值为 val[$i-1$]，以及一个容量为 cap 的背包。每个物品只能选择一次，**但可以选择物品的一部分，价值根据选择的重量比例计算**，问在限定背包容量下背包中物品的最大价值。示例如图 15-3 所示。

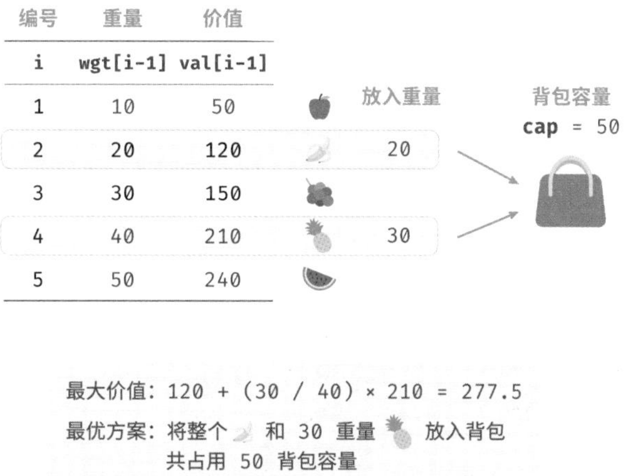
编号 重量 价值
i wgt[i-1] val[i-1]
1 10 50
2 20 120
3 30 150
4 40 210
5 50 240
放入重量
20
30
背包容量
cap = 50
最大价值：120 + (30 / 40) × 210 = 277.5
最优方案：将整个 和 30 重量 放入背包
共占用 50 背包容量

图 15-3 分数背包问题的示例数据

分数背包问题和 0-1 背包问题整体上非常相似，状态包含当前物品 i 和容量 c，目标是求限定背包容量下的最大价值。

不同点在于，本题允许只选择物品的一部分。如图 15-4 所示，**我们可以对物品任意地进行切分，并按照重量比例来计算相应价值**。

(1) 对于物品 i，它在单位重量下的价值为 val[$i-1$] / wgt[$i-1$]，简称单位价值。

(2) 假设放入一部分物品 i，重量为 w，则背包增加的价值为 $w \times$ val[$i-1$] / wgt[$i-1$]。

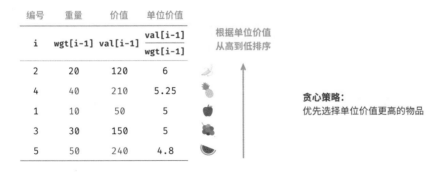

| 编号 | 重量 | 价值 | 单位价值 |
i	wgt[i-1]	val[i-1]	$\dfrac{\text{val[i-1]}}{\text{wgt[i-1]}}$
1	10	50	5
2	20	120	6
3	30	150	5
4	40	210	5.25
5	50	240	4.8

图 15-4　物品在单位重量下的价值

1. 贪心策略确定

最大化背包内物品总价值，**本质上是最大化单位重量下的物品价值**。由此便可推理出图 15-5 所示的贪心策略。

(1) 将物品按照单位价值从高到低进行排序。

(2) 遍历所有物品，每轮贪心地选择单位价值最高的物品。

(3) 若剩余背包容量不足，则使用当前物品的一部分填满背包。

| 编号 | 重量 | 价值 | 单位价值 | |
i	wgt[i-1]	val[i-1]	$\dfrac{\text{val[i-1]}}{\text{wgt[i-1]}}$	根据单位价值 从高到低排序
2	20	120	6	
4	40	210	5.25	**贪心策略：**
1	10	50	5	优先选择单位价值更高的物品
3	30	150	5	
5	50	240	4.8	

图 15-5　分数背包问题的贪心策略

2. 代码实现

我们建立了一个物品类 `Item`，以便将物品按照单位价值进行排序。循环进行贪心选择，当背包已满时跳出并返回解：

```python
# === File: fractional_knapsack.py ===

class Item:
    """ 物品 """

    def __init__(self, w: int, v: int):
        self.w = w  # 物品重量
        self.v = v  # 物品价值

def fractional_knapsack(wgt: list[int], val: list[int], cap: int) -> int:
    """ 分数背包：贪心 """
    # 创建物品列表，包含两个属性：重量、价值
    items = [Item(w, v) for w, v in zip(wgt, val)]
    # 按照单位价值 item.v / item.w 从高到低进行排序
    items.sort(key=lambda item: item.v / item.w, reverse=True)
    # 循环贪心选择
    res = 0
    for item in items:
        if item.w <= cap:
            # 若剩余容量充足，则将当前物品整个装进背包
            res += item.v
            cap -= item.w
        else:
            # 若剩余容量不足，则将当前物品的一部分装进背包
            res += (item.v / item.w) * cap
            # 已无剩余容量，因此跳出循环
            break
    return res
```

除排序之外，在最差情况下，需要遍历整个物品列表，**因此时间复杂度为** $O(n)$，其中 n 为物品数量。

由于初始化了一个 `Item` 对象列表，**因此空间复杂度为** $O(n)$。

3. 正确性证明

采用反证法。假设物品 x 是单位价值最高的物品，使用某算法求得最大价值为 `res`，但该解中不包含物品 x。

现在从背包中拿出单位重量的任意物品，并替换为单位重量的物品 x。由于物品 x 的单位价值最高，因此替换后的总价值一定大于 `res`。**这与 `res` 是最优解矛盾，说明最优解中必须包含物品** x。

对于该解中的其他物品，我们也可以构建出上述矛盾。总而言之，**单位价值更大的物品总是更优选择**，这说明贪心策略是有效的。

如图 15-6 所示，如果将物品重量和物品单位价值分别看作一张二维图表的横轴和纵轴，则分数背包问题可转化为"求在有限横轴区间下围成的最大面积"。这个类比可以帮助我们从几何角度理解贪心策略的有效性。

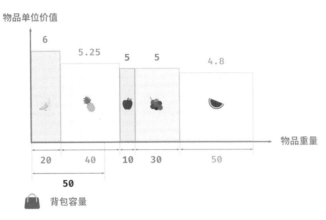

图 15-6　分数背包问题的几何表示

15.3　最大容量问题

> ❓ 输入一个数组 ht，其中的每个元素代表一个垂直隔板的高度。数组中的任意两个隔板，以及它们之间的空间可以组成一个容器。
>
> 容器的容量等于高度和宽度的乘积（面积），其中高度由较短的隔板决定，宽度是两个隔板的数组索引之差。
>
> 请在数组中选择两个隔板，使得组成的容器的容量最大，返回最大容量。示例如图 15-7 所示。

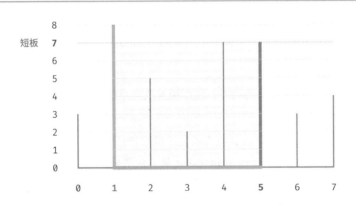

最大容量为（5-1）× 7 = 28

图 15-7　最大容量问题的示例数据

容器由任意两个隔板围成,**因此本题的状态为两个隔板的索引,记为** [*i*, *j*]。

根据题意,容量等于高度乘以宽度,其中高度由短板决定,宽度是两隔板的数组索引之差。设容量为 cap[*i*, *j*],则可得计算公式:

$$\text{cap}[i,j] = \min\big(ht[i], ht[j]\big) \times (j-i)$$

设数组长度为 *n*,两个隔板的组合数量(状态总数)为 $C_n^2 = \dfrac{n(n-1)}{2}$ 个。最直接地,**我们可以穷举所有状态**,从而求得最大容量,时间复杂度为 $O(n^2)$。

1. 贪心策略确定

这道题还有更高效率的解法。如图 15-8 所示,现选取一个状态 [*i*, *j*],其满足索引 *i* < *j* 且高度 *ht*[*i*] < *ht*[*j*],即 *i* 为短板、*j* 为长板。

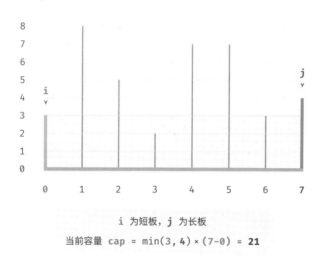

i 为短板,**j** 为长板

当前容量 `cap = min(3,4) × (7-0) = 21`

图 15-8 初始状态

如图 15-9 所示,**若此时将长板 *j* 向短板 *i* 靠近,则容量一定变小。**

这是因为在移动长板 *j* 后,宽度 *j*−*i* 肯定变小;而高度由短板决定,因此高度只可能不变(*i* 仍为短板)或变小(移动后的 *j* 成为短板)。

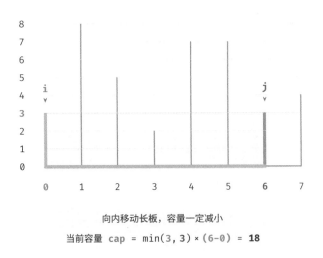

向内移动长板，容量一定减小

当前容量 `cap = min(3, 3) × (6-0) = 18`

图 15-9 向内移动长板后的状态

反向思考，**我们只有向内收缩短板 i，才有可能使容量变大**。因为虽然宽度一定变小，**但高度可能会变大**（移动后的短板 i 可能会变长）。例如在图 15-10 中，移动短板后面积变大。

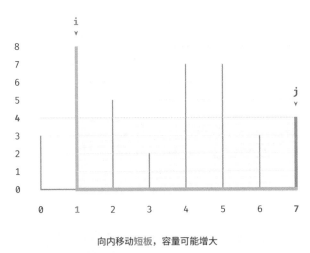

向内移动短板，容量可能增大

当前容量 `cap = min(8, 4) × (7-1) = 24`

图 15-10 向内移动短板后的状态

由此便可推出本题的贪心策略：初始化两指针，使其分列容器两端，每轮向内收缩短板对应的指针，直至两指针相遇。

图 15-11 展示了贪心策略的执行过程。

(1) 初始状态下，指针 i 和 j 分列数组两端。

(2) 计算当前状态的容量 cap[i, j]，并更新最大容量。

(3) 比较板 i 和板 j 的高度，并将短板向内移动一格。

(4) 循环执行第 (2) 步和第 (3) 步，直至 i 和 j 相遇时结束。

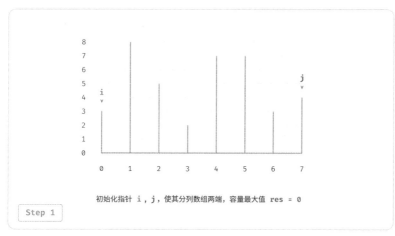

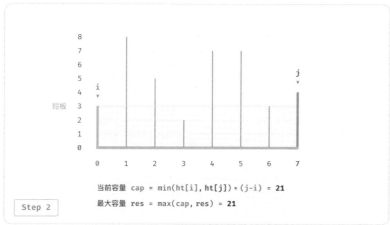

图 15-11　最大容量问题的贪心过程

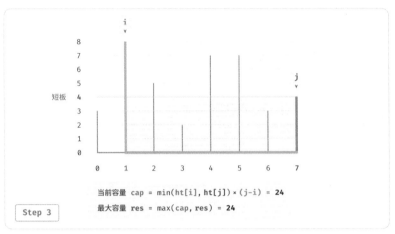

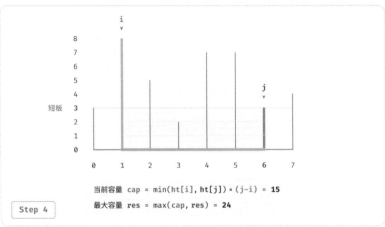

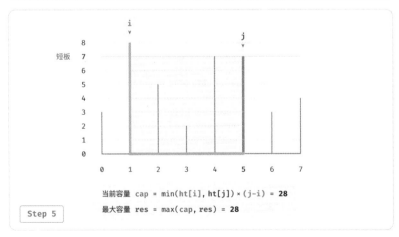

图 15-11　最大容量问题的贪心过程（续）

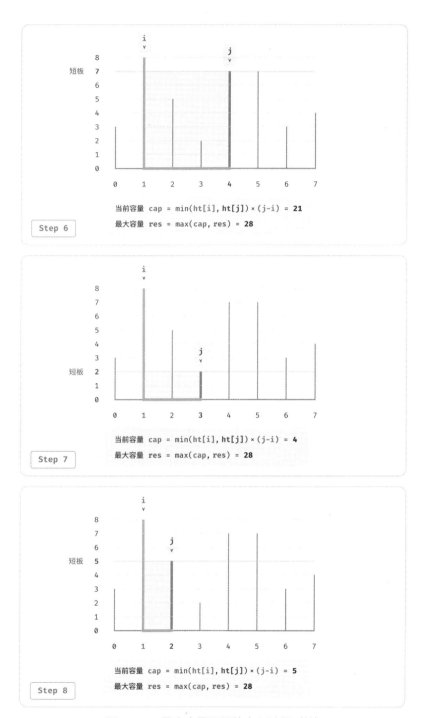

图 15-11　最大容量问题的贪心过程（续）

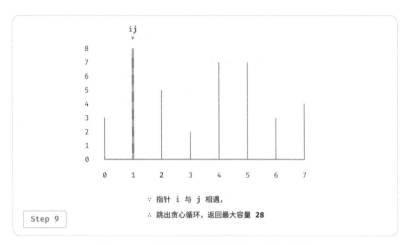

图 15-11　最大容量问题的贪心过程（续）

2. 代码实现

代码循环最多 n 轮，**因此时间复杂度为** $O(n)$。

变量 i、j、res 使用常数大小的额外空间，**因此空间复杂度为** $O(1)$。

```python
# === File: max_capacity.py ===

def max_capacity(ht: list[int]) -> int:
    """最大容量：贪心"""
    # 初始化 i, j，使其分列数组两端
    i, j = 0, len(ht) - 1
    # 初始最大容量为 0
    res = 0
    # 循环贪心选择，直至两板相遇
    while i < j:
        # 更新最大容量
        cap = min(ht[i], ht[j]) * (j - i)
        res = max(res, cap)
        # 向内移动短板
        if ht[i] < ht[j]:
            i += 1
        else:
            j -= 1
    return res
```

3. 正确性证明

之所以贪心比穷举更快，是因为每轮的贪心选择都会"跳过"一些状态。

比如在状态 $cap[i, j]$ 下，i 为短板、j 为长板。若贪心地将短板 i 向内移动一格，会导致图 15-12 所示的状态被"跳过"。**这意味着之后无法验证这些状态的容量大小。**

$$cap[i, i+1], cap[i, i+2], \cdots, cap[i, j-2], cap[i, j-1]$$

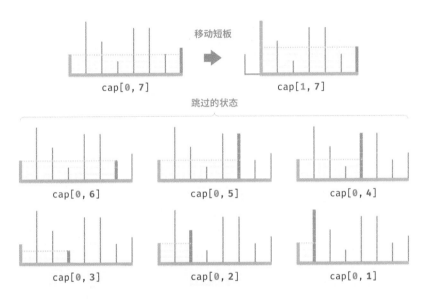

图 15-12 移动短板导致被跳过的状态

观察发现，**这些被跳过的状态实际上就是将长板 j 向内移动的所有状态。** 前面我们已经证明内移长板一定会导致容量变小。也就是说，被跳过的状态都不可能是最优解，**跳过它们不会导致错过最优解。**

以上分析说明，移动短板的操作是"安全"的，贪心策略是有效的。

15.4 最大切分乘积问题

> ❓ 给定一个正整数 n，将其切分为至少两个正整数的和，求切分后所有整数的乘积最大是多少，如图 15-13 所示。

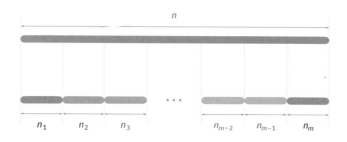

输入整数 n，求 $\max(n_1 \times n_2 \times n_3 \times \cdots \times n_{m-2} \times n_{m-1} \times n_m)$

图 15-13　最大切分乘积的问题定义

假设我们将 n 切分为 m 个整数因子，其中第 i 个因子记为 n_i，即

$$n = \sum_{i=1}^{m} n_i$$

本题的目标是求得所有整数因子的最大乘积，即

$$\max\left(\prod_{i=1}^{m} n_i\right)$$

我们需要思考的是：切分数量 m 应该多大，每个 n_i 应该是多少？

1. 贪心策略确定

根据经验，两个整数的乘积往往比它们的加和更大。假设从 n 中分出一个因子 2，则它们的乘积为 $2(n-2)$。我们将该乘积与 n 作比较：

$$2(n-2) \geqslant n$$
$$2n-n-4 \geqslant 0$$
$$n \geqslant 4$$

如图 15-14 所示，当 $n \geqslant 4$ 时，切分出一个 2 后乘积会变大，**这说明大于等于 4 的整数都应该被切分。**

贪心策略一：如果切分方案中包含 $\geqslant 4$ 的因子，那么它就应该被继续切分。最终的切分方案只应出现 1、2、3 这三种因子。

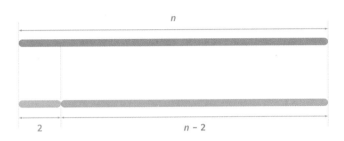

当 $n \geqslant 4$ 时，恒有 $2(n-2) \geqslant n$
因此最终切分方案只应存在 1，2，3 因子

图 15-14　切分导致乘积变大

接下来思考哪个因子是最优的。在 1、2、3 这三个因子中，显然 1 是最差的，因为 $1 \times (n-1) < n$ 恒成立，即切分出 1 反而会导致乘积减小。

如图 15-15 所示，当 $n = 6$ 时，有 $3 \times 3 > 2 \times 2 \times 2$。**这意味着切分出 3 比切分出 2 更优。**

贪心策略二：在切分方案中，最多只应存在两个 2。因为三个 2 总是可以替换为两个 3，从而获得更大的乘积。

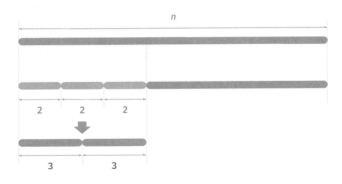

当存在三个 2 时，应该贪心地转化为两个 3

图 15-15　最优切分因子

综上所述，可推理出以下贪心策略。

(1) 输入整数 n，从其不断地切分出因子 3，直至余数为 0、1、2。

(2) 当余数为 0 时，代表 n 是 3 的倍数，因此不做任何处理。

(3) 当余数为 2 时，不继续划分，保留。

(4) 当余数为 1 时，由于 $2 \times 2 > 1 \times 3$，因此应将最后一个 3 替换为 2。

2. 代码实现

如图 15-16 所示，我们无须通过循环来切分整数，而可以利用向下整除运算得到 3 的个数 a，用取模运算得到余数 b，此时有：

$$n = 3a + b$$

请注意，对于 $n \leqslant 3$ 的边界情况，必须拆分出一个 1，乘积为 $1 \times (n-1)$。

```python
# === File: max_product_cutting.py ===

def max_product_cutting(n: int) -> int:
    """ 最大切分乘积: 贪心 """
    # 当 n <= 3 时, 必须切分出一个 1
    if n <= 3:
        return 1 * (n - 1)
    # 贪心地切分出 3, a 为 3 的个数, b 为余数
    a, b = n // 3, n % 3
    if b == 1:
        # 当余数为 1 时, 将一对 1 * 3 转化为 2 * 2
        return int(math.pow(3, a - 1)) * 2 * 2
    if b == 2:
        # 当余数为 2 时, 不做处理
        return int(math.pow(3, a)) * 2
    # 当余数为 0 时, 不做处理
    return int(math.pow(3, a))
```

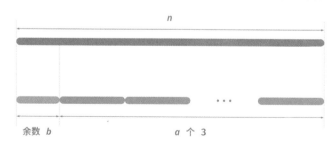

$$n = 3 \times a + b$$

图 15-16　最大切分乘积的计算方法

时间复杂度取决于编程语言的幂运算的实现方法。以 Python 为例，常用的幂计算函数有三种。

- 运算符 ** 和函数 pow() 的时间复杂度均为 $O(\log a)$。

- 函数 math.pow() 内部调用 C 语言库的 pow() 函数，其执行浮点取幂，时间复杂度为 $O(1)$。

变量 a 和 b 使用常数大小的额外空间，**因此空间复杂度为 $O(1)$**。

3. 正确性证明

使用反证法，只分析 $n \geq 3$ 的情况。

(1) **所有因子 ≤ 3**：假设最优切分方案中存在 ≥ 4 的因子 x，那么一定可以将其继续划分为 $2(x-2)$，从而获得更大的乘积。这与假设矛盾。

(2) **切分方案不包含 1**：假设最优切分方案中存在一个因子 1，那么它一定可以合并入另外一个因子中，以获得更大的乘积。这与假设矛盾。

(3) **切分方案最多包含两个 2**：假设最优切分方案中包含三个 2，那么一定可以替换为两个 3，乘积更大。这与假设矛盾。

15.5 小结

- 贪心算法通常用于解决最优化问题，其原理是在每个决策阶段都做出局部最优的决策，以期获得全局最优解。
- 贪心算法会迭代地做出一个又一个的贪心选择，每轮都将问题转化成一个规模更小的子问题，直到问题被解决。
- 贪心算法不仅实现简单，还具有很高的解题效率。相比于动态规划，贪心算法的时间复杂度通常更低。
- 在零钱兑换问题中，对于某些硬币组合，贪心算法可以保证找到最优解；对于另外一些硬币组合则不然，贪心算法可能找到很差的解。
- 适合用贪心算法求解的问题具有两大性质：贪心选择性质和最优子结构。贪心选择性质代表贪心策略的有效性。
- 对于某些复杂问题，贪心选择性质的证明并不简单。相对来说，证伪更加容易，例如零钱兑换问题。
- 求解贪心问题主要分为三步：问题分析、确定贪心策略、正确性证明。其中，确定贪心策略是核心步骤，正确性证明往往是难点。
- 分数背包问题在 0-1 背包的基础上，允许选择物品的一部分，因此可使用贪心算法求解。贪心策略的正确性可以使用反证法来证明。
- 最大容量问题可使用穷举法求解，时间复杂度为 $O(n^2)$。通过设计贪心策略，每轮向内移动短板，可将时间复杂度优化至 $O(n)$。
- 在最大切分乘积问题中，我们先后推理出两个贪心策略：≥ 4 的整数都应该继续切分，最优切分因子为 3。代码中包含幂运算，时间复杂度取决于幂运算实现方法，通常为 $O(1)$ 或 $O(\log n)$。

附录

附录 A　术语表

表 A-1 列出了书中出现的重要术语。建议读者同时记住它们的中英文叫法，以便阅读英文文献。

表 A-1　数据结构与算法的重要名词

中　文	英　文	中　文	英　文
算法	algorithm	层序遍历	level-order traversal
数据结构	data structure	广度优先遍历	breadth-first traversal
渐近复杂度分析	asymptotic complexity analysis	深度优先遍历	depth-first traversal
时间复杂度	time complexity	二叉搜索树	binary search tree
空间复杂度	space complexity	平衡二叉搜索树	balanced binary search tree
迭代	iteration	平衡因子	balance factor
递归	recursion	堆	heap
尾递归	tail recursion	大顶堆	max heap
递归树	recursion tree	小顶堆	min heap
大 O 记号	big-O notation	优先队列	priority queue
渐近上界	asymptotic upper bound	堆化	heapify
原码	sign-magnitude	图	graph
反码	1's complement	顶点	vertex
补码	2's complement	无向图	undirected graph
数组	array	有向图	directed graph
索引	index	连通图	connected graph
链表	linked list	非连通图	disconnected graph
链表节点	linked list node / list node	有权图	weighted graph
列表	list	邻接	adjacency
动态数组	dynamic array	路径	path
硬盘	hard disk	入度	in-degree
内存	random-access memory (RAM)	出度	out-degree
缓存	cache memory	邻接矩阵	adjacency matrix
缓存未命中	cache miss	邻接表	adjacency list
缓存命中率	cache hit rate	广度优先搜索	breadth-first search

（续）

中　文	英　文	中　文	英　文
栈	stack	深度优先搜索	depth-first search
队列	queue	二分查找	binary search
双向队列	double-ended queue	搜索算法	searching algorithm
哈希表	hash table	排序算法	sorting algorithm
桶	bucket	选择排序	selection sort
哈希函数	hash function	冒泡排序	bubble sort
哈希冲突	hash collision	插入排序	insertion sort
负载因子	load factor	快速排序	quick sort
链式地址	separate chaining	归并排序	merge sort
开放寻址	open addressing	堆排序	heap sort
线性探测	linear probing	桶排序	bucket sort
懒删除	lazy deletion	计数排序	counting sort
二叉树	binary tree	基数排序	radix sort
树节点	tree node	分治	divide and conquer
左子节点	left-child node	汉诺塔问题	hanota problem
右子节点	right-child node	回溯算法	backtracking algorithm
父节点	parent node	约束	constraint
左子树	left subtree	解	solution
右子树	right subtree	状态	state
根节点	root node	剪枝	pruning
叶节点	leaf node	全排列问题	permutations problem
边	edge	子集和问题	subset-sum problem
层	level	n 皇后问题	n-queens problem
	degree	动态规划	dynamic programming
	height	初始状态	initial state
	depth	状态转移方程	state-transition equation
树	perfect binary tree	背包问题	knapsack problem
	complete binary tree	编辑距离问题	edit distance problem
	full binary tree	贪心算法	greedy algorithm
	balanced binary tree		
	AVL tree		
	red-black tree		